Red Hat Enterprise Linux 8.0 系统运维管理

曹江华　郝自强　编著

电子工业出版社
Publishing House of Electronics Industry
北京·BEIJING

内 容 简 介

本书以 Red Hat Enterprise Linux 8.0（红帽企业 Linux 8.0）为蓝本，分 15 章介绍了 Red Hat Enterprise Linux 8.0 的基本使用和系统管理，主要包括 Linux 基础知识、系统安装、软件包管理、日常系统运维管理、存储、防火墙、日志、SELinux 配置、网络存储设置。另外，对于第一次出现在 Red Hat Enterprise Linux 8.0 中的新功能（stratis 卷文件系统管理和 Cockpit 管理工具）也做了详细介绍。

本书内容详尽、结构清晰、语言通俗易懂，书中内容适用于 Red Hat Enterprise Linux 8.0 和 CentOS 8.0，其中绝大部分内容也适用于其他 Linux 系统主要发行版本。本书可作为高等院校相关专业、Linux 短期培训班的教材，也可作为广大 Linux 爱好者的自学参考书。

未经许可，不得以任何方式复制或抄袭本书之部分或全部内容。
版权所有，侵权必究。

图书在版编目（CIP）数据

Red Hat Enterprise Linux 8.0 系统运维管理 / 曹江华，郝自强编著. —北京：电子工业出版社，2020.11
ISBN 978-7-121-39598-7

Ⅰ．①R… Ⅱ．①曹… ②郝… Ⅲ．①Linux 操作系统 Ⅳ．①TP316.85

中国版本图书馆 CIP 数据核字（2020）第 180776 号

责任编辑：李　冰　　　　特约编辑：田学清
印　　　刷：北京捷迅佳彩印刷有限公司
装　　　订：北京捷迅佳彩印刷有限公司
出版发行：电子工业出版社
　　　　　北京市海淀区万寿路 173 信箱　　邮编：100036
开　　本：787×1092　1/16　　印张：22.75　　字数：525 千字
版　　次：2020 年 11 月第 1 版
印　　次：2023 年 1 月第 3 次印刷
定　　价：119.80 元

凡所购买电子工业出版社图书有缺损问题，请向购买书店调换。若书店售缺，请与本社发行部联系，联系及邮购电话：（010）88254888，88258888。
质量投诉请发邮件至 zlts@phei.com.cn，盗版侵权举报请发邮件至 dbqq@phei.com.cn。
本书咨询联系方式：libing@phei.com.cn。

前言

随着国民经济与社会信息化的进一步发展，Linux 在电子政务、电子商务等信息化建设领域逐渐凸显出不凡之处。Linux 这个免费的开放源代码的操作系统正以狂风暴雨之势影响着世界，它不仅出现在企业服务器和专业怪才的讨论组中，也开始在家用计算机上生根。Red Hat 公司在开源软件界是有很大名气的，该公司发布了最早的 Linux 商业版本 Red Hat Linux。Red Hat 公司在发布 Red Hat Linux 系列版本的同时，还发布了 Red Hat Enterprise Linux，即 Red Hat Linux 企业版，简写为 RHEL。Red Hat Enterprise Linux 系列版本面向企业级客户，主要应用在 Linux 服务器领域。

Red Hat Enterprise Linux 7.0 诞生于 2014 年，是目前应用较为广泛的企业级 Linux 之一。2019 年，Red Hat Enterprise Linux 8.0 出现了。Red Hat Enterprise Linux 8.0 在系统管理、存储和虚拟化方面，与 Red Hat Enterprise Linux 7.0 相比有不小变化。例如，在软件包管理方面开始使用 dnf，全面增强了 Red Hat Enterprise Linux 的虚拟化功能；在存储方面增强了对虚拟化存储的支持；在节能方面有了大幅度提升。Red Hat Enterprise Linux 8.0 是目前十分强大的企业级 Linux 发行版本之一。

本书特点

本书所讲述的关于 Red Hat Enterprise Linux 8.0 内容覆盖范围广，适用人群广。在写作思路上强调在"授人以渔"的前提下"授人以鱼"，争取对每个知识点的介绍都做到深入浅出，从系统、科学的原理和机制出发，通过丰富多样的图表和具体的步骤实现详细讲解，以便读者在实际 Linux 操作系统中进行对照学习，提高学习效率。本书涉及 Red Hat Enterprise Linux 8.0 系统管理诸多方面的内容，其中绝大部分内容也适用于其他发行版本。书中使用了大量图表来对内容进行表述和归纳，便于读者理解及查阅。本书脉络清晰、内容深入浅出，具有很强的实用性和指导性。

内容安排

本书分 15 章，主要内容如下：

章　名	内　容　介　绍
第 1 章　Red Hat Enterprise Linux 简介	对 Linux 进行了概述，着重介绍了 Linux 和 Red Hat Enterprise Linux 的发展史、主要应用领域等

续表

章 名	内容介绍
第 2 章　Red Hat Enterprise Linux 8.0 系统安装	重点介绍了 Red Hat Enterprise Linux 8.0 的安装方法
第 3 章　通过 Cockpit 工具管理 Linux	重点介绍了 Cockpit 工具的安装配置和使用
第 4 章　Linux 软件包管理	重点介绍了新一代软件包管理工具 dnf
第 5 章　Linux 网络管理	重点介绍了 Linux 网络配置文件、Linux 网络管理命令，以及如何使用 NetworkManager 配置网络连接和 Linux 命令行网络配置工具
第 6 章　Linux 用户管理	重点介绍了 Linux 的用户管理技巧
第 7 章　Linux 日常系统运维管理	重点介绍了系统引导器 GRUB、服务管理工具 systemd、管理内核模块的方法
第 8 章　Linux 日志管理	重点介绍了 Linux 日志管理的基本原理、基本命令和日志管理技巧
第 9 章　Linux 文件系统管理	重点介绍了 Linux 层次式文件系统，包括文件、文件名、路径名、使用目录、访问权限和 Linux 文件系统管理方法
第 10 章　配置 Linux 防火墙	重点介绍了 Linux 系统新一代防火墙 FirewallD，以及使用命令行和图形化界面管理防火墙的方法
第 11 章　使用 SELinux 和 Linux 安全审计工具	重点介绍了使用 SELinux 机制对系统进行安全增强的技术，以及 Linux 内核中的安全审计系统配置和使用方法
第 12 章　Linux 网络存储设置	重点介绍了 iSCSI、NFS 和 GlusterFS 网络文件系统设置
第 13 章　Linux 磁盘管理	重点介绍了 Linux 磁盘分区、RAID、LVM、stratis、ssm 等新一代磁盘存储工具的使用方法
第 14 章　Linux 远程控制	重点介绍了 SSH、VNC 等远程控制工具的使用方法
第 15 章　Linux 性能监控和调整	重点介绍了在 Linux 操作环境下如何进行性能监控和优化调整

适用对象

- 高等院校相关专业的学生
- 职业技术院校相关专业的学生
- Linux 系统管理员

感谢

在本书编写过程中，领导、朋友和家人给予了我很大支持及帮助，电子工业出版社的李冰编辑也向我提供了无私的帮助，为了使本书能尽快与读者见面，他们都付出了很多，在此一并表示感谢。本书第 1 章由郝自强执笔，第 2 章由吕金颖执笔，第 3 章由曹元其、何勤童执笔，第 4~15 章由曹江华执笔，全书由曹江华进行统稿。另外，郝自强帮助完成了资料收集和文字校对。由于作者水平有限，书中不足之处在所难免，敬请专家和读者批评指正。

曹江华

2020 年 1 月

目 录

CONTENTS

第 1 章 Red Hat Enterprise Linux 简介 1
- 1.1 Linux 简介 1
  - 1.1.1 UNIX 操作系统的诞生 1
  - 1.1.2 GNU 计划早期简史 2
  - 1.1.3 POSIX 标准历史 3
  - 1.1.4 Linux 概述 3
  - 1.1.5 Linux 和开源软件的商业化 5
- 1.2 Linux 内核及其发行版本 7
  - 1.2.1 Linux 发行版本概述 7
  - 1.2.2 Linux 内核的变迁 7
  - 1.2.3 Linux 主要发行版本 8
- 1.3 Red Hat Enterprise Linux 简介 11
  - 1.3.1 发展轨迹 11
  - 1.3.2 Red Hat Enterprise Linux 和 Fedora Core 之间的区别 14
  - 1.3.3 Red Hat Enterprise Linux 8.0 简介 14

第 2 章 Red Hat Enterprise Linux 8.0 系统安装 18
- 2.1 安装前准备工作 18
  - 2.1.1 收集硬件信息 18
  - 2.1.2 系统要求 19
  - 2.1.3 获取 Red Hat Enterprise Linux 8.0 兼容性列表 19
  - 2.1.4 创建 Red Hat Enterprise Linux 8.0 安装介质 19
- 2.2 安装 Red Hat Enterprise Linux 8.0 21
  - 2.2.1 使用本地 DVD 介质安装 Red Hat Enterprise Linux 8.0 21
  - 2.2.2 首次启动 Red Hat Enterprise Linux 8.0 的配置 37
- 2.3 进入单用户模式重新设置 root 密码 40
- 2.4 网络安装 Red Hat Enterprise Linux 8.0 41
- 2.5 卸载 Red Hat Enterprise Linux 8.0 45
- 2.6 小结 45

第 3 章　通过 Cockpit 工具管理 Linux 46

3.1　Cockpit 安装配置 46
3.1.1　Cockpit 简介 46
3.1.2　安装 Cockpit 47
3.1.3　防火墙设置 47
3.1.4　启动服务 47
3.2　使用 Cockpit 48
3.2.1　登录 Cockpit 48
3.2.2　Cockpit 主界面说明 49
3.3　添加远程 Linux 服务器到 Cockpit 57
3.4　小结 59

第 4 章　Linux 软件包管理 60

4.1　RPM 和 yum 简介 60
4.1.1　RPM 简介 60
4.1.2　yum 简介 60
4.2　dnf 软件包管理工具 61
4.2.1　dnf 简介 61
4.2.2　理解 dnf 配置文件 61
4.2.3　代理服务设置 62
4.2.4　从命令行使用 dnf 63
4.3　模块和程序流 68
4.3.1　模块和程序流简介 68
4.3.2　Red Hat Enterprise Linux 8.0 存储库 69
4.3.3　模块常用命令 70
4.4　软件包管理高级应用 74
4.4.1　使用 ISO 文件创建本地 yum 存储库 74
4.4.2　使用 ISO 文件设置本地 yum 服务器 76
4.4.3　使用 dnf 自动工具进行系统更新 77
4.4.4　dnf 的安全选项 77

第 5 章　Linux 网络管理 79

5.1　Linux 网络基础 79
5.1.1　Linux 网络结构的特点 79
5.1.2　Linux 下端口号分配 80
5.1.3　Linux 网络接口名称 82
5.2　Linux 网络管理 82
5.2.1　Linux 的 TCP/IP 网络配置 82

5.2.2　Linux 静态路由配置 86
5.3　使用 NetworkManager 配置网络连接 88
　　5.3.1　NetworkManager 简介 88
　　5.3.2　安装启动服务 88
　　5.3.3　使用 NetworkManager 配置有线网络接口 88
　　5.3.4　使用 NetworkManager 连接 Wi-Fi（802.11）网络 90
　　5.3.5　使用 nmtui 91
5.4　两个命令行网络配置工具：mncli 和 ip 93
　　5.4.1　nmcli 93
　　5.4.2　ip 命令 99
5.5　配置 Bonding 和 Teaming 100
　　5.5.1　Bonding 和 Teaming 简介 100
　　5.5.2　配置 Bonding 101
　　5.5.3　配置 Teaming 105
5.6　使用 Web 控制台管理网络接口 107
　　5.6.1　登录 Cockpit Web 控制台，进入网络配置页面 107
　　5.6.2　配置网络接口 107
　　5.6.3　绑定网络接口 108
　　5.6.4　配置 team 108
　　5.6.5　配置网桥 109
　　5.6.6　添加 VLAN 109

第 6 章　Linux 用户管理 111
6.1　基于命令行的 21 个用户管理工具 111
　　6.1.1　useradd：建立用户 111
　　6.1.2　userdel：删除用户 112
　　6.1.3　usermod：修改已有用户的信息 113
　　6.1.4　passwd：设置密码 114
　　6.1.5　groupadd：添加组 115
　　6.1.6　groupdel：删除组账户 116
　　6.1.7　groupmod：修改组 116
　　6.1.8　vipw：编辑/etc/passwd 文件 116
　　6.1.9　vigr：编辑/etc/group 文件 117
　　6.1.10　newgrp：转换组 117
　　6.1.11　groups：显示组 118
　　6.1.12　gpasswd：添加组 118
　　6.1.13　who：显示登录用户 119

6.1.14 id：显示用户信息 119
6.1.15 su：切换身份 120
6.1.16 chsh：设置 shell 121
6.1.17 ac：显示用户在线时间的统计信息 121
6.1.18 lastlog：显示最后登录用户的用户名、登录端口和登录时间 123
6.1.19 logname：显示当前用户登录的名称 123
6.1.20 users：显示当前登录系统的用户 124
6.1.21 lastb：显示登录系统失败用户的相关信息 124
6.2 使用图形化工具管理用户 125
 6.2.1 桌面用户管理工具 125
 6.2.2 使用 Cockpit 进行用户管理 126
6.3 Linux 用户安全管理 129
 6.3.1 配置密码时效 129
 6.3.2 Linux 用户配置 sudo 权限（visudo） 129
 6.3.3 禁止非 wheel 用户使用 SU 命令 130

第 7 章 Linux 日常系统运维管理 132

7.1 Linux 引导过程 132
 7.1.1 UEFI 引导 132
 7.1.2 BIOS 引导 133
7.2 系统引导器 GRUB 133
 7.2.1 GRUB 2 简介 133
 7.2.2 GRUB 的启动菜单界面 133
 7.2.3 引导前修改内核引导参数 136
 7.2.4 修改 GRUB 2 启动参数 136
7.3 Linux 服务管理工具 systemd 136
 7.3.1 systemd 简介 137
 7.3.2 系统管理员需要掌握的命令 137
 7.3.3 控制对系统资源的访问 141
 7.3.4 自定义创建 systemd 服务 142
7.4 旧版本遗留的服务管理工具 144
 7.4.1 chkconfig 144
 7.4.2 ntsysv 144
 7.4.3 xinetd 145
7.5 管理内核模块 147
7.6 其他系统设置 149
 7.6.1 设置时区 149

目录

- 7.6.2 修改主机名称 150
- 7.6.3 本地化设置（locale） 150
- 7.6.4 设置键盘布局 151
- 7.6.5 禁用 Ctrl+Alt+Del 组合键 151

第 8 章 Linux 日志管理 152

- 8.1 日志管理简介 152
  - 8.1.1 为什么关注日志系统 152
  - 8.1.2 Linux 日志管理策略 153
- 8.2 Linux 日志管理工具 153
  - 8.2.1 Linux 日志管理工具简介 153
  - 8.2.2 日志管理软件包 psacct 简介 154
  - 8.2.3 lastcomm 命令 154
  - 8.2.4 sa 命令 156
  - 8.2.5 ac 命令 157
  - 8.2.6 accton 命令 158
  - 8.2.7 其他日志管理实用工具 159
- 8.3 Linux 日志管理技巧 162
  - 8.3.1 使用 logrotate 工具 162
  - 8.3.2 手动搜索日志文件 162
  - 8.3.3 使用 logwatch 工具搜索日志文件 163
  - 8.3.4 使用 journal 163
- 8.4 配置 rsyslogd 168
  - 8.4.1 rsylogd 简介 168
  - 8.4.2 安装配置服务器端 168
  - 8.4.3 客户端配置 169
  - 8.4.4 测试日志系统 169

第 9 章 Linux 文件系统管理 171

- 9.1 Linux 文件系统介绍 171
  - 9.1.1 文件系统定义 171
  - 9.1.2 Linux 文件系统的体系结构 171
  - 9.1.3 Linux 文件系统结构 172
  - 9.1.4 /etc/sysconfig 目录和文件简介 173
  - 9.1.5 /sys 虚拟文件系统 177
  - 9.1.6 Linux 文件系统的组成 177
  - 9.1.7 文件类型 178
  - 9.1.8 查看当前 Linux 支持的文件系统类型 179

9.2 XFS 文件系统管理 ... 180
9.2.1 安装相关软件包 ... 180
9.2.2 使用 XFS 管理命令 ... 180
9.3 XFS 文件系统的磁盘配额管理 ... 185
9.3.1 配额（quota）简介 ... 185
9.3.2 启用配额 ... 186
9.3.3 使用 xfs_quota 命令 ... 187

第 10 章 配置 Linux 防火墙 ... 189
10.1 Linux 防火墙简介 ... 189
10.1.1 什么是防火墙 ... 189
10.1.2 Linux 防火墙的历史 ... 189
10.2 使用 FirewallD 构建动态防火墙 ... 190
10.2.1 FirewallD 简介 ... 190
10.2.2 基于命令行的 FirewallD 的基本操作 ... 191
10.2.3 使用图形化工具 ... 196
10.3 使用 nftables ... 205
10.3.1 什么是 nftables? ... 205
10.3.2 将 iptables 规则转换为 nftables 等效的工具 ... 205
10.3.3 了解 nft 命令 ... 206
10.3.4 应用举例 ... 208

第 11 章 使用 SELinux 和 Linux 安全审计工具 ... 210
11.1 使用 SELinux ... 210
11.1.1 SELinux 简介 ... 210
11.1.2 与 SELinux 相关的文件 ... 212
11.1.3 SELinux 的使用 ... 212
11.1.4 SELinux 布尔值和上下文配置 ... 214
11.1.5 使用命令行工具管理 SELinux ... 218
11.1.6 通过 SELinux 日志文件排除故障 ... 230
11.1.7 SELinux 和网络服务设置 ... 231
11.2 Linux 安全审计工具 ... 236
11.2.1 Linux 用户空间审计系统简介 ... 236
11.2.2 安装软件包并配置审计守护进程 ... 237
11.2.3 用户空间审计系统的使用实例 ... 239

第 12 章 Linux 网络存储设置 ... 244
12.1 iSCSI 设置 ... 244

目录

- 12.1.1 iSCSI 技术简介 244
- 12.1.2 Linux iSCSI 配置 246
- 12.2 NFS 网络存储设置 251
  - 12.2.1 NFS 简介 251
  - 12.2.2 配置 NFS 服务器 253
  - 12.2.3 配置 NFS 客户端 254
  - 12.2.4 使用 NFS 的 acl 功能 255
- 12.3 GlusterFS 文件系统设置 256
  - 12.3.1 GlusterFS 简介 256
  - 12.3.2 创建分布式卷 258
  - 12.3.3 创建复制式卷 261
- 12.4 在 Cockpit 中执行存储管理任务 263
  - 12.4.1 存储界面 263
  - 12.4.2 文件系统 264
  - 12.4.3 管理 RAID 264
  - 12.4.4 管理逻辑卷 265
  - 12.4.5 管理 iSCSI 目标 265
  - 12.4.6 NFS 挂载 266

第 13 章 Linux 磁盘管理 267

- 13.1 Linux 磁盘简介 267
  - 13.1.1 Linux 磁盘设备的命名规则 267
  - 13.1.2 关于 Linux 磁盘分区 268
- 13.2 使用 fdisk 管理分区 268
  - 13.2.1 fdisk 命令 268
  - 13.2.2 将新硬盘驱动器添加到 Linux 系统中 269
- 13.3 使用 parted 管理分区 270
  - 13.3.1 parted 简介 270
  - 13.3.2 parted 命令 270
- 13.4 Linux 磁盘 RAID 配置 272
  - 13.4.1 RAID 简介 272
  - 13.4.2 Linux 软件 RAID 配置实战 273
- 13.5 LVM 275
  - 13.5.1 LVM 简介 275
  - 13.5.2 LVM 命令实例 277
- 13.6 使用 stratis 管理 Linux 存储 280
  - 13.6.1 stratis 简介 280

Red Hat Enterprise Linux 8.0 系统运维管理

  13.6.2 使用 stratis 创建文件系统 281
 13.7 使用 ssm 管理磁盘 284
  13.7.1 ssm 简介 284
  13.7.2 了解 ssm 命令行参数 285
  13.7.3 ssm 应用实例 286
 13.8 gnome-disk-utility 磁盘工具 289
  13.8.1 gnome-disk-utility 简介 289
  13.8.2 安装并使用 289
  13.8.3 主要功能 289

第 14 章　Linux 远程控制 292
 14.1 SSH 服务器的工作原理 292
  14.1.1 SSH 服务器和客户端的工作流程 292
  14.1.2 关于 OpenSSH 292
 14.2 配置 OpenSSH 服务器 293
  14.2.1 安装并启动 OpenSSH 293
  14.2.2 配置文件 294
  14.2.3 理解配置文件/etc/ssh/sshd_config 294
  14.2.4 配置使用口令验证登录服务器实例 296
 14.3 应用 SSH 客户端 298
  14.3.1 SSH 客户端工具 298
  14.3.2 使用 ssh-keygen 命令生成一对认证密钥 301
  14.3.3 访问远程系统而无须输入密码 302
  14.3.4 创建无 shell 访问权限的 sftp 用户 302
  14.3.5 使用 fail2ban 防御 SSH 服务器的暴力破解攻击 303
  14.3.6 使用 Windows SSH 客户端登录 OpenSSH 服务器 305
 14.4 Linux 和 Windows 之间的桌面远程控制 311
  14.4.1 使用 Windows 桌面远程控制 Linux 311
  14.4.2 使用 Red Hat Enterprise Linux 8.0 桌面远程控制 Windows 313

第 15 章　Linux 性能监控和调整 315
 15.1 Linux 系统性能监控 315
  15.1.1 监控 Linux 系统负载 315
  15.1.2 监控 Linux 进程 315
  15.1.3 监控内存使用情况 316
  15.1.4 监控 CPU 318
  15.1.5 使用 iostat 监控 I/O 性能 320
  15.1.6 监控网络性能 322

	15.1.7	使用 sar 324
15.2	Linux 硬件状态监控 329
	15.2.1	使用命令行工具检测主板、CPU 329
	15.2.2	使用 smartmontools 检测硬盘健康状态 332
15.3	使用 Nagios 334
	15.3.1	Nagios 简介 334
	15.3.2	准备工作 335
	15.3.3	安装 Nagios 335
	15.3.4	电子邮件通知设置 337
	15.3.5	添加插件 338
	15.3.6	设置阈值 339
	15.3.7	在监测主机上安装 nrpe 代理 341
	15.3.8	添加基于 Windows 操作系统的目标主机 343
15.4	使用 tuned 工具调整性能 347
	15.4.1	tuned 简介 347
	15.4.2	安装启动 347

第 1 章

Red Hat Enterprise Linux 简介

1.1 Linux 简介

Linux 操作系统是 UNIX 操作系统的一种克隆系统，诞生于 1991 年 10 月 5 日（第一次正式向外公布的时间）。得益于 Internet 的发展和全世界各地计算机爱好者的共同努力，如今它已成为世界上用户人数最多的一种 UNIX 类操作系统，而且用户人数还在迅猛增长。Linux 操作系统的成长过程始终依赖着几个重要支柱，即 UNIX 操作系统、MINIX 操作系统、GNU 计划和 POSIX 标准。

1.1.1 UNIX 操作系统的诞生

UNIX 是一个多用户、多任务的操作系统，最初由贝尔实验室的 Ken Thompson 于 1969 年开发成功。UNIX 当初设定的目标是允许大量程序员同时访问计算机，共享其资源。它非常简单，但是功能强大、通用，并且可移植，在从微机到超级小型计算机，以及大型计算机上均可运行。

UNIX 系统的心脏是内核——一个系统引导时加载的程序。内核负责与硬件设备打交道、调度任务、管理内存和辅存。正是由于 UNIX 系统具有这种精练特性，众多小而简单的工具和实用程序被开发了出来，而且这些工具能够很容易地组合起来执行多种大型任务，所以 UNIX 迅速流行起来。其中较重要的工具之一就是 shell，一个让用户能够与操作系统沟通的程序，本书将剖析当今主流 shell 的特性。最初 UNIX 被科学研究机构和大学采用，后来 UNIX 的用户慢慢扩展到计算机公司、政府机构和制造业领域。1973 年，美国国防部高级研究计划局（Defense Advanced Research Projects Agency，DARPA）启动了一项计划，该计划是研究使用 UNIX 将跨越多个网络的计算机透明地连接在一起的方式。该计划及其形成的网络系统，促使了 Internet 的诞生。

20 世纪 70 年代后期，许多在大学期间体验过 UNIX 的学生投身于工业界，并要求工业界的操作系统向 UNIX 转换，声称它是最适合复杂编程环境的操作系统。很快大量的厂家开始开发自己的 UNIX 操作系统，并在自己的计算机体系结构上对其进行优化，以期占领市场。最著名的两个 UNIX 版本是 AT&T 的 System V 和由 Berkely CSRG 于 20 世纪 80 年代早期开发成功的 BSD UNIX，后者源于 System V。

面对拥有如此多版本的 UNIX（曾有一个图表列出了 80 多个 UNIX 版本），如果不花费时间和精力考虑兼容问题，那么在一个系统上能够正常运行的应用程序和工具可能无法在另一个系统上正常运行。由于 UNIX 缺乏统一的标准，许多厂家放弃了 UNIX 转而使用比较古老的非 UNIX 专用系统，如 VMS，它们被证明是更加一致和可靠的。1993 年年初，AT&T 将其 UNIX 系统实验室出售给了 Novell。1995 年，Novell 将 UNIX 商标权和规范（后来变成了单一 UNIX 规范）转让给了 The Open Group，将 UNIX 系统源代码卖给了 SCO。当今，有很多公司都在出售基于 UNIX 的系统，如 SUN Microsystems 的 Solaris 和 HP-UX、来自 Hewlett-Packard 的 Tru64 UNIX，以及来自 IBM 的 AIX。除此之外，还有许多免费的 UNIX 版本及与 UNIX 兼容的工具，如 Linux、FreeBSD 和 NetBSD。Linux 操作系统是 UNIX 操作系统的一种克隆系统，现在几乎每家主要的计算机厂商都有其自有版本的 UNIX。

1.1.2 GNU 计划早期简史

1971 年，开放源码的先驱 Richard Stallman 加入了麻省理工学院的一个专门研究免费软件的组织，并开发了 Emacs 文本编辑程序，建立了 GNU 计划。这促使了免费的 Linux 操作系统的诞生。

1983 年，为了反对软件所有权的私有化，Richard Stallman 建立了 GNU 计划，并为此开发了免费的操作系统、应用程序，以及开发工具。更重要的是，GNU 计划建立了 General Public License（GPL），即 Copyleft，其是许多开放源码软件采用的模型。

1985 年 3 月，Richard Stallman 在 Dr. Dobb's 杂志上发表了《GNU 宣言》，在宣言中他陈述了自由软件运动的起因。

1986 年，Larry Wall 建立了 PERL（Practical Extraction and Report Language），这是一种被广泛采用的编写 CGI 程序的通用编程语言，CGI 程序为 Web 带来了更多动态内容。

1987 年，开发者 Andrew Tanenbaum 发布了 MINIX。

1989 年 1 月，GPL 1 由斯道曼撰写，用于 GNU 计划，它以 GNU Emacs、GDB 和 GCC 的许可证的早期版本为蓝本。这些许可证都包含一些 GPL 的版权思想，但只针对特定程序。斯道曼的目标是创造一种四海之内皆可使用的许可证，这样就能为许多源代码共享计划带来福音。

1990 年，因为一些共享库出现了比 GPL 更宽松的许可证的需求，所以当 GPL 2 在 1991 年 6 月发布时，另一许可证——库通用许可证（Library General Public License，LGPL）也随之发布，并记为"版本 2"以示对 GPL 的补充。版本号在 LGPL 2.1 版本发布时不再相同，

LGPL 也被重命名为"GNU 宽通用公共许可证"（GNU General Public License）以体现 GNU 计划的哲学观。

1991 年 8 月 25 日，Linus Torvalds 在 Usenet 新闻组上公开了关于 Linux 的构想。为了超越 MINIX，Linus Torvalds 发布了一个新的 UNIX 变种——Linux。3 年后，Linux 正式接受 GPL。

1.1.3 POSIX 标准历史

POSIX（Portable Operating System Interface of UNIX）是由 IEEE 和 ISO/IEC 开发的一组标准。该标准基于现有的 UNIX 实践和经验，描述了操作系统的调用服务接口，用于保证编制的应用程序可以在源代码级在多种操作系统上移植运行。它是 1980 年在一个 UNIX 用户组（usr/group）的早期工作的基础上取得的。该 UNIX 用户组试图将 AT&T 的 System V 和 Berkeley CSRG 的 BSD UNIX 的调用接口之间的区别重新调和集成，从而于 1984 年产生了/usr/group 标准。1985 年，IEEE 操作系统技术委员会标准小组委员会（TCOS-SS）在 ANSI 的支持下开始责成 IEEE 标准委员会制定有关程序源代码可移植性操作系统服务接口正式标准。1986 年 4 月，IEEE 标准委员会制定出了试用标准。第一个正式标准（IEEE 1003.1—1988）是在 1988 年 9 月批准的，即后来经常提到的 POSIX.1 标准。1989 年 POSIX 的工作被转移至 ISO/IEC，并由 15 工作组继续将其制定成 ISO 标准。1990 年，POSIX.1 与已经通过的 C 语言标准联合，被正式批准为 IEEE 1003.1—1990（ANSI 标准）和 ISO/IEC 9945-1:1990。

20 世纪 90 年代初，POSIX 标准的制定正处在最后投票敲定的阶段，此时 Linux 刚刚起步。POSIX 标准为 Linux 提供了极为重要的信息，使得 Linux 能够在标准的指导下进行开发，并与绝大多数 UNIX 系统兼容。最初的 Linux 内核代码（0.01 版及 0.11 版）就已经为 Linux 与 POSIX 标准的兼容做好了准备工作。

1.1.4 Linux 概述

通过上述说明，我们可以对上述 Linux 的几个支柱进行如下归纳。

（1）UNIX 操作系统：1969 年诞生在贝尔实验室，Linux 是其克隆系统。

（2）MINIX 操作系统：也是 UNIX 的一种克隆系统，1987 年由著名计算机教授 Andrew Tanenbaum 开发完成。由于 MINIX 系统及其源代码的出现（只能免费用于大学内），所以在全世界的大学中刮起了学习 UNIX 系统的风潮，Linux 最初就是参照 MINIX 系统于 1991 年开始开发的。

（3）GNU 计划：Linux 操作系统及 Linux 操作系统中所用的大多数软件基本上都出自 GNU 计划，Linux 只是操作系统的一个内核。如果没有 GNU 软件环境（如 bash shell），那么 Linux 将寸步难行。

（4）POSIX 标准：在推动 Linux 操作系统向正规化道路发展中起着重要的作用，是 Linux

前进的灯塔。

Linux 是由 Linus Torvalds 等众多软件高手共同开发的，是一种能运行于多种平台（如计算机及其兼容机、Alpha 工作站及 SUN Sparc 工作站）、源代码公开、免费、功能强大、遵守 POSIX 标准，并且与 UNIX 兼容的操作系统。

Linux 运行的硬件平台起初是 Intel 386、Intel 486、Pentium 及 Pentium Pro 等，现在还包括 Alpha、PowerPC 和 Sparc 等。Linux 不仅支持 32 位操作系统，还支持 64 位操作系统，如 Alpha；不仅支持单 CPU，还支持多 CPU。

Linux 内核和许多系统软件，以及应用软件的源代码都是公开且免费的。Linux 系统软件和应用软件很多来自 GNU 计划，Linux 软件还包括很多遵循 GPL 精神的软件。现在很多商业公司也开始为 Linux 开发应用软件，如 IBM、Sybase 和 Oracle 等。

Linux 具有丰富的系统软件和应用软件，除了具有一般 UNIX 的工具，Linux 操作系统还具有如下特性。

（1）支持多种不同格式的文件系统。

（2）支持多种系统语言，如 C、C++、Objective C、Java、Lisp 及 Prolog 等。

（3）支持多种脚本语言，如 Perl、Tcl/Tk、shell 和 AWK 等。

（4）支持 Windows X 系统及其应用程序，可运行各种图形应用程序，如 Khoros、GRASS 等。

（5）支持多种自然语言，如中文、英文。

（6）支持多种大型数据库，如 Oracle、Sybase 等。

（7）支持与其他操作系统（Windows、Mac OS 等）的共享。

（8）具有强大的网络功能，支持多种网络协议，如 TCP/IP、IPX、Appletalk、NETBEUI、X.25 等。发布的版本中有多种网络服务软件，如 E-mail、FTP、telnet 及 WWW 等。

当然，Linux 还在不断地发展，它是一个很有发展前景的操作系统，也是为数不多可以与 Windows 操作系统相竞争的操作系统。Linux 是一个可免费使用和自由传播的 UNIX 操作系统，主要用于基于 Intel 系列 CPU 的计算机上。这个系统是由世界各地的成千上万的程序员设计和实现的，其目的是建立不受任何商品化软件的版权制约的、所有人都能自由使用的 UNIX 兼容产品。Linux 的开发者是一位名为 Linus Torvalds 的计算机业余爱好者，他当时是芬兰赫尔辛基大学的学生。他最初的目的是设计一个代替 MINIX（MINIX 是由一位名为 Andrew Tannebaumn 的计算机教授编写的一个操作系统示教程序）的操作系统，这个操作系统不仅可用于 Intel 386、Intel 486 或 Pentium 处理器的个人计算机上，并且具有 UNIX 操作系统的全部功能。Linux 以其高效性和灵活性著称，它能够在计算机上实现 UNIX 的所有特性，具有多任务、多用户的能力。Linux 是在 GNU 公共许可权限下免费获得的，是一个符合 POSIX 标准的操作系统。Linux 受到广大计算机爱好者的喜爱的原因有两个：一是 Linux 是一个用户不用支付任何费用就可以获得它和它的源代码，且可以根据自己的需要进行修改的操作系统，实现了无偿使用及无约束地继续传播；二是 Linux 具有 UNIX

操作系统的所有功能，任何使用 UNIX 操作系统或想要学习 UNIX 操作系统的人都可以从 Linux 操作系统中获益。

1.1.5　Linux 和开源软件的商业化

1. Linux 和开源软件的商业化历程

Linux 和开源软件的商业化历程大致经历了以下几个阶段。

1）萌芽阶段（1995 年以前）

1995 年以前，开源社区基本上没有考虑过商业化运行的问题。与开源软件有关的商业活动仅限于出售开源软件安装盘、书籍及印有开源软件标志的文化衫等。当时这些商业行为并没有获得开源社区的尊重，从事这些商业活动的人也被社区成员称为"小商贩"。但就在这群毫不起眼的小商贩中，竟然走出了两位后来在开源界赫赫有名的大人物，即 Red Hat 软件公司的两位创始人 Young 和 Marc Ewing。

2）探索阶段（1995—2000 年）

1995 年，Young 购买了 Ewing 的股份，把新公司命名为"Red Hat 软件公司"，同时发布 Red Hat Linux 2.0。Red Hat 软件公司的成立，拉开了开源软件探索商业运行的序幕。在 Red Hat 软件公司的带领和激励下，越来越多的人嗅到了开源软件的商机，各种从事开源软件事业的商业机构开始蓬勃发展。在中国，1999—2000 年，短短两年就涌现出红旗 Linux、中软 Linux、蓝点 Linux、冲浪 Linux、TurboLinux 及 TomLinux 等品牌。不过在这一阶段，开源软件并没有找到真正的商业模式，大部分企业只停留在概念炒作层面。

3）发展阶段（2001—2003 年）

2002 年前后，随着网络泡沫的破灭，开源软件的神话随之被打破。大量缺乏真正商业模式的开源软件企业面临着要么倒闭，要么退出开源软件市场的尴尬境地。剩下的经受住市场锤炼的开源软件厂商慢慢冷静下来，潜心寻找适合自己的商业模式。在这些企业寻找正确的商业模式的过程中，一些较早探索出商业模式的开源软件企业，挺过了 IT 行业的寒冬，得到了迅速发展，如 Red Hat 软件公司、JBoss 和 MySQL 等。

4）融合阶段（2004 年至今）

2003 年 11 月，曾叱咤风云的软件巨头 Novell 收购了全球排名第二的 Linux 发行商 SuSE，借助 Linux 实现了战略转型。Novell 的做法为开源软件的商业运行提供了全新思路，产生了深远影响。在 Novell 的推动下，开源软件开始与商业软件和平共处，并走进了金融和电信等行业大户的视野。与此同时，原来在幕后支持开源软件的 IT 巨头也开始更直接地介入开源软件的发展。例如，IBM 于 2005 年 5 月收购开源软件 Gluecode，于 2005 年 11 月成立开源文档基金会；SUN 从 2005 年 6 月开始，逐步开放 Solaris 等多款软件的源代码等；2018 年 IBM 宣布以 340 亿美元的价格收购 Red Hat 软件公司。

2．Linux 和开源软件的商业模式

经过归纳，Linux 和开源软件的商业模式大致包括以下 6 种。

1）免费软件+收费硬件

IBM、SUN 及惠普等公司在开源软件领域投入巨大，但这一切并非做慈善，它们也从配置了开源软件的硬件中获取了巨额回报。

2）免费知识+收费书籍（培训）

开源软件出版商 O'Reilly 公司组织各种开源软件会议，推进开源理念和开源软件技术的传播与发展，通过出售书籍赢利。目前，LPI 和中国的即时科研集团也在大力开展 Linux 培训，其赢利模式与 O'Reilly 公司如出一辙。

3）免费程序+收费实施

一些开源软件厂商免费提供系统的程序代码，靠提供技术服务赚钱，JBoss 就是这种模式的典型代表。JBoss 应用服务器软件程序完全免费，技术文档、培训和二次开发支持等技术服务是收费的。

4）免费社区版+收费企业版

对于一些通用软件，如操作系统和数据库软件，开源软件厂商一般采用针对不同用户提供不同版本的方式。在这种模式中，免费版本软件为赢利的收费版本软件创造或维持了市场地位。这种模式较为普遍，如 MySQL 产品就同时推出了分别面向个人和企业的两种版本，即开源版本和专业版本，它们分别采用了不同的授权方式。开源版本完全免费以便更好地推广产品，专业版本的许可销售和支持服务为公司赢得收入。

5）开源软件+商业软件

将免费的开源软件与可赢利的商业软件捆绑销售，用开源软件带动商业软件销量，也是不错的商业模式。例如，Novell 将自己原来丰富的中间软件和应用软件迁移到 Linux 平台上，通过与 Linux 捆绑为客户提供高价值的综合解决方案。红旗 Linux 和 TurboLinux 也在积极加强与应用软件厂商的联系或自己开发商业软件，通过附加更多的商业软件来增加收入。

6）免费软件+收费专业服务

免费软件+收费专业服务模式的典型代表是 SourceLabs 和 SpikeSource 公司。采用此模式的公司并不主推自己的产品品牌，而是与多方开源软件厂商或社区合作，为他人提供的开源软件提供技术测试、集成及维护等服务。在这种模式中，公司的角色与原来的系统集成商类似，他们把开源软件打包到事先经过鉴定并且受支持的标准化堆栈中。为了让各种各样的软件组件正常地协同工作，他们帮助客户配置及测试这些软件组件，而预先设计并经过鉴定的堆栈有助于缩短配置与测试时间。

1.2 Linux 内核及其发行版本

1.2.1 Linux 发行版本概述

Linux 的版本可以分为两类,即内核(Kernel)版本与发行(Distribution)版本。内核版本指的是在 Linux 领导下的开发小组开发出来的系统内核版本,目前最新的内核版本为 Linux 2.6。其发行版共有 27 149 个补丁和 600 万行代码,开发周期长达 680 天。在 2004 年 Linux 内核峰会上,即稳定版内核发行约 8 个月之后,又增加了 123 万行代码,删除了 849 366 行代码,这意味着有 1/3 的内核被改动了。Novell 的 Linux 开发人员格雷格·克洛·哈特曼认为这说明稳定版内核还有很多工作要做。于是开发社区决定不升级内核版本,所有成熟的新功能和补丁都加入 Linux 2.6 稳定版内核中。一些组织或公司将 Linux 内核与应用软件和文档包装起来,再提供一些安装界面和系统设置与管理工具,就构成了一个发行版本,如 Mandriva Linux、Red Hat Linux、Debian Linux、Ubuntu Linux,以及国产的红旗 Linux、CLEEX for Linux、Xteam Linux 和 TurboLinux 等。

1.2.2 Linux 内核的变迁

Linux 内核变迁 0.00(1991.2—1991.4)的两个进程分别显示 AAA 为 BBB。

- 0.01(1991.9),第 1 个正式向外公布的 Linux 内核版本。
- 0.02(1991.10.5),该版本及 0.03 版是内部版本,目前已经无法找到。
- 0.03(1991.10.5)。
- 0.10(1991.10),由 Ted Ts'o 发布的 Linux 内核版本。
- 0.11(1991.12.8),基本可以正常运行的内核版本。
- 0.12(1992.1.15),主要加入针对数字协处理器的软件模拟程序。
- 0.95(0.13)(1992.3.8),开始加入虚拟文件系统思想的内核版本。
- 0.96(1992.5.12),开始加入网络支持和虚拟文件系统 VFS。
- 0.97(1992.8.1)。
- 0.98(1992.9.29)。
- 0.99(1992.12.13)。
- 1.0(1994.3.14)。
- 1.2(1995.3.7)。
- 2.0(1996.2.9)。
- 2.2(1999.1.26)。
- 2.4(2001.1.4)。
- 2.6(2003.12.17)。
- 3.0(2011.7.21)。
- 3.3(2012.3.18)。

- 3.4（2012.5.20）
- 4.0（2015.4.29）
- 5.0（2019 5.10）

> **小贴式**
>
> 查看 Linux 内核的版本方法。
>
> 登录 Linux 系统，在文本终端运行如下命令：
> ```
> $ uname -r
> ```
> 输出结果如下：
> ```
> uname -a
> Linux rhel8server1 4.18.0-80.el8.x86_64 #1 SMP Wed Mar 13 12:02:46 UTC 2019 x86_64 x86_64 x86_64 GNU/Linux
> ```

上述输出结果表示当前 Linux 系统的内核版本为 4.18.0-80.el8.x86_64 SMP，即主版本号为 4，次版本号为 18，修订号为 0，第 80 次编译。el 表示该内核为企业级 Linux（Enterprise Linux），SMP 表示对称多处理器（Symmetric Multi-Processing），x86_64 表示 64 位版本。

Linux 内核版本号格式为 major.minor.patch-build.desc，说明如下。

（1）major：表示主版本号，有结构性变化时才变更。

（2）minor：表示次版本号，有新增功能时才变更。一般奇数表示测试版本，偶数表示生产版本。

（3）patch：表示对次版本的修订次数或补丁包数。

（4）build：表示编译（或构建）的次数，每次编译可能优化或修改少量程序，但一般没有大的（可控）功能变化。

（5）desc：用来描述当前版本的特殊信息，其信息在编译时指定，具有较大的随意性，常用的描述标识如下。

- rc（有时也用一个字母 r）：表示候选版本（release candidate），rc 后的数字表示该正式版本的第几个候选版本，在多数情况下数字越大越接近正式版本。
- SMP：表示对称多处理器。
- pp：在 Red Hat Linux 中常用来表示测试版本（pre-patch）。
- EL：在 Red Hat Linux 中用来表示企业版 Linux（Enterprise Linux）。
- mm：表示专门用来测试新技术或新功能的版本。
- FC：在 Red Hat Linux 中表示 Fedora Core。

在生产机上最好不要安装次版本号是奇数的和属于测试版本的内核版本。

1.2.3　Linux 主要发行版本

1. Red Hat Linux

Red Hat Linux 是一个比较成熟的 Linux 版本，无论是销量还是装机量都比较可观。该版本从 4.0 开始同时支持 Intel、Alpha 及 Sparc 硬件平台，并且通过 Red Hat 公司的开发，用户可以轻松地进行软件升级、彻底卸载应用软件和系统部件。Red Hat 由 Bob Young 和 Marc Ewing 在 1995 年创建，目前分为两个系列，即由 Red Hat 公司提供收费技术支持和更新的 Red Hat Enterprise Linux，以及由社区开发的免费的 Fedora Core。Fedora Core 1 发布于 2003 年年末，定位为桌面用户。Fedora Core 提供了最新的软件包，同时版本更新周期也非常短，仅 6 个月。目前最新版本为 Fedora Core 6，而 Fedora Core 7 的测试版本已经推出，适用于 Red Hat Enterprise Linux 版本的服务器。由于 Red Hat Enterprise Linux 是个收费的操作系统，所以国内外许多企业或网络空间公司选择使用 CentOS。CentOS 可以算是 Red Hat Enterprise Linux 的克隆版本，但 CentOS 是免费的。

2. Debian Linux

Debian Linux 最早由 Ian Murdock 于 1993 年创建,可以算是迄今为止最遵循 GNU 规范的 Linux 系统。Debian 系统有 3 个分支（Branch）版本，即 Stable、Testing 和 Unstable。截至 2005 年 5 月,这 3 个分支版本分别对应的具体版本为 Woody、Sarge 和 Sid。其中,Unstable 为最新的测试版本，包括最新的软件包，但是相对其他版本而言，有较多漏洞。适合桌面用户测试的版本都经过了 Unstable 中的测试，相对较为稳定，也支持不少新技术（如 SMP 等）。Woody 一般只用于服务器，其中大部分软件包都比较过时，但是其稳定性和安全性都非常高，这也是如此多的用户痴迷于 Debian Linux、Apt-Get 和 Dpkg 的原因之一。Dpkg 是 Debian Linux 系列特有的软件包管理工具，被誉为所有 Linux 软件包管理工具（如 RPM）中最强大的软件包管理工具，与 Apt-Get 配合，使得在 Debian Linux 上安装、升级、删除和管理软件变得异常容易。许多 Debian Linux 的用户都开玩笑说，Debian Linux 使他们变懒了，因为只要输入"Apt-Get Upgrade && Apt-Get Upgrade"，计算机上所有软件就会自动更新。

3. Ubuntu Linux

简而言之，Ubuntu Linux 就是一个拥有 Debian Linux 所有优点的近乎完美的 Linux 操作系统。Ubuntu Linux 是一个相对较新的发行版，它的出现可能改变了许多潜在用户对 Linux 的看法。也许，以前人们会认为 Linux 难以安装并难以使用，但是 Ubuntu Linux 出现后这些都成了历史。Ubuntu Linux 基于 Debian Sid，所以拥有 Debian Linux 的所有优点，包括 Apt-Get。不仅如此，Ubuntu Linux 默认采用的 GNOME 桌面系统也将 Ubuntu Linux 的界面装饰得简易但不失华丽。当然如果你是 KDE 的拥护者，Kubuntu 同样也适合。Ubuntu Linux 的安装非常人性化，按照提示一步一步进行即可，安装操作与 Windows 操作系统一样简便。并且 Ubuntu 被誉为对硬件支持最好、最全面的 Linux 发行版，许多在其他发行版上无法使用或者在默认配置时无法使用的硬件，在 Ubuntu Linux 上都可以轻松实现。并且它采用自行加强的内核，安全性方面更加完善。Ubuntu Linux 默认不能直接 root 登录，必须从第 1 个创建的用户通过 Su 或 Sudo 来获取 root 权限（这也许不太方便，但提高了安全性，避免了用户由于粗心而损坏系统）。Ubuntu Linux 的版本周期为 6 个月，弥补了 Debian Linux 更新缓慢的不足。

4．Slackware Linux

Slackware Linux 由 Patrick Volkerding 创建于 1992 年，是历史最悠久的 Linux 发行版，曾经非常流行，但是随着 Linux 越来越普及，用户的技术层面越来越广（更多的新手），渐渐被人们遗忘。在其他主流发行版强调易用性时，Slackware Linux 依然固执地追求最原始的效率——所有的配置均要通过配置文件来进行。尽管如此，Slackware Linux 仍然深入人心（其用户大部分都是比较有经验的 Linux 老手）。由于它稳定且安全，所以仍然有大批忠实用户。由于 Slackware Linux 尽量采用原版的软件包，所以新漏洞出现的概率低了很多。其版本更新周期较长（大约为 1 年），但是新版本仍在不间断地提供给用户。

5．SuSE Linux

SuSE Linux 是起源于德国的最著名的 Linux 发行版，在全世界享有较高的声誉，其自主开发的软件包管理系统 YaST 也大受好评。SuSE 公司于 2003 年年末被 Novell 收购。SuSE Linux 8.0 之后的发布显得比较混乱，比如 9.0 版本是收费的，而 10.0 版本是免费的（也许是由于各种压力）。这使得一部分用户感到困惑，转而使用其他发行版本。但是瑕不掩瑜，SuSE 仍然是一个非常专业且优秀的发行版。

6．Gentoo Linux

Gentoo Linux 最初由 Daniel Robbins（前 Stampede Linux 和 FreeBSD 的开发者之一）创建，由于开发者熟识 FreeBSD，所以 Gentoo Linux 拥有媲美 FreeBSD 的广受美誉的 ports 系统——portage（ports 和 portage 都是用于在线更新软件的系统，类似于 Apt-Get，但两者有很大不同）。Gentoo Linux 的首个稳定版本发布于 2002 年，因其高度的自定制性而著名，它是一个基于源代码的发行版。尽管安装时可以选择预先编译好的软件包，但是大部分用户选择自己手动编译，这也是 Gentoo Linux 适合有 Linux 使用经验的老手使用的原因。但是要注意的是，由于编译软件需要消耗大量的时间，所以如果所有软件都要编译并安装 KDE 桌面系统等比较大的软件包，那么可能需要几天时间。

7．Fedora Core

UNIX 等服务器操作系统和硬件供应商提供的专用操作系统被广泛用于大型任务关键型系统，但 Linux 也广泛用于企业核心系统。企业核心系统是通过将高端服务器与高容错和负载平衡器、UNIX 和骨干应用程序的专用操作系统、Linux、高可用性软件、应用程序服务器等相结合构建的。有些系统仅使用 Linux 构建，有些系统是用 UNIX 和专用 OS 及 Linux 混合构建的。在这种系统中使用的 Linux 通常不作为免费操作系统提供，而是作为企业使用的 Linux 发行版。Red Hat Enterprise Linux 是企业任务关键型系统中使用的 Linux 之一，是 Red Hat 公司提供的付费产品。用户可以从 Red Hat 公司或销售 Red Hat Enterprise

Linux 的供应商处获得 OS 技术支持。Fedora Core 作为免费的操作系统而存在。Fedora 是一个基于社区的开源软件（OSS）项目名称。参与 Fedora 项目的 OSS 的各种开发人员每天进行高级软件验证和开发。名为 Fedora Core 的发行版是诸如操作系统之类的软件的集合。在 Fedora Core 上测试的大多数软件都将被整合到下一代 Red Hat Enterprise Linux 中。可以说 Fedora Core 是 Red Hat Enterprise Linux 发布的实验研讨会。

8．其他

Linux 最不缺乏的就是发行版本了，目前全球至少有 386 个不同的发行版本，了解 Linux 发行版的最佳方法是查看 Linux 流行风向标的网站。目前在发行版排行中，Ubuntu Linux 的发行版高居榜首。

1.3 Red Hat Enterprise Linux 简介

本书使用的 Linux 发行版本是 Red Hat Enterprise Linux 8.0。

1.3.1 发展轨迹

Red Hat Linux 是商业上运行最为成功的 Linux 发行套件，普及程度很高，由 Red Hat 公司发行。它算是"中年"的 Linux 发行套件，其 1.0 版本于 1994 年 11 月 3 日发行。虽然历史不及 Slackware 悠久，但与大多 Linux 发行套件相比，Red Hat Linux 的历史要悠久得多。Red Hat Linux 中的 RPM 软件包格式可以说是 Linux 社区的一个标准，被广泛应用于其他 Linux 发行套件中。以其为基础派生的 Linux 发行套件有很多，其中包括以桌面用户为目标的 Mandrake Linux（原为包含 KDE 的 Red Hat Linux）、Yellow Dog Linux（原为支援 PowerPC 的 Red Hat Linux）和 ASPLinux（对非拉丁字符有较好支援的 Red Hat Linux）。自从 Red Hat Linux 9.0 版本发布后，Red Hat 公司就不再开发桌面版的 Linux 发行套件了，而是将全部力量集中在服务器版的 Linux 开发上，即 Red Hat Enterprise Linux 版。2004 年 4 月 30 日，Red Hat 公司正式停止对 Red Hat Linux 9.0 版本的支援，这标志着 Red Hat Linux 的正式完结。原桌面版 Red Hat Linux 发行套件则与来自民间的 Fedora 项目合并，成为 Fedora Core 发行版本。Fedora Core 发行版本是免费发放的，但 Red Hat 不提供任何正式支持，也不保证软件和硬件的兼容性，这与 Red Hat Enterprise Linux 不同。

Red Hat Linux 的发展过程主要可以分为 Red Hat Linux、Red Hat Enterprise Linux 和 Fedora Core 共 3 个系列。Red Hat 公司主要的 Linux 版本如表 1-1 所示。

表 1-1　Red Hat 公司主要的 Linux 版本

发行时间	版本代号	别名	说明
1994 年 10 月	Red Hat Linux 0.9	Halloween	第 1 个对外发布的 Red Hat Linux 公开测试版本，支持 1.0.9 与 1.1.54 两种内核版本，当时的名称为"Red Hat Software Linux"
1995 年 3 月	Red Hat Linux 1.0	Mother's Day	第 1 个正式发行版本，基于 1.2.8 内核，改名为"Red Hat Commercial Linux"
1995 年 9 月	Red Hat Linux 2.0	无	这是使用 Red Hat 包管理器（Red Hat Package Manager，RPM）的第一个正式发行的版本
1996 年 3 月	Red Hat Linux 3.0	Picasso	开始支持 Digital Alpha 架构（Alpha 平台的 ELF 格式标准尚未批准，其二进制仍采用 a.out 格式，没有共享链接库），首次采用图形 Linux 安装工具（Graphical Linux INstallation Tool）作为 RPM 的前端界面
1996 年 10 月	Red Hat Linux 4.0	Colgate	基于 2.0.18 内核，同时支持 x86、Alpha 和 SPARC 架构，Alpha 架构支持 ELF 二进制格式
1997 年 12 月	Red Hat Linux 5.0	Hurricane	从这个版本开始，Red Hat 开始提供电话支持
1999 年 4 月	Red Hat Linux 6.0	Hedwig	这个版本集成了 glibc2.1、egcs、GNOME（GNU Object Model Environment）和 2.2 内核
2000 年 9 月	Red Hat Linux 7.0	Guinness	Red Hat Linux 7.0 引入 2.4 内核，Red Hat Linux 7.1 多语言同时发布（包括汉语、日语、韩语），引入 Mozilla 浏览器，Red Hat Linux 7.1.93 采用 ext3 日志文件作为默认的文件系统
2002 年 5 月	Red Hat Enterprise Linux 2.1 AS	Pensacola	Red Hat Enterprise Linux 系列的第一个版本，基于 Red Hat Linux 7.2，也含 Red Hat Linux 7.3 的错误修复，提供了更高级别的技术支持
2002 年 9 月	Red Hat Linux 8.0	Psyche	这个版本引入了 gcc 3.2、glibc 2.3RC、OpenOffice.org 1.0.1、GNOME 2、KDE 3.0.3 等大量新技术和模块
2003 年 3 月	Red Hat Linux 9.0	Shrike	这个版本首次支持原生 POSIX 线程库（Native POSIX Thread Library，NPTL），采用 glibc 2.3.2 和 glibc 2.4.20 内核；支持 GNOME 2.2 和 KDE 3.1，是 Red Hat Enterprise Linux 3.0 的原型版
2003 年 10 月	Red Hat Enterprise Linux 3.0	Taroon	这个版本同时支持 Intel x86、Intel Itanium、AMD64、IBM zSeries、IBM iSeries、IBM pSeries，以及 IBM S/390 7 种体系结构，采用 GCC 3.2、Linux 内核 2.4.21 及 glibc 2.3.2，首次引入访问控制表（Access Control Lists，ACLs）
2005 年 2 月	Red Hat Enterprise Linux 4.0	Nahant	第一个使用 2.6 内核的 Red Hat Enterprise Linux，首次引入 SELinux（Security Enhanced Linux）安全特性
2006 年 3 月	Red Hat Enterprise Linux 5.0	Tikanga	第一个使用 xen 虚拟化技术内核的 Red Hat Enterprise Linux，增强了 SELinux 安全特性
2010 年 11 月	Red Hat Enterprise Linux 6.0	Santiago	第一个使用 KVM 虚拟化技术内核的 Red Hat Enterprise Linux

第 1 章 Red Hat Enterprise Linux 简介

续表

发行时间	版本代号	别名	说明
2014 年 6 月	Red Hat Enterprise Linux 7.0	Mapio	第一个使用 Docker 虚拟化技术的 Red Hat Enterprise Linux
2019 年 5 月	Red Hat Enterprise Linux 8.0	Ootpa	第一个使用 4.x 系列内核的 Red Hat Enterprise Linux

由表 1-1 可知，2002 年以前，Red Hat 公司只有一种产品线，即 Red Hat Linux，它从 Red Hat Linux 0.9 一直发展到 Red Hat Linux 9.0，之后不再以该名称发布产品。2002 年，Red Hat 迫于赢利的压力，新开发了一种产品，即 Red Hat Enterprise Linux 系列产品，这一产品向用户提供了更高级的技术支持，使 Red Hat 公司获得了更多收益。由于 Red Hat Enterprise Linux 系列产品的推出，Red Hat 公司的研发注意力从 Red Hat Linux 系列转移到 Red Hat Enterprise Linux 系列上，这使得大量免费使用 Red Hat Linux 的个人用户很不高兴。加上其他同类免费 Linux 产品的竞争，为了拉拢 Red Hat Linux 原有的个人用户，守住已有用户群，Red Hat 公司决定放弃 Red Hat Linux 系列产品线的单独研发，将之合并到 Fedora 项目中并推出了新的免费产品线 Fedora Core。事实上，Fedora Core 只是 Red Hat 的实验品，其功能将在实验成功后融入 Red Hat Enterprise Linux。

Fedora 是一个由 Red Hat 公司策划的项目，它向普通参与者开放并由精英管理者领导，沿着一系列项目目标前进。Fedora 项目的目标是与 Linux 社区协作，通过开放源码软件来创建一个完整且通用的操作系统，其开发过程是以公开论坛的形式进行的。Fedora 项目将按时间计划进行，Fedora Core 每年发布 2～3 次，并提供一份公开的发布日程表。Red Hat 工程组将继续参与 Fedora Core 的开发，并且邀请和鼓励更多外界人员参与。Red Hat 公司通过采用这样一种更加开放的过程，希望能提供一份更加符合自由软件理念，并且对开放源码社区更具吸引力的操作系统。

图 1-1 是 Red Hat Enterprise Linux 各版本的时间线示意图。

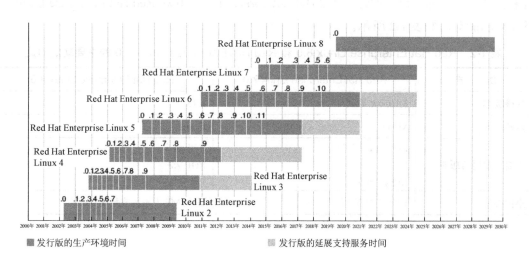

图 1-1 Red Hat Enterprise Linux 各版本的时间线示意图

1.3.2 Red Hat Enterprise Linux 和 Fedora Core 之间的区别

Red Hat Enterprise Linux 是一个企业操作系统，而 Fedora Core 不是。Fedora Core 不适合关键性企业使用。企业需要稳定的系统操作，支持高性能硬件，快速发布补丁和维护支持。Red Hat Enterprise Linux 是了解这些要求的产品。例如，Red Hat Enterprise Linux 已经应用内核补丁来支持高性能高端服务器，产品订阅的注册包括获取发布后的错误信息、补丁下载和维护支持等。订阅用户可以使用 Red Hat 公司的 Red Hat Network（RHN）接收服务，也可以通过 OEM 厂商发布的 Red Hat Enterprise Linux 获得类似的支持。Fedora Core 是一个包含许多高级功能的有吸引力的新软件的发行版，不是一个可以承受需要高稳定性的企业操作系统。Fedora Core 拥有比 Red Hat Enterprise Linux 更新版本的内核，但是一些具有高级功能的内核尚未经过全面测试，不良测试产品的运行不足会对核心运营产生重大影响。通常，安装在企业系统中的操作系统会在系统出现故障时向供应商发送日志、内存转储和故障报告，然后供应商会对其进行分析。供应商有一系列支持流程，可根据分析结果创建补丁并将其应用于客户系统。此外，供应商是根据合同的内容提供维护的；客户是根据他们购买的产品或系统合同获得维护支持的。Red Hat Enterprise Linux 可以提供这样的维护支持，但 Fedora Core 却不可以。因为 Fedora Core 开发基础只是一个社区，所以除非一些基于志愿者的开发人员创建补丁，否则系统错误将无法被修复。由于 Fedora Core 没有维护合同，所以在未发布补丁的情况下即使操作失败，或者安全性受到威胁，也有可能没有任何改进。因此，采用 Fedora Core 作为企业操作系统风险太大。

1.3.3 Red Hat Enterprise Linux 8.0 简介

1. 对比 Red Hat Enterprise Linux 7.0

与 Red Hat Enterprise Linux 7.0 相比，Red Hat Enterprise Linux 8.0 在应用性能、可扩展性和安全性方面都有巨大改进。Red Hat Enterprise Linux 8.0 和 Red Hat Enterprise Linux 7.0 的主要功能对比如表 1-2 所示。

表 1-2 Red Hat Enterprise Linux 8.0 和 Red Hat Enterprise Linux 7.0 的主要功能对比

功　能	Red Hat Enterprise Linux 7.0	Red Hat Enterprise Linux 8.0
内核版本	3.10.x-x 系列	4.18
内核名称	Mapio	Ootpa
主要开发语言版本	Python 2（2.7.x） PHP 5.4 Ruby 2.0.0	Python 3 PHP 7.2 Ruby 2.5
桌面类型	KDE/GNOME	GNOME（不再支持 KDE）

续表

功　能	Red Hat Enterprise Linux 7.0	Red Hat Enterprise Linux 8.0
内存最大容量	64TB	4PB
最大文件系统大小	500TB	1PB
最低内存要求	最小为 1GB，推荐每个逻辑 CPU 使用 1GB	最小为 1.5GB，推荐每个逻辑 CPU 使用 1.5GB
防火墙	iptables	nftables
文件系统	XFS、ext4、Btrfs	默认文件系统 XFS（不再支持 Btrfs）
时间服务	支持 NTP 和 chronyd	只支持 chronyd
软件包管理工具	yum	dnf
图形显示	X.Org server	Wayland
支持的 ISO 文件类型	Binary DVD ISO Boot ISO Supplementary Binary DVD ISO	Boot ISO Binary DVD ISO
虚拟机管理工具	virt-manager	virt-manager Cockpit
NFS 服务器	配置文件：/etc/sysconfig/nfs	配置文件：/etc/nfs.conf, NFS 不支持 UDP 协议
LDAP 服务器	Open LDAP server	389 LDAP server

2．内核

Red Hat Enterprise Linux 8.0 内核为 4.18 Kernel，该版本内核是最新的 LTS 长期支持版。对于长期支持，有些读者朋友可能不是很清楚，究竟多长才算长呢？对于 Red Hat Enterprise Linux，一般是 7～10 年的免费升级服务，再加上 3～5 年的付费支持服务，如果有必要，企业还可以单独付费来获得专门扩展支持。

Red Hat 服务承诺需要建立在深厚的技术储备和持久的业务基础上。4.18 Kernel 支持 5 级分页能力，处理器转换线性地址从 48 位提升到 57 位，这使得物理内存限制从 64TB 提升到 4PB，可管理的虚拟地址更是高达 128PB。

3．文件系统

Red Hat Enterprise Linux 8.0 默认文件系统为 XFS。XFS 支持 Copy-on-write，这使得多个文件可以共享数据块，节约存储空间，也方便容器的应用。Copy-on-write 可通俗地称为写时拷贝，也就是说读的时候并不需要拷贝 stratis 卷文件系统的支持，更方便支持文件快照、块存储池等特性需求。Virtual Data Optimizer（VDO）虚拟数据层可以管理、重用和压缩文件存储块设备。按照文档建议，虚拟机或者容器给虚拟文件系统预留的空间和物理尺寸的比例是 10∶1，而对于对象存储系统，如 Ceph，该比例也可以达到 3∶1，也就是说，可以极大地减少实际物理空间的占用。

4. 网络和防火墙

Red Hat Enterprise Linux 8.0 用 nftables 替代了 iptables，来作为默认的网络包过滤防火墙。新版本操作系统支持 IPVLAN 虚拟网络驱动，使得多个容器使用虚拟网卡，把网络接口暴露成单个 MAC 地址，使得主机可以容纳更多容器实例。Red Hat Enterprise Linux 8.0 不再支持 SUN RPC/NIS 协议。

5. 包管理工具

Red Hat Enterprise Linux 8.0 全面使用了 yum 4，yum 4 是基于 dnf 的包管理工具，避免了 yum 之前版本的很多问题。另一个大的改进是，提供了 AppStream 功能，类似于 Ubuntu Linux 的 Snap。

Red Hat Enterprise Linux 的包分为两大类，即 BaseOS 和 AppSteam。BaseOS 是基础系统，包含操作系统必备的功能。其他众多的包则转移至 AppSteam 来管理，加入了 module 的概念。module 是由一个或者若干个 RPM 软件包组成的完整功能包。

6. 服务器基本功能

Red Hat Enterprise Linux 8.0 的 Apache httpd 服务器升级到了 2.4.35 版本，这个版本默认采用 event 模式，即多线程高性能的模式，替换了之前一直采用的 prefork（多进程模式）。新版本的软件提供 mod_http2 模组，支持 HTTP 2；支持从硬件加密设施中加载 TLS 证书和私钥；各种数据库也得到全面升级，包括 MySQL 8、MariaDB 10.3、PostgreSQL 10、PostgreSQL 9.6、Redis 4 等。

7. 管理工具

Red Hat Enterprise Linux 8.0 发布说明第一个介绍的重要特性就是管理工具 Cockpit，这个由 Red Hat 主导的管理工具会成为未来企业管理服务器的一个重要助手。Cockpit 采用 JavaScript 和 C 开发，具备完备的界面管理功能。Cockpit 目前可以管理系统全局、日志、网络、账户、服务、应用、诊断、内核、安全、虚拟机、容器等几乎所有的服务器功能；也可以通过网络管理其他服务器。Cockpit 的含义是驾驶员座舱，Linux 上的 Cockpit 就是操控这个操作系统的集中入口。原来的 Virt-manager 工具，即管理 KVM 虚拟机的图形界面工具，就被 Cockpit 替代了。这样来看，其他各种图形工具都是 Cockpit 替换的目标。

8. 安全

Red Hat Enterprise Linux 8.0 系统级支持 TLS 1.3，openssl 版本也进行了对应升级，加密块设备 LUKS 也升级到了版本 2（对于需要保密的商业信息，建议存放在加密文件系统中），并移除了 DSA 算法支持。

9. 高可用

Red Hat Enterprise Linux 8.0 采用 chrony 和 pacemaker 工具构建高可用服务器，Linux 集群和高可用技术。

10．桌面

Red Hat Enterprise Linux 8.0 采用 GNOME 3.28 桌面，采用 Wayland 显示 X 服务器，不再支持 KDE 桌面环境。

11．开发环境

GCC 版本升级到 8.2，glibc 库的版本升级至 2.28，Boost 库的版本也升级到 1.64。

支持 Cmkae 编译工具，调试工具 SystemTap 升级到 4.0 版本，Valgrind 升级到 3.14 版本。

全面采用 Python 3，Python 2 不再默认安装。

Java 开发环境提供 OpenJDK 11，也可以选择 OpenJDK 8，已经升级到最新的 191 版本。

提供了.NET core 2.1 开发环境。Red Hat 对于.NET 的支持还是大的。

12．虚拟化

KVM 在内核中已经成熟而稳定。

libvirt 库和 QEMU 工具也非常好用。

最新提供了 Composer 工具，用来创建虚拟机镜像，可以配合 Cockpit 和 Openstack 进行虚拟机管理。

13．容器技术

Red Hat 主导了容器规范，包括运行时和镜像格式。runc 和 containd 是容器各层次的组件。Red Hat Enterprise Linux 8.0 还提供了容器的管理工具，如 podman 管理容器的客户端工具，命令行基本和 Docker 兼容；buildah 创建 OCI 兼容的容器镜像；skopeo 容器镜像仓库工具。

14．支持的处理器类型

Red Hat Enterprise Linux 8.0 支持的处理器类型主要包括如下 4 种。

（1）AMD 和 Intel 64 位处理器。

（2）ARM 64 位处理器。

（3）IBM Power 处理器。

（4）IBM Z 处理器。

第 2 章

Red Hat Enterprise Linux 8.0 系统安装

2.1 安装前准备工作

2.1.1 收集硬件信息

如果计算机中已经安装了其他操作系统，那么可以由此来收集硬件信息。这不仅是一个安全且实际的方法，也可避免在指定硬件类型及型号时产生错误。以 Windows 7 为例，当前系统的硬件信息的查询步骤如下。首先右击桌面上的"我的电脑"，在弹出的快捷菜单中选择"属性"选项，打开"系统属性"窗口；然后选择"硬件"选项卡，单击"设备管理器"选项，即可查询当前系统的硬件信息。也可以使用 EVEREST（原名为 AIDA32）工具软件来查询当前系统的硬件信息。EVEREST 是一个测试软/硬件系统信息的工具，可以详细地显示计算机各个方面的信息，支持上千种（3400+）主板、上百种（360+）显卡、并口、串口、USB 等 PNP 设备的检测，以及各式各样的处理器的侦测。新版 EVEREST 增加了查看和管理远程系统信息功能，以及结果导出为 HTML 和 XML 的功能。双击 EVEREST 快捷图标，运行 EVEREST，其界面分为左、右两部分，左侧为菜单和收藏夹列表区，右侧为详细信息显示区。单击左侧列表区中的任意一项内容，即可在右侧显示区内显示该项的详细信息，其中包括计算机、主板、操作系统、服务器、显示设备、多媒体、存储设备、网络设备等 13 项软/硬件的信息检测内容。软/硬件分类相当详细；在 13 个大项中又包含若干个小项，如"计算机"中包含了"摘要""计算机名称""DMI""电源管理""感应器"等选项。单击 13 个大项前的"+"号，可直接展开分支选项。单击相应的分支选项，相应的详细信息就会直接显示在右侧的显示区。例如，单击"摘要"选项，右侧显示区就会显示计算机的整体信息，其包括用户的操作系统、CPU 类型、主板品牌和型号，以及主板芯片组等内容。单击与"字段"选项相对应的"值"链接，即可查看产品信息，对于 Linux 安装来讲，其中主板、SPD、显示卡、网络信息最有用。EVEREST 检测的各部分硬件信息可通过纯文本、HTML 及 MHTML 等形式生成检测报告。建议 Linux 初学者或者在一台不熟悉的计算机上安装 Linux 时打印一份详细报告放在手边。

2.1.2 系统要求

在安装 Red Hat Enterprise Linux 8.0 之前，有必要研究环境要求和系统要求。建议在进行具体操作之前先阅读 Red Hat Enterprise Linux 8.0 的发行说明。首先，查看发行说明中的系统要求，并准备要安装该系统的计算机；然后，获取 Red Hat Enterprise Linux 8.0 安装映像。要获取安装映像，你需要登录 Red Hat 账户并进行有效订阅。如果你没有 Red Hat 登录账户，那么你在按照相应程序创建账户后可申请 30 天评估版。订阅后，从下载的 ISO 文件创建安装 DVD 或者 USB 存储器。除了在物理服务器上安装 Red Hat Enterprise Linux 8.0，还可以使用虚拟化技术在虚拟机上安装和运行 Red Hat Enterprise Linux 8.0。Red Hat Enterprise Linux 8.0 可以用作 Oracle VM VirtualBox、VMware Workstation、Microsoft Hyper-V 或 Linux KVM 的客户操作系统。用户也可以在公共云服务上（如 Amazon EC2 或者阿里云等）使用 Red Hat Enterprise Linux 8.0。

Red Hat 安装指南中介绍了安装 Red Hat Enterprise Linux 8.0 的硬件的系统要求，具体如下。

（1）必须安装 BIOS 或 UEFI。

（2）支持 Intel / AMD 64 位 CPU（x86_64）。

（3）至少配置了 1.5GB 内存。

（4）存储区域至少 10GB。

（5）不支持安装到 USB 存储器或 SD 卡。

2.1.3 获取 Red Hat Enterprise Linux 8.0 兼容性列表

Red Hat Enterprise Linux 8.0 与近两年推出的大多数硬件兼容，但硬件的技术规范几乎每天都在改变，最新的硬件支持列表可在 Red Hat 官方网站的硬件支持列表中查到。

2.1.4 创建 Red Hat Enterprise Linux 8.0 安装介质

1. 在 Windows 下创建 Red Hat Enterprise Linux 8.0 DVD 安装介质

Red Hat Enterprise Linux 8.0 的 ISO 文件名称是 rhel-server-8.0-x86_64-dvd.iso，其大小是 6.61GB。必须选择 8.5GB DVD，即 D9 光盘和对应刻录机。至于刻录软件，选择操作系统自带的工具软件即可。打开 ISO 文件所在的文件夹，单击鼠标右键即可看到"刻录光盘映像"选项，也可以通过双击文件图标，打开 ISO 文件的刻录程序。单击"刻录光盘映像"选项或者双击 ISO 文件即可打开"刻录光盘映像"操作界面，然后选择刻录机，即可开始刻录。依据 ISO 文件的大小，等待一段时间后即可成功完成刻录。

2. 在 Linux 下创建 Red Hat Enterprise Linux 8.0 DVD 安装介质

先在 Linux 下安装 Brasero 和 brasero-nautilus 软件包，大多数 Linux 发行版都自带该软件。

按照如图 2-1 所示的显示执行"项目"→"新建项目"→"刻录镜像"命令，在弹出的窗口中将"映像文件"设置为"rhel-server-8.0-x86_64-dvd.iso"，然后单击"写入"按钮即可执行写入作业。依据 ISO 文件的大小及刻录机速度，等待一段时间后即可成功完成刻录。

图 2-1　Brasero 工作界面

3. 在 Windows 下创建 Red Hat Enterprise Linux 8.0 USB 安装介质

现在不配置 DVD 驱动器的服务器和计算机越来越多了。在这种情况下，你可以将 Red Hat Enterprise Linux 8.0 的 ISO 文件写入 USB 存储器并创建安装 USB 启动盘。可以使用 Win32 disk imager 软件来制作 Red Hat Enterprise Linux 8.0 USB 启动盘。

Win32 disk imager 运行界面如图 2-2 所示。

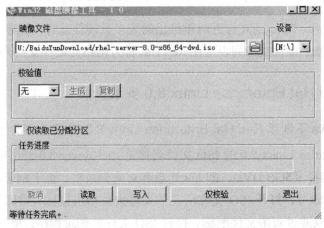

图 2-2　Win32 disk imager 运行界面

单击"映像文件"文本框右侧的图标，选择映像文件所在位置；然后在计算机中插入

第 2 章 Red Hat Enterprise Linux 8.0 系统安装

一个容量至少为 8GB 的 U 盘。接下来单击"写入"按钮开始写镜像。写入过程有进度显示，同时从底部的状态栏中可以看到写入速度。写入成功后会弹出"完成"对话框，如图 2-3 所示。

图 2-3 "完成"对话框

4．在 Linux 下创建 Red Hat Enterprise Linux 8.0 USB 安装介质

在 Linux 下创建 Red Hat Enterprise Linux 8.0 USB 安装介质需要使用 ddrescue 命令行工具软件来完成，其步骤如下。

首先查看 ISO 文件路径：

```
# ls rhel-server-8.0-x86_64-dvd.iso
```

这里笔者把 ISO 文件放在/tmp 目录下。

其次通过如下命令在线安装 ddrescue：

```
# yum install ddrescue
```

再次在计算机中插入一个容量至少为 8GB 的 U 盘，并通过如下命令查看 U 盘的挂载点：

```
# fdisk -l
Disk /dev/sdb: 14.4 GiB, 15500673024 bytes, 30274752 sectors
Units: sectors of 1 * 512 = 512 bytes
```

最后笔者的 U 盘挂载点是/dev/sdb。

然后使用如下命令制作 Red Hat Enterprise Linux 8.0 USB 启动盘：

```
# ddrescue /tmp/rhel-server-8.0-x86_64-dvd.iso /dev/sdb --force -D
```

2.2 安装 Red Hat Enterprise Linux 8.0

2.2.1 使用本地 DVD 介质安装 Red Hat Enterprise Linux 8.0

在一般情况下，安装 Red Hat Enterprise Linux 8.0 需要从光驱用安装光盘启动系统，然后进入交互式安装界面输入各种需要的配置以完成安装，详细步骤如下。

1．开机

在 BIOS 中设置使用光盘启动，按 Enter 键后显示如图 2-4 所示的开机界面。

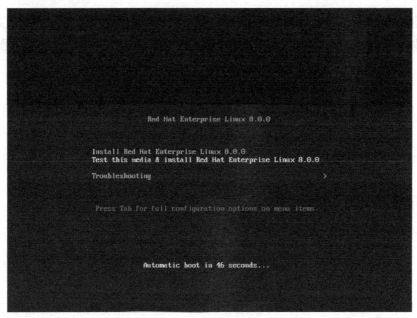

图 2-4 开机界面

开机界面中的选项如下。

- Install Red Hat Enterprise Linux 8.0：安装 Red Hat Enterprise Linux 8.0。
- Test this media & install Red Hat Enterprise Linux 8.0：测试安装文件并安装 Red Hat Enterprise Linux 8.0。
- Troubleshooting：修复故障。这个选项是一个独立菜单，其包含的选项可帮你解决各种安装问题。选中该选项后，按 Enter 键，即可显示其内容，如图 2-5 所示。

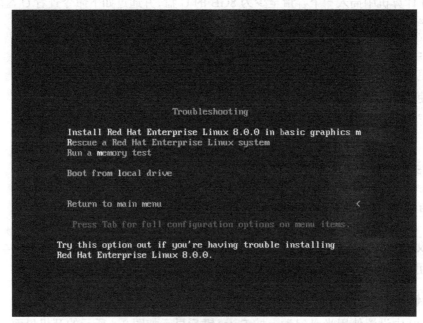

图 2-5 Troubleshooting 界面

第 2 章 Red Hat Enterprise Linux 8.0 系统安装

Troubleshooting 界面中的选项如下。

- Install Red Hat Enterprise Linux 8.0.0 in basic graphics mode，该选项可在安装程序无法为显示卡载入正确的驱动程序的情况下使用图形模式安装。如果在选择这个选项后页面无法正常显示或者变成空白，请重启计算机并再次尝试。
- Rescue a Red Hat Enterprise Linux system，该选项可以修复已安装的无法正常引导的 Red Hat Enterprise Linux 操作系统。恢复环境包含的应用程序可以解决各种各样的此类问题。
- Run a memory test，该选项表示在系统中运行内存测试。
- Boot from local drive，该选项表示使用第一个安装活动磁盘引导该系统。使用这个选项立即从硬盘引导，无须启动安装程序。

2．Red Hat Enterprise Linux 8.0 的欢迎界面和语言选择

系统自动检测硬件设备，如果检查通过，那么系统将自动开始初始化并安装 Red Hat Enterprise Linux 8.0 系统，安装完成后将出现 Red Hat Enterprise Linux 8.0 的欢迎界面，在这个界面可以选择语言。

在语言选择界面选择在安装中使用的语言，选择恰当的语言对稍后的安装中的定位时区有帮助。

3．安装信息摘要界面

选择相应语言后，单击"继续"按钮，即可进入"安装信息摘要"界面，如图 2-6 所示。

图 2-6 "安装信息摘要"界面

Red Hat Enterprise Linux 8.0 的"安装信息摘要"界面包括三大部分，共有 10 个选项，具体如下。
- 本地化：键盘、语言支持、时间和日期。
- 软件：安装源、软件选择。
- 系统：安装目的地、KDUMP、网络和主机名、安全策略、系统目的。

下面对其进行介绍。

4. 设置时间和日期

要为网络时间配置时区、日期及自选设置，请在"安装信息摘要"界面中单击"时间和日期"选项。有 3 种方法选择时区：

- 用鼠标指针在互动式地图上单击指定城市（用黄点表示），将会出现红色图钉显示你的选择。
- 在"时间和日期"界面顶部的"地区"下拉列表和"城市"下拉列表中选择时区。
- 在"地区"下拉列表中选择"其他"选项，然后在菜单旁边选择时区，调整至 GMT/UTC，如 GMT+1。

如果你所在城市没有出现在地图、"地区"下拉列表或"城市"下拉列表中，请选择同一时区中离你最近的城市。如果你已连接到网络，则会启用"网络时间"开关。如果时间和日期不正确，请手动调整。设置完成后，单击"完成"按钮，即可返回"安装信息摘要"界面。

5. 语言支持

如果要安装其他语言支持，请在"安装信息摘要"界面中单击"语言支持"选项，打开"语言支持"界面（如果在前面的步骤中已经设置过语言，那么可以忽略此部分内容）。完成设置后，请单击"完成"按钮，即可返回"安装信息摘要"界面。

如果在完成安装后需要更改语言支持，那么可以进入"系统设置"对话框在"区域&语言"选区进行更改。

6. 键盘设置

如果要在系统中添加多个键盘布局，那么可以在"安装信息摘要"界面中单击"键盘"选项，进入"键盘布局"界面（见图 2-7），完成设置并保存后，键盘布局可立即在安装程序中生效。通过在"键盘布局"界面中进行设置，你可以替换最初的键盘布局，也可以添加键盘布局。

在"键盘布局"界面中单击"+"按钮，在打开的列表中选中要添加的键盘布局，单击"添加"按钮，即可完成键盘布局的添加。选中列表框中要删除的键盘布局并单击"−"按钮，即可完成键盘布局的删除。使用"箭头"按钮可以对键盘布局进行优先顺序排列。要查看键盘布局图示，请选中该布局并单击"键盘"按钮。要测试键盘布局，请在"测试下方的布局配置"文本框内部单击，并输入相应文本以测试所选键盘布局是否可以正常工作。

第 2 章 Red Hat Enterprise Linux 8.0 系统安装

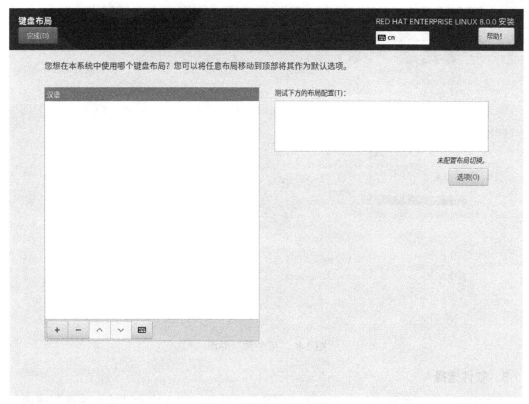

图 2-7 "键盘布局"界面

7．设置安装源

要指定 Red Hat Enterprise Linux 的安装文件或者位置，请在"安装信息摘要"界面中单击"安装源"选项，打开"安装源"界面，如图 2-8 所示。在此界面中，你可以选择可本地访问的安装介质，如 DVD 或 ISO 文件，也可以选择网络位置。

可以选择的安装源如下。

- 自动探测到的安装介质：如果使用完整安装的 DVD 或 USB 盘开始安装，那么该安装程序将探测并显示其基本信息，单击"验证"按钮，确定该介质可用于安装。
- ISO 文件：当安装程序探测到有可挂载文件系统的已分区硬盘时，就会出现此选项。单击"选择 ISO"单选按钮，即可浏览 ISO 文件的安装位置，选中相应位置后单击"验证"按钮，确定该文件可用于安装。
- 在网络上：指定网络位置需要选择此选项，并在下拉列表中选择 http://、https://、FTP://、NFS 中的一个。

你还可以指定额外软件仓库以便访问更多安装环境和软件附加选项。要添加库，请单击"+"按钮；要删除库，请单击"-"按钮。选中安装源后，单击"完成"按钮，即可返回"安装信息摘要"界面。

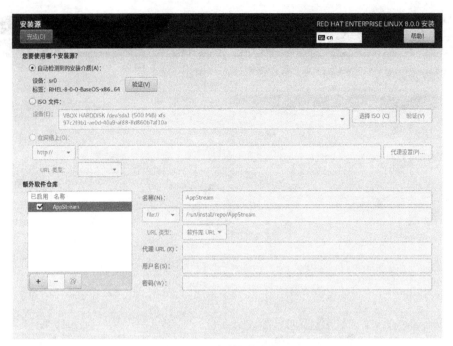

图 2-8 "安装源"界面

8. 软件选择

要指定需要安装的软件包，请单击"安装信息摘要"界面中的"软件选择"选项，打开"软件选择"界面，如图 2-9 所示。由于软件包是以基本环境的方式进行管理的，所以在安装软件包时只能选择一个基本环境。

图 2-9 "软件选择"界面

第 2 章　Red Hat Enterprise Linux 8.0 系统安装

常见的基本环境如下。
- 带 GUI 的服务器（Server with GUI）：带有图形界面的服务器安装，用于管理。
- 服务器：集成服务器和相关管理软件包。
- 最小安装（Minimal Install）：没有 GUI 的最小服务器，用于高级 Linux 系统管理员。
- 工作站（Workstation）：适用于笔记本电脑和台式计算机上的安装。
- 定制操作系统：按照需求配置软件包。
- 虚拟化主机：如果要将 Red Hat Enterprise Linux 8.0 用作管理程序，如仅运行 KVM，则选择"虚拟化主机"（Virtualization Host）单选按钮。

每个基本环境中都有额外的软件包可用，其表现为附加选项。附加选项在"软件选择"界面右侧显示，选择新环境后，附加选项列表就会随之刷新。你可以为安装环境选择多个附加选项。

附加选项列表分为两个部分：
- 在横线上方列出的附加选项是所选基本环境的具体组件。在该部分选择的任意附加选项，在选择不同的环境后，都将丢失。
- 在横线下方列出的附加选项对应的组件适用于所有环境。选择不同的环境不会对该部分选择的组件有影响。

9. 网络和主机名

要为系统配置主要联网功能，请单击"安装信息摘要"界面中的"网络和主机名"选项，打开"网络和主机名"界面，如图 2-10 所示。

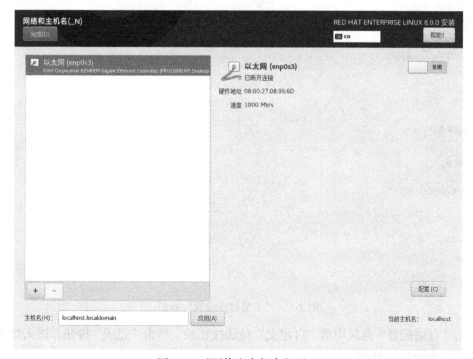

图 2-10　"网络和主机名"界面

在"主机名"文本框中输入当前计算机的主机名。主机名可以是完全限定域名（FQDN），其格式为 hostname.localdomain；也可以是简要主机名，其格式为 hostname。很多网络有动态主机配置协议（DHCP）服务，该协议可自动提供带域名的连接系统。如果允许 DHCP 服务为这台计算机分配域名，那么只需要指定简要主机名即可。在大多数情况下多数可用选项不需要更改。配置其他类型的网络基本类似，但具体的配置参数有可能不同。若需要手动配置网络连接，请单击"网络和主机名"界面右下角的"配置"按钮，此时会出现一个对话框，通过该对话框你可以配置所选连接。对话框中显示的配置选项根据连接类型的不同（如有线、无线、移动宽带、VPN、DSL）而不同。在默认情况下，IPv4 参数由网络中的 DHCP 服务自动配置，且 IPv6 配置为自动方法。这个组合适用于大多数安装情况，一般不需要更改。完成网络配置编辑后，单击"保存"按钮，保存新的配置。如果要重新配置在安装期间已经激活的设备，则必须重启该设备以使用新的配置。完成网络配置后，单击"完成"按钮，返回"安装信息摘要"界面。

10．安装目的地

安装目的地也就是磁盘分区方案，按需求可以自行或者手动分区。在"安装信息摘要"界面中，单击"安装目的地"选项，进入"安装目标位置"界面，如图 2-11 所示。

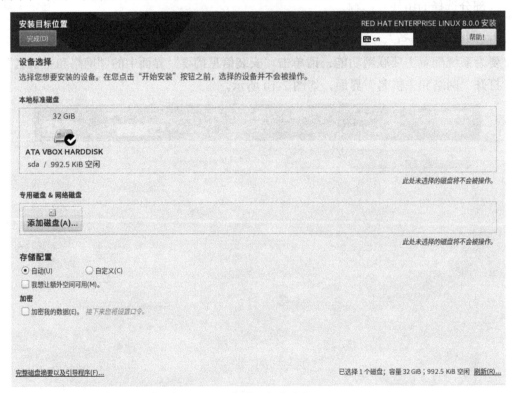

图 2-11 "安装目标位置"界面

单击"存储配置"选区中的"自定义"单选按钮后，单击"完成"按钮，进入如图 2-12 所示的"手动分区"界面。

第 2 章　Red Hat Enterprise Linux 8.0 系统安装

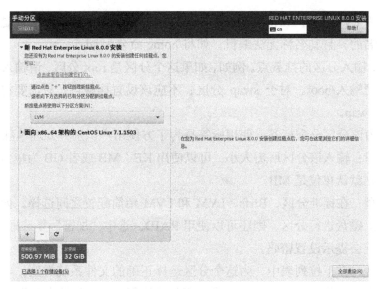

图 2-12　"手动分区"界面

首次进入"手动分区"界面时，该界面左侧有一个列表框供用户来选择挂载点，这个列表框可以只显示生成挂载点的信息，也可以显示安装程序已探测到的现有挂载点，这些挂载点由探测到的操作系统安装管理。如果某个分区被多个安装系统共享，那么有些文件系统可能会多次显示。在这个列表框下方会显示所选设备的可用空间和总空间。

单击"点击这里自动创建它们"链接，如图 2-13 所示。

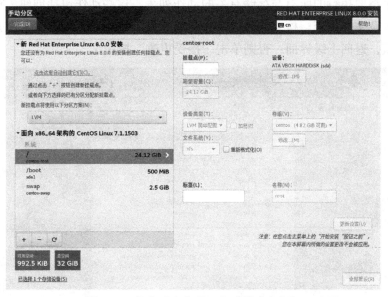

图 2-13　单击"点击这里自动创建它们"

安装 Red Hat Enterprise Linux 8.0 至少需要一个分区，但 Red Hat 建议至少有 4 个分区：/、/home、/boot 和 swap。你还可以根据需要生成额外的分区。

分区的几个参数如下。

- 名称：为 LVM 或者 Btrfs 卷分配名称。需要注意的是，标准分区都是在生成分区时自动命名的，且其名称无法编辑，如将/home 命名为 sda1。
- 挂载点：输入分区的挂载点。例如，如果这个分区是 root 分区，请输入/；如果是/boot 分区，请输入/boot。对于 swap 分区，不应该设置挂载点，只需要将文件系统类型设置为 swap。
- 标签：为该分区分配标签。使用标签是为了方便用户识别并处理单独的分区。
- 期望容量：输入该分区所需大小。可以使用 KB、MB 或者 GB 为单位。如果未指定单位，则默认单位是 MB。
- 设备类型：在标准分区、Btrfs、LVM 和 LVM 精简配置之间选择。如果选择两个或两个以上磁盘进行分区，则还可以使用 RAID。选中"加密"复选框为该分区加密，稍后系统会提示设置密码。
- 文件系统：在下拉列表中，为这个分区选择正确的文件系统类型。勾选"重新格式化"复选框，格式化现有分区；或者不勾选该复选框，保留自己设置的数据。

单击"更新设置"按钮，将保存更改，并选择另一个分区执行定制操作。需要注意的是，在单击"安装信息摘要"界面中的"开始安装"按钮前不会应用这些更改。单击"全部重设"按钮，将放弃对所有分区的所有更改，恢复默认值。

生成并定制所有文件系统及挂载点后，单击"完成"按钮。如果选择加密文件系统，此时系统会弹出生成密码短语提示，然后会出现"更改摘要"对话框，如图 2-14 所示，以显示安装程序将要执行的所有与存储有关的动作列表。这些动作包括创建、重新定义大小或者删除分区及文件系统。检查所有更改，若有不妥的地方，则单击"取消并返回到自定义分区"按钮，返回上级界面；否则单击"接受更改"按钮。

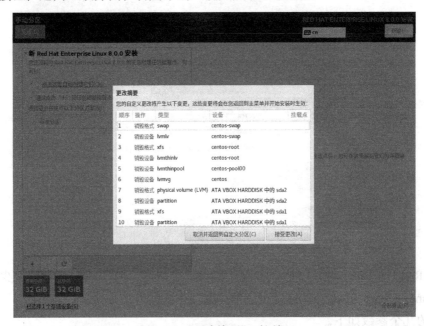

图 2-14 "更改摘要"对话框

11. 存储设备的选择

在如图 2-11 所示的界面中可以看到可本地访问的基本存储设备。要添加指定的存储设备，请在"专用磁盘&网络磁盘"选区单击"添加磁盘"按钮。存储设备选择界面如图 2-15 所示，该界面显示了所有可本地访问的基本存储设备。

图 2-15　存储设备选择界面

存储设备选择界面中包含的选项如下。

- 搜索：包含"搜索方式"下拉列表，可选择根据端口、目标、LUN、WWID 等进行搜索。若选择根据 WWID 或者 LUN 搜索，在对应的文本框中输入额外值后，单击"查找"按钮，即可开始搜索。
- 多路径设备：可通过一个以上的路径访问存储设备，如通过多 SCSI 控制程序或者同一系统中的光纤端口。安装程序只检测序列号为 16 个字符或 32 个字符的多路径存储设备。
- 其他 SAN 设备：存储区域网络（SAN）中的可用设备。
- NVDIMM 设备：附加到固件 RAID 控制程序（NVDIMM）的存储设备。

选择要在安装过程中使用的存储设备后，单击"完成"按钮，返回"安装信息摘要"界面。

12. KDUMP

"KDUMP"界面如图 2-16 所示。

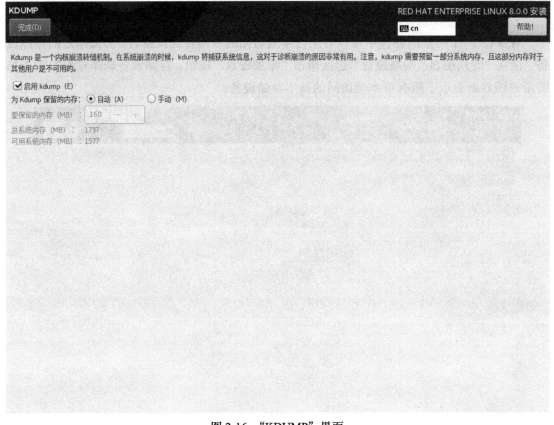

图 2-16 "KDUMP"界面

KDUMP 是一个 Linux 内核崩溃转储机制，该机制的原理是在内存中保留一块区域，用来存放 Capture Kernel。

说明

当系统崩溃时，KDUMP 使用 Kexec 启动到第二个内核，第二个内核通常叫作**捕获内核（Capture Kernel）**，以很小的内存启动。

Capture Kernel 负责把内核崩溃的完整信息（包括 CPU 寄存器、堆栈数据等）转存到文件中，文件的存放位置可以是本地磁盘，也可以是网络，在"KDUMP"界面中选择是否在系统中使用 KDUMP。在系统崩溃时，KDUMP 会捕获系统中的信息，这对诊断系统崩溃的原因至关重要。如果勾选"启用 kdump"复选框，则需要为 KDUMP 保留内存，这个内存不能用于其他任何目的。设置完成后，单击"完成"按钮，返回"安装信息摘要"界面。

13. 安全策略

单击"安全策略"选项，打开"安全策略"界面，如图 2-17 所示。选中"选择档案"列表框相应的档案，单击"选择档案"按钮，单击"完成"按钮，返回"安装信息摘要"界面。

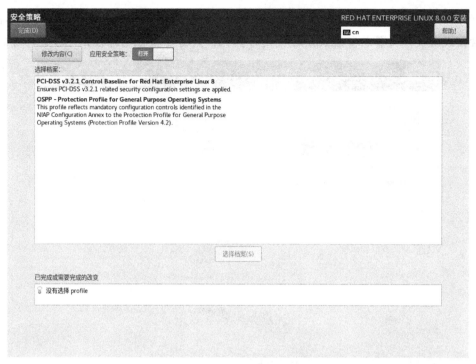

图 2-17 "安全策略"界面

💡 说明

"安全策略"界面是用来设置应用于系统的安全策略的。安全策略根据安全内容自动化协议（SCAP）标准来设置操作系统。在默认情况下会启用安全策略，除非特别配置，否则在安装期间和安装后不会执行任何安全检查。在本书中，安全策略本身是有效的，但未设置强制策略。

14．系统目的

在"系统目的"界面（见图 2-18）可以设置 Red Hat Enterprise Linux 8.0 系统角色、Red Hat 服务等级协议和系统使用。在"角色"选区选择"Red Hat Enterprise Linux Server"单选按钮；在"红帽服务等级协议"选区选择"Standard"单选按钮；在"使用"选区选择"Production"单选按钮。设置完成后，单击"完成"按钮，返回"安装信息摘要"界面。

💡 说明

"安装信息摘要"界面用于注册在系统订阅时使用的信息。该界面的配置对于 Red Hat Enterprise Linux 8.0 安装是可选的。可以使用 **syspurpose** 命令行工具在安装完成后重新配置。本书未指定系统目的。完成"安装信息摘要"界面中的所有必填部分后，该界面底部的警告会消失，同时"开始安装"按钮将变为可用，单击"开始安装"按钮，安装程序将在硬盘中分配空间，并开始将 Red Hat Enterprise Linux 8.0 传送到该空间。根据你所选择的分区选项，这个过程可能包括删除计算机中的现有数据。如果需要对到目前为止所做的设置进行修改，则需要返回"安装信息摘要"界面。如果需要完全取消安装，则需要单击"退出"按钮或者关闭计算机。在此阶段关闭计算机，只需要按住电源按钮几秒钟即可。

图 2-18 "系统目的"界面

14．配置菜单及进度页面

在"安装信息摘要"界面中单击"开始安装"按钮后会进入"安装进度"界面，如图 2-19 所示。Red Hat Enterprise Linux 8.0 在该页面报告安装进度及将所选软件包写入系统的进度。在安装进度条上方是"根密码"选项（root 密码）和"创建用户"选项。

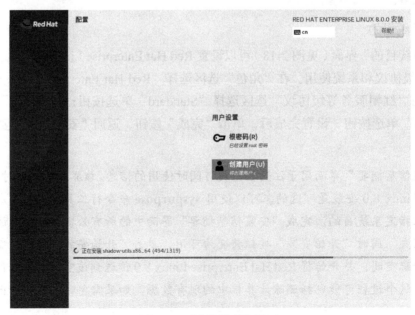

图 2-19 "安装进度"界面

重启系统后，在/var/log/anaconda/anaconda.packaging.log 文件中可以找到完整的安装日志供参考。

1）设置 root 账户和密码

设置 root 账户和密码是安装过程中重要的一步。root 账户（也称超级用户）用来安装软件包、升级 RPM 软件包、执行大多数系统维护工作。root 账户可让你完全控制系统，但是最好只用 root 账户执行系统维护或者管理。单击"根密码"选项，进入"ROOT 密码"界面，如图 2-20 所示，在"Root 密码"文本框中输入新密码。Red Hat Enterprise Linux 8.0 出于安全考虑以黑点形式显示这些字符。在"确认"文本框中输入相同密码以保证密码的正确性。设置"Root 密码"后，单击"完成"按钮，返回"安装进度"界面。

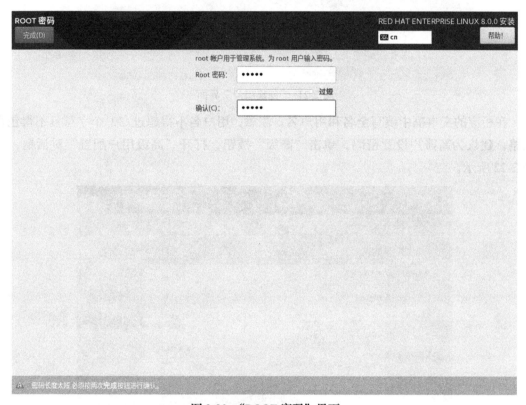

图 2-20 "ROOT 密码"界面

2）创建用户

要在安装过程中生成常规用户（非 root 用户），请单击"安装进度"界面中的"创建用户"按钮。此时会进入"创建用户"界面，如图 2-21 所示，在此界面中可设置常规用户账户并配置其参数。推荐在安装过程中执行此操作，但这个步骤为自选步骤，也可在安装完成后再执行。

进入"创建用户"界面后，如果不创建任何用户就离开，请保留所有的文本框空白并单击"完成"按钮。

图 2-21 "创建用户"界面

在相应的文本框中填写全名和用户名。注意，用户名不得超过 32 个字符且不得包含空格。建议为新账户设置密码。单击"高级"按钮，打开"高级用户配置"对话框，如图 2-22 所示。

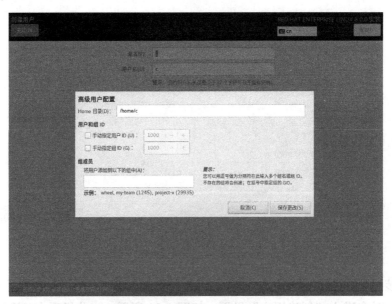

图 2-22 "高级用户配置"对话框

在默认情况下，每个用户都有与其用户名对应的主目录，在大多数情况下不需要更改这个配置。你还可以勾选"手动指定用户 ID"复选框和"手动指定组 ID"复选框为新用户及其默认组手动指定系统识别号，常规用户 ID 值从 1000 开始。在"组成员"选区的文本框中输入用逗号分开的附加组，即可将新用户添加到这些组。原来不存在的组将在该系统

第 2 章 Red Hat Enterprise Linux 8.0 系统安装

中创建。要定制组 ID，请使用括号指定数字。完成用户配置后，单击"保存更改"按钮，返回"创建用户"界面。

14．完成安装并重启

系统完成安装后的界面如图 2-23 所示，单击"重启"按钮，重启计算机后即可使用。

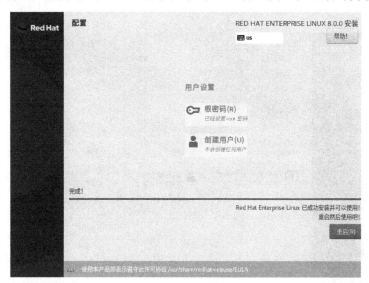

图 2-23　安装完成界面

2.2.2　首次启动 Red Hat Enterprise Linux 8.0 的配置

1．重新启动计算机进入开机管理界面

重新启动计算机后，计算机会自动进入开机管理（Boot Manager）界面。如果要启动其他操作系统，则在一两秒内按 Esc 键进入菜单界面，如图 2-24 所示。

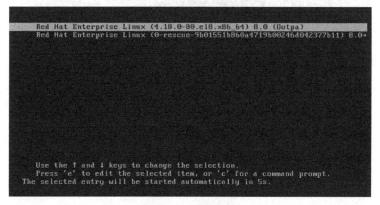

图 2-24　菜单界面

2．启动 Red Hat Enterprise Linux 8.0

如果没有按任何键，开机管理会自动启动 Red Hat Enterprise Linux 8.0。第一次启动 Red

Hat Enterprise Linux 8.0 操作系统需要一定时间，请耐心等待。

3. 初始设置

在"初始设置"界面（见图 2-25）中有 3 个选项，即 LICENSING、用户设置、系统。如果在安装 Red Hat Enterprise Linux 8.0 的过程中已经添加了标准用户，那么"用户设置"选项将不会出现。

图 2-25 "初始设置"界面

4. 阅读并接受授权同意书

作为 Red Hat Enterprise Linux 8.0 的合法使用者，用户需要阅读 Red Hat Enterprise Linux 8.0 许可证协议（License Agreement），并同意许可证协议的条款，如图 2-26 所示。

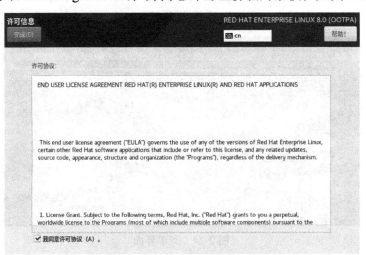

图 2-26 阅读并接受许可证协议

单击"LICENSING"选项，进入"许可信息"界面，勾选"我同意许可协议"复选框，单击"完成"按钮，即可完成授权，并返回"初始设置"界面。

5. 订阅管理注册

单击"系统"选项，进入"Subscription Manager"界面（见图 2-27），勾选"使用激活码"复选框，然后单击"完成"按钮，即可完成订阅注册，并返回"初始设置"界面。

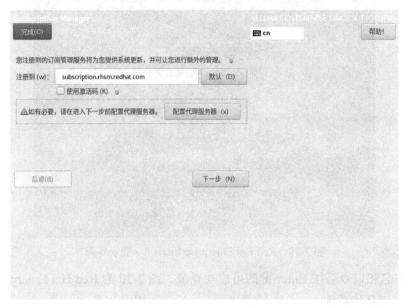

图 2-27　订阅管理注册

单击图 2-27 中的"完成"按钮，完成初始化配置。然后在下一个向导中完成另外几个简单的配置，主要包括在线账户设置和隐私设置（见图 2-28）。

图 2-28　隐私设置

6. 登录 Red Hat Enterprise Linux 8.0 系统

完成位置信息配置后就可以进入 Red Hat Enterprise Linux 8.0 登录界面了，如图 2-29 所示。

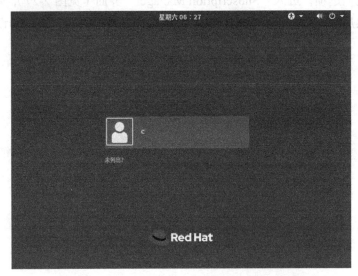

图 2-29　Red Hat Enterprise Linux 8.0 登录界面

输入用户名和口令后按 Enter 键即可成功登录，图 2-30 为 Red Hat Enterprise Linux 8.0 的 GNOME 桌面环境截图。

图 2-30　Red Hat Enterprise Linux 8.0 的 GNOME 桌面环境截图

2.3　进入单用户模式重新设置 root 密码

使用单用户模式有一个前提，即系统引导器（GRUB）能正常工作；否则，就要使用修复模式进行系统维护。需要注意的是，进入单用户模式后，如果没有开启网络服务，那么将不支持远程连接。下面以 GRUB 2 为例说明进入单用户模式的方法。在 GRUB 启动菜单中，按 E 键，进入如图 2-31 所示的界面。通过移动光标找到"ro crash"一行，把"ro crash"修改为"rd.break enforcing=0"，如图 2-32 所示。

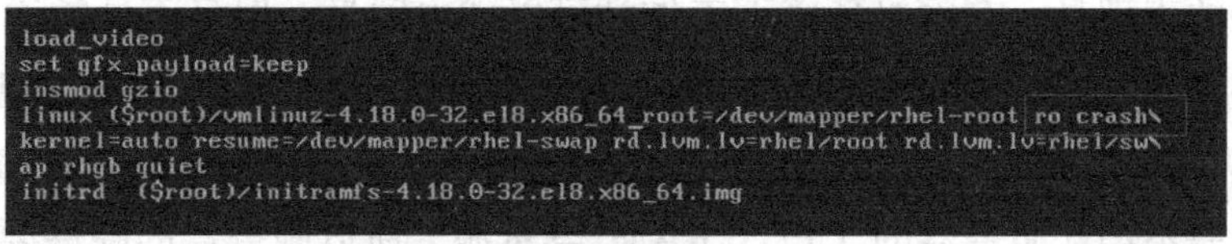

图 2-31 找到"ro crash"

图 2-32 修改字符

然后按 Ctrl+X 快捷键重启系统，即可进入单用户模式，如图 2-33 所示。

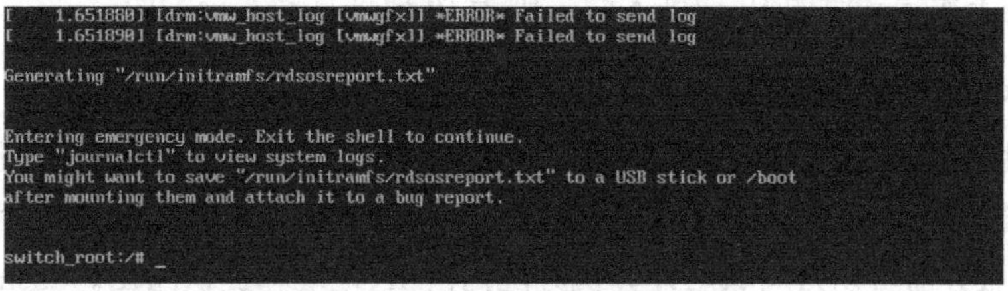

图 2-33 单用户模式

进入单用户模式后进行 chroot 操作，步骤如下：
```
# mount -o remount,rw /sysroot
# chroot /sysrootchroot /sysroot
```
修改 root 密码：
```
# passwd
```
更新 SELinux 信息：
```
# touch /.autorelabel
```
退出 chroot 环境：
```
# exit
```
重新启动系统：
```
# reboot
```
重启系统后就可以用新的 root 密码登录了。

2.4 网络安装 Red Hat Enterprise Linux 8.0

1. PXE 技术简介

PXE（Preboot Execute Environment）是由 Intel 公司开发的技术，工作于 Client/Server 网络模式下，支持工作站通过网络从远端服务器下载 ISO 文件，也支持来自网络的操作系统的启动过程。在客户端启动过程中，终端要求服务器分配 IP 地址，再用 TFTP（Trivial File Transfer Protocol）或 MTFTP（Multicast Trivial File Transfer Protocol）下载一个启动软件包到本机内存中并执行。该启动软件包用于完成终端基本软件设置，进而引导预先安装在服务器中的终端操作系统。PXE 服务器可以引导多种操作系统，如 Windows、Linux 等。PXE 服务器最直接的表现是，在网络环境下工作站可以省去硬盘，但又不是常说的无盘站的概念，因为使用 PXE 服务器的计算机在网络环境下的运行速度要比有物理磁盘的计算机快 3 倍以上。当然，使用 PXE 服务器的计算机也不是传统意义上的终端，因为使用了 PXE 服务器的计算机并不消耗服务器的 CPU、RAM 等资源，所以服务器的硬件要求极低。PXE 服务器与 RPL 的不同之处为：一个是静态路由，一个是动态路由。不难理解：RPL 根据网卡上的 ID 号加上其他记录组成的架构向服务器发出请求，服务器中早已经有这个 ID 数据，匹配成功即可进行远程启动；PXE 服务器则根据服务器端收到的工作站 MAC 地址（网卡号），使用 DHCP 服务给这个 MAC 地址指定一个 IP 地址，每次重启后，同一台工作站的 IP 地址可能与上次启动时的 IP 地址不同，因为 IP 地址是动态分配的。

2. 配置 dnsmasq 服务器

dnsmasq 服务器可以提供 DNS 缓存和 DHCP 服务功能。作为域名解析服务器（DNS），dnsmasq 服务器可以通过缓存 DNS 请求来提高访问过的网址的连接速度。作为 DHCP 服务器，dnsmasq 服务器可以为局域网计算机分配内网 IP 地址和提供路由。dnsmasq 服务器的 DNS 和 DHCP 两个功能可以同时或单独实现。dnsmasq 服务器轻量且易配置，适用于个人用户或少于 50 台主机的网络。由于 dnsmasq 服务器可以管理 TFTP 服务器，所以可以用来搭建 PXE 服务器。

安装配置 dnsmasq 服务器：

```
# dnf install dnsmasq -y
```

修改配置文件：

```
# mv /etc/dnsmasq.conf /etc/dnsmasq.conf.backup
vi /etc/dnsmasq.conf
interface=ifcfg-ens32,lo
domain=localhost.localdomain.local
# DHCP 服务器授权地址范围
dhcp-range= ens33,192.168.130.4,192.168.130.253,255.255.255.0,1h
# PXE 服务器 IP 地址
dhcp-boot=pxelinux.0,pxeserver,192.168.130.138
# 网关 IG 地址
dhcp-option=3,192.168.130.2
# DNS
dhcp-option=6,92.168.130.2, 8.8.8.8
server=8.8.4.4
# DHCP 广播地址
dhcp-option=28,192.168.130.255
# NTP 服务器
dhcp-option=42,0.0.0.0
```

```
pxe-prompt="Press F8 for menu.", 30
pxe-service=x86PC, "Install RHEL 8 from PXE server 192.168.130.152", pxelinux
enable-tftp
tftp-root=/var/lib/tftpboot
```

3. 安装 Syslinux Bootloaders

Syslinux 是一个优秀的启动加载器集合，可以从硬盘、光盘或通过 **PXE** 的网络引导启动。安装 Syslinux 软件包：

```
# dnf install syslinux -y
```

4. 安装配置 TFTP 服务器

安装配置 TFTP 服务器：

```
# dnf install tftp-server -y
# cp -r /usr/share/syslinux/* /var/lib/tftpboot
```

5. 配置 PXE 服务器

配置 PXE 服务器：

```
# mkdir /var/lib/tftpboot/pxelinux.cfg
# touch /var/lib/tftpboot/pxelinux.cfg/default
```

修改配置文件：

```
vi /var/lib/tftpboot/pxelinux.cfg/default
default menu.c32
prompt 0
timeout 300
ONTIMEOUT local

label 1
menu label ^1) Install RHEL 8 with Local Repo
kernel rhel8/vmlinuz
append initrd=rhel8/initrd.img method=ftp://192.168.130.152/pub devfs=nomount

label 2
menu label ^2) Boot from local drive
```

6. 添加 Red Hat Enterprise Linux 8.0 启动文件到 PXE 服务器

添加 Red Hat Enterprise Linux 8.0 启动文件到 PXE 服务器：

```
# mount -o loop /dev/cdrom /mnt
# ls /mnt
```

创建文件夹，以存放引导文件：

```
# mkdir /var/lib/tftpboot/rhel8
# cp /mnt/images/pxeboot/vmlinuz /var/lib/tftpboot/rhel8
# cp /mnt/images/pxeboot/initrd.img /var/lib/tftpboot/rhel8
```

7. 配置本地文件源

配置本地文件源：

```
# dnf install vsftpd -y
# cp -rv /mnt/* /var/ftp/pub/
# chmod -R 755 /var/ftp/pub
```

8. 启动相关服务和开启防火墙

启动相关服务和开启防火墙：

```
# systemctl start dnsmasq
# systemctl start vsftpd
# systemctl enable dnsmasq
# systemctl enable vsftpd
# firewall-cmd --permanent --add-service={ftp,dns,dhcp}
# firewall-cmd --permanent --add-port={69/udp,4011/udp}
# firewall-cmd --reload
```

9. 从网络引导客户端

客户端必须和 PXE 服务器在同一网络上才能从网络启动。如果选择网络启动，那么在出现第一个 PXE 提示后，按 F8 键进入操作界面，然后按 Enter 键进入 PXE 菜单。需要说明的是，客户端计算机的网卡必须支持 PXE 技术，并在计算机 BIOS 中设置从网络启动。PXE 启动界面如图 2-34 所示。

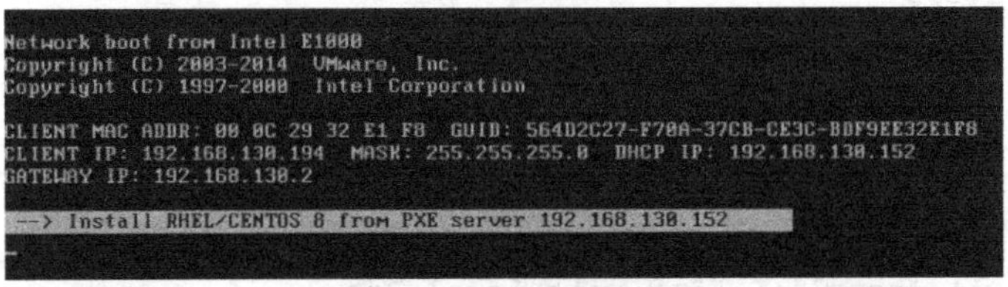

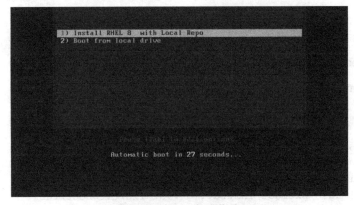

图 2-34　PXE 启动界面

选择第一个选项安装 Red Hat Enterprise Linux 8.0，如图 2-35 所示。

图 2-35　PXE 启动菜单

后面的安装过程与使用光盘安装 Linux 完全相同，此处不再赘述。

2.5 卸载 Red Hat Enterprise Linux 8.0

在一般情况下，从 Windows x86 系统中卸载 Red Hat Enterprise Linux 需要执行如下两步。
（1）从主引导记录（MBR）中删除 Red Hat Enterprise Linux 引导装载程序信息。
（2）删除所有包含 Red Hat Enterprise Linux 操作系统的分区。

2.6 小结

Red Hat Enterprise Linux 8.0 的安装过程和 Red Hat Enterprise Linux 7.0 的安装过程有 70%~80%是相同的，从安装页面布局到颜色搭配，基本没有大的变化。

有两个新的安装选项，即系统目的和安全策略，是第一次出现。这里推荐用户使用默认配置即可，可以在完成安装进入系统后重新设置。

第 3 章

通过 Cockpit 工具管理 Linux

3.1 Cockpit 安装配置

3.1.1 Cockpit 简介

Cockpit 是一个交互式 Linux 服务器管理接口,是一个免费且开源的基于 Web 的管理工具,系统管理员可以通过 Cockpit 来执行存储管理、网络配置、检查日志、管理容器等任务。Cockpit 提供的友好的 Web 界面可以轻松地管理 GNU 或 Linux 服务器。Cockpit 是轻量级工具,它的 Web 界面非常简单易用。更重要的是,通过 Cockpit 可以实现集中式管理。Cockpit 使用 Sosreport 工具收集系统配置和诊断信息,Sosreport 是一个可扩展、可移植的支持数据收集的工具,是一个从类 UNIX 操作系统中收集系统配置详细信息和诊断信息的工具。Sosreport 将生成的结果报告发送给系统管理员,用户可以根据报告进行初步分析,并尝试找出系统中的问题。不仅是在 Red Hat Enterprise Linux 系统上,在任何类 UNIX 操作系统上都可以使用它来收集系统日志和其他调试信息。图 3-1 是 Cockpit 系统架构示意图。

Cockpit 主要的功能和特点如下。

服务管理:Cockpit 使用 systemd 完成从运行守护进程到配置系统的各种功能。

集中式管理:Cockpit 通过一个会话窗口管理网络中的多台 Linux 服务器。

容器管理:Cockpit 可以创建和管理 Docker 容器。

虚拟机管理:Cockpit 可以创建和管理 KVM、oVirt 虚拟机。

存储管理:Cockpit 可以配置包括 LVM 在内的存储配置。

网络管理:Cockpit 可以配置基本的网络连接。

用户管理:Cockpit 可以进行用户管理。

性能监控:Cockpit 使用图形化显示系统性能。

日志管理：Cockpit 可以查看系统服务和日志文件。

操作系统支持：Cockpit 目前支持 Debian、Red Hat、CentOS、Fedora、Atomic、Arch Linux、Ubuntu 等 Linux 发行版。

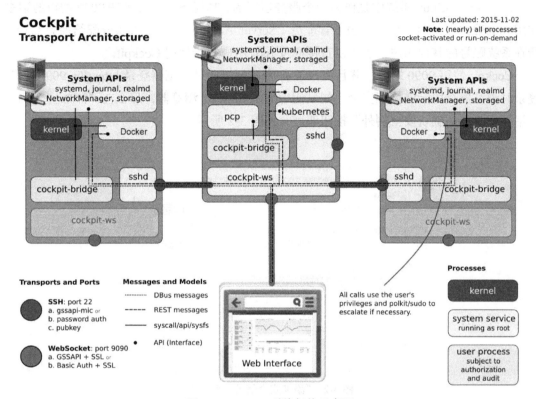

图 3-1　Cockpit 系统架构示意图

3.1.2　安装 Cockpit

安装 Cockpit：

```
# dnf install cockpit
```

3.1.3　防火墙设置

设置防火墙：

```
# firewall-cmd --add-service cockpit
# firewall-cmd --add-service cockpit -perm
```

3.1.4　启动服务

启动服务：

```
# systemctl enable cockpit.socket
# systemctl status cockpit.socket
```

3.2 使用 Cockpit

3.2.1 登录 Cockpit

Cockpit 在 Linux 系统中是作为一个服务运行的，其任务是监听 TCP 9090 端口的请求。在用 root 账户登录时，可以将服务管理员（Server Administrator）权限分配给拥有 Cockpit 所在系统账号的其他用户，也可以直接通过 root 用户开始使用 Cockpit。

Cockpit 使用 9090 端口，并且为 SSL 加密访问。通过浏览器登录 https://ip:9090，首次登录时浏览器会提示链接不安全，如果使用的是 FireFox 浏览器，那么在"添加安全例外"对话框中单击"确认安全例外"按钮即可，如图 3-2 所示。

图 3-2 "添加安全例外"对话框

添加安全例外后，即可进入 Cockpit 的登录界面，如图 3-3 所示。在 Cockpit 的登录界面中，输入用户名（root 账户名）和密码，单击"Log In"按钮，系统将进入 Cockpit 主界面。

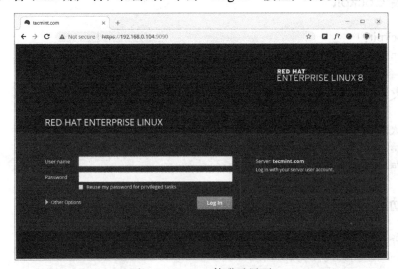

图 3-3 Cockpit 的登录界面

第 3 章 通过 Cockpit 工具管理 Linux

说明

登录 Cockpit 的用户名和密码与登录 Linux 服务器的用户名和密码相同，登录成功后即可进入 Cockpit 主界面。Cockpit 登录界面中的"Reuse my password for privileged tasks"复选框表示允许通过 Cockpit 进行所有权限的管理操作。如果不勾选该复选框，则无法将远程主机添加到管理列表中，也无法执行任何管理操作。

3.2.2 Cockpit 主界面说明

Cockpit 主界面如图 3-4 所示。

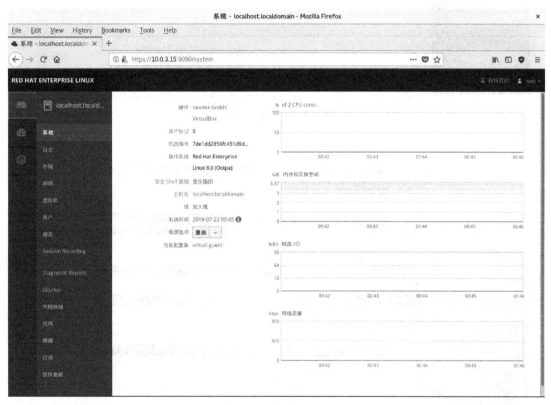

图 3-4 Cockpit 主界面

单击 Cockpit 主界面左侧栏中相应的选项，即可查看下面这些选项的信息。下面按照 Cockpit 主界面中从上到下的顺序依次介绍这些选项。

1．系统

"系统"界面中的信息是所选系统的资源消耗信息。通用信息有硬件类型、BIOS、主机名和其他基本信息。在"系统"界面中可以看到 CPU、内存、磁盘 I/O 资源和网络流量的使用情况，单击硬件名称，可以查看系统硬件信息。PCI 设备信息如图 3-5 所示。

图 3-5　PCI 设备信息

2. 日志

通过"日志"界面可查看日志信息。Cockpit 按事件的严重性将日志信息分为错误、警告、注意等类型。"日志"界面如图 3-6 所示。

图 3-6　"日志"界面

可以通过日期和严重性（错误、警告、注意或 ALL）来筛选日志。选中日志即可显示该日志的详细情况。

第 3 章 通过 Cockpit 工具管理 Linux

3. 存储

通过 Cockpit 的"存储"界面可以查看宿主机的可用磁盘空间及磁盘的使用情况。如果需要更多存储空间，可以在"存储"界面中进行 RAID 或卷组的创建。对每个显示的可用磁盘，都可以进行挂载、卸载、格式化、删除或者修改每个磁盘分区的文件系统操作。"存储"界面底部显示了与存储相关的服务（如 udiskd 和 smartd）所产生的日志消息。在"存储"界面中还有一个已用空间的可视化图。"存储"界面如图 3-7 所示。

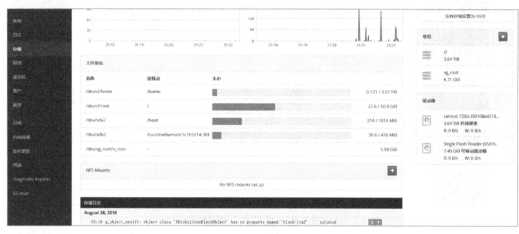

图 3-7 "存储"界面

4. 网络

在"网络"界面可以看到两个网卡接口的发送和接收状态，以及可用网卡接口的列表，单击网卡接口名称就可以对其进行绑定设置、桥接及配置 VLAN 等操作。"网络"界面底部是"网络日志"列表（见图 3-8）。

图 3-8 "网络"界面

5. 虚拟机

如果被监控的主机为 KVM 主机，那么其中运行的虚拟机也可以在 Cockpit 中进行管理操作。"虚拟机"界面会列出当前主机中运行的所有 KVM 虚拟机，如图 3-9 所示。

图 3-9 "虚拟机"界面

6. 账户

通过"账户"界面可以进行添加或删除系统账户的操作，也可以对系统账户进行编辑，如图 3-10 所示。

图 3-10 "账户"界面

说明

通过 Cockpit 主界面下的"账户"界面我们可以方便地创建新账户。通过该方式创建的账户会对应到系统账户。我们可以通过 Cockpit 主界面更改密码、指定角色、删除系统账户。

7. 服务

"服务"界面中有 5 个选项,即目标、系统服务、套接字、计时器和路径。在"系统服务"选项下,单击服务名称,就可以对其进行更多管理操作,如重启、关闭、禁用等,如图 3-11 所示。

图 3-11 "系统服务"选项

通过"服务"界面,可以看到所选主机上的全部系统服务;可以看到有哪些启用和禁用的系统服务正在运行;还可以选择查看系统配置的 Targets(成组服务)、Sockets(服务通信的端点)、Timers(用来设置特定时间事件的单元文件)和 Paths(与文件/目录被访问时要执行的操作相关联的单元文件)。

8. Sessions Recorded(会话记录)

在 Linux 系统维护中,系统工程师有时候会希望将会话的过程记录下来。例如,在测试一个系统功能时,系统工程师希望将测试的步骤一一记录下来,以便在出现问题时利用这份资料进行追踪分析。要使用此服务,需要安装 tlog 软件包。安装 tlog 软件包的命令如下:

```
# yum install tlog cockpit-session-recording
```

"Sessions Recorded"界面如图 3-12 所示。

图 3-12 "Sessions Recorded"界面

9. Diagnostic Reports

Diagnostic Reports（诊断报告），顾名思义是与系统有关的诊断信息。图 3-13 是"Diagnostic Reports"界面。要使用诊断服务，需要安装 sos 软件包。安装 sos 软件包的命令如下：

```
# yum install sos
```

📖 说明

诊断服务会从该系统搜集系统配置和诊断信息以诊断系统问题，搜集的信息将保存在系统本地。

图 3-13 "Diagnostic Reports"界面

10. SELinux

用户通过"SELinux"界面可修改 SELinux 的状态，查看报警信息。"SELinux"界面如图 3-14 所示。

图 3-14 "SELinux" 界面

11．内核转储

通过"内核转储"（Kernel Dump）界面（见图 3-15）可以设置 kdump 状态、保留内存及设置崩溃储位置。

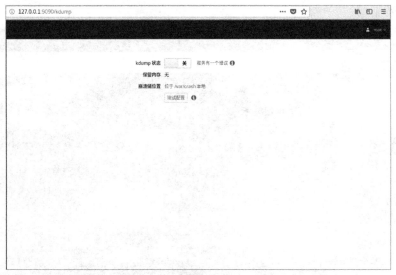

图 3-15 "内核转储" 界面

12．应用

目前通过"应用"界面可以设置 3 种应用，如图 3-16 所示。

Image Builder：构建自定义的操作系统映像。

Machines：管理虚拟机。

Session Recording：会话记录。

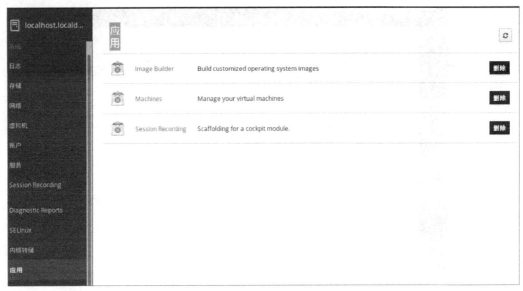

图 3-16 "应用"界面

13．终端

通过"终端"界面（见图 3-17）可以实时查看终端执行任务情况，这使我们可以根据需求在 Web 界面和终端之间自由切换，快速执行任务，操作非常方便。这是集中式管理的一个具体体现。

图 3-17 "终端"界面

14. 订阅

通过"订阅"界面（见图 3-18）可以注册系统。

图 3-18 "订阅"界面

15. 软件更新

通过"软件更新"界面可以在线更新软件包。

3.3 添加远程 Linux 服务器到 Cockpit

上面介绍的操作都是基于本地系统的，我们还可以把远程的 Linux 服务器加入 Cockpit 管理的范围。添加其他服务器的步骤如下。

首先，单击 Cockpit 主界面内的"仪表盘"图标，打开如图 3-19 所示界面，单击图 3-19 界面右下角的"Add Server"按钮。

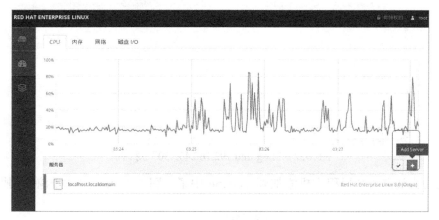

图 3-19 添加远程服务器

其次，在弹出的"Add Machine to Dashboard"对话框中的"Address"文本框中输入远程服务器的 IP 地址。由于每台服务器的信息都显示在 Cockpit 中，所以为该 IP 地址设置不同的颜色以区分，如图 3-20 所示。

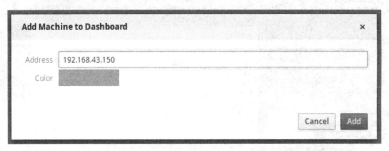

图 3-20　"Add Machine to Dashboard"对话框

再次，单击"Add"按钮，进入"Unknown Host Key"对话框（见图 3-21）。在"Unknown Host Key"对话框中的"Fingerprint"文本框中输入远程主机的密钥。

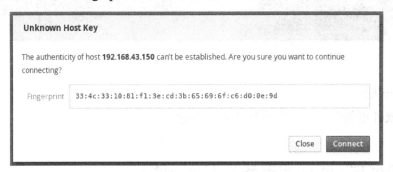

图 3-21　"Unknown Host Key"对话框

最后，单击"Connect"按钮，进入"Log into 192.168.43.150"对话框（见图 3-22），输入远程主机的用户名和密码，单击"Log In"按钮。

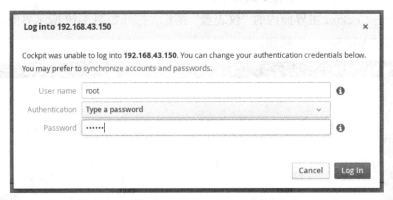

图 3-22　"Log into 192.168.43.150"对话框

到此为止就把一个远程主机添加到 Cockpit 中了，图 3-23 中的方框内就是刚刚添加的服务器。

第 3 章 通过 Cockpit 工具管理 Linux

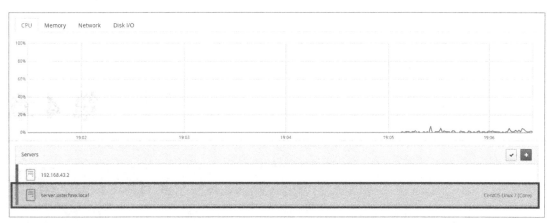

图 3-23　远程 Linux 服务器添加完成

3.4　小结

限于篇幅，本章笔者简单介绍了 Cockpit 的安装配置和基本界面，在后面章节中会对 Cockpit 如何完成网络管理、用户管理、存储管理、虚拟机管理等操作进行具体介绍。另外，Cockpit 还是一个比较新的系统，还有不少地方需要改进。例如，Cockpit 的语言支持部分，目前虽然可选中文，但只有部分页面为中文显示，其余部分为英文显示。

第 4 章

Linux 软件包管理

4.1 RPM 和 yum 简介

4.1.1 RPM 简介

RPM 是一个开放的软件包管理系统，最初的全称是 Red Hat Package Manager。Red Hat 系统于 1995 年引入了 RPM，如今 RPM 是 Linux Standard Base（LSB）中采用的软件包管理系统。RPM 工作于 Red Hat Linux 及其他 Linux 操作系统上，是 Linux 中公认的软件包管理标准。Red Hat 软件公司不仅鼓励其他厂商了解 RPM，还在自己的产品中使用它。RPM 的发布基于 GPL 协议。RPM 由 RPM 社区负责维护，可以登录 RPM 的官方站点查询最新的信息。使用 RPM 的最大好处在于它提供了快速安装，减少了编译安装侦错的困扰。对于用户来说，RPM 提供的众多功能使维护系统操作起来比以往容易得多。安装、卸载和升级 RPM 软件包均只需一条命令即可完成，所有烦琐的细节问题无须用户费心。通过 RPM 维护一个所有已安装的软件包和文件的数据库，可以让用户进行功能强大的软件包查询和验证工作。在软件包升级过程中，RPM 会对配置文件进行特别处理，因此绝对不会丢失以往的定制信息——这对于直接使用.tar.gz 文件来说是不可能的。对于程序员来说，RPM 可以将软件连同其源代码打包成源代码和二进制软件包供最终用户使用。RPM 软件包安装过程十分简单，整个安装过程由一个主文件和可能的补丁程序组成。RPM 在发布软件的新版本时，这种"原始"源代码、补丁程序和软件生成指令的清晰描述简化了软件包的维护工作。

4.1.2 yum 简介

在 Linux 系统维护中令管理员感到很头疼的就是软件包之间的依赖性，往往是你要安装 A 软件，但是编译时告诉你在安装 A 软件之前需要 B 软件，而当你安装 B 软件时，又告诉你需要安装 C 库，好不容易安装好 C 库，发现安装版本不合适等。由于历史原因，RPM 对软件之间的依赖关系没有内部定义，这造成在安装 RPM 时经常出现令人无法理解的软件依赖问题。其实开源社区早就尝试解决这个问题了，其针对不同的发行版推出了各自的工具，比如 Yellow Dog 的 yum、Debian 的 APT（Advanced Packaging Tool）等。开发这些工具的目的都是解决安装 RPM 时的依赖性问题，而不是额外建立一套安装模式。这些工具也被开源软件爱好者逐渐移植到别的发行版上。目前 yum 是 Red Hat 和 Fedora 系统上默认安装的。yum 是 Yellow Dog Updater Modified 的简称，起初是由 Yellow Dog 发行版的开发者 TerraSoft 用 Python 语言写成的，那时叫作 yup，后经杜克大学的 Linux@Duke 开发团队进行改进，遂有此名。yum 的宗旨是自动化升级、安装/移除 RPM 软件包、收集 RPM 软件包的相关信息、检查依赖性并自动提示用户解决。yum 的关键之处是要有可靠的资源库，它可以是 HTTP 或 FTP 站点，也可以是本地软件池，但必须是包含 RPM 的标题。标题包含了 RPM 软件包的各种信息，如功能、提供的文件、依赖性等。yum 正是由于收集了这些标题并对其进行了分析，才能自动完成余下的任务。

yum 具有如下特点：能自动解决包的依赖性问题；能更方便地添加、删除、更新 RPM 软件包；便于管理大量系统的更新问题；可以同时配置多个资源库，可以简洁地配置文件（/etc/yum.conf）；可以保持与 RPM 数据库的一致性；有一个比较详细的 log，可以查看何时升级、安装了什么软件包等；使用方便；是 Red Hat Enterprise Linux、CentOS、Fedora 操作系统自带的工具，因此能使用官方的软件源，完成官方发布的各种升级；对于第三方软件源有很好的支持，支持大多数 APT 的资源库和第三方软件源，如 freshrpms、fedora.us、livna、dag 等。

4.2 dnf 软件包管理工具

4.2.1 dnf 简介

使用 dnf 可以安装或升级 RPM 软件包，并自动处理软件包的依赖性和要求。dnf 命令可以用来从服务器上下载软件包，也可以用来建立自己的软件库。与传统的 yum 命令相比，dnf 在功能和性能方面有了重大改进。dnf 还带来了许多新功能，包括对模块化内容的支持及更稳定和文档完善的 API。使用 dnf 命令编辑或创建配置文件时，dnf 与 yum v3 兼容。你可以使用类似于在早期版本中使用 yum 命令的方式使用 dnf 命令及其所有选项。Red Hat Enterprise Linux 8.0 系统带的 yum 命令是 dnf 命令的符号链接。yum 和 dnf 命令是完全可以互换的。

4.2.2 理解 dnf 配置文件

dnf 的主要配置文件是 /etc/dnf/dnf.conf。dnf 的全局定义位于[main]小节标题下。dnf 的重要参数如下。

cachedir：存储下载的软件包的目录。

debuglevel：日志记录级别，从 0（不记录）到 10（记录全部）。

exclude：用空格分隔的要从安装或更新中排除的软件包列表，如 exclude=virtualbox-4.? kernel*。

gpgcheck：如果设置为 1，则通过检查 gpg 签名来验证软件包。如果软件包是未签名的，则可将其设置为 0。但应注意未签名的软件包可能已被恶意更改。

gpgkey：gpg 公钥文件的路径。

installonly_limit：一个软件包可以安装的最大版本数。

keepcache：如果设置为 0，则在安装后自动删除软件包。

logfile：yum 日志文件的路径。

obsoletes：如果设置为 1，则在升级过程中更换过时的软件包。

plugins：如果设置为 1，则启用扩展 yum 功能的插件。

proxy：代理服务器的地址和端口号。

proxy_password：使用代理服务器进行身份验证的密码。

proxy_username：使用代理服务器进行身份验证的用户名。

reposdir：扩展名为 .repo 的存储库文件的目录，默认目录为 /etc/yum.repos.d。

若想了解有关 dnf.conf 的更多信息，可以查看命令行手册。

[main]配置文件中的示例部分如下所示。

```
[main]
cachedir=/var/cache/dnf
keepcache=0
debuglevel=2
logfile=/var/log/dnf.log
obsoletes=1
gpgkey=file:///media/RPM-GPG-KEY
gpgcheck=1
plugins=1
installonly_limit=3
```

4.2.3 代理服务设置

如果将代理服务器作为 Internet 访问的中介，那么请按照如下指令设置 /etc/dnf/dnf.conf：

```
proxy = http://proxysvr.example.com:3128
```

如果代理服务器需要身份验证，那么请另外指定 proxy_username 和 proxy_password，相应代码如下：

```
proxy=http://proxysvr.example.com:3128
proxy_username= xxxxxx
proxy_password= xxxxxx
```

4.2.4 从命令行使用 dnf

1. 了解 dnf 命令行选项

dnf 的命令格式为：dnf [选项] COMMAND。

主要 COMMAND 命令列表如表 4-1 所示。

表 4-1 主要 COMMAND 命令列表

命 令	说 明
alias	显示所有命令别名
autoremove	删除所有之前因为依赖关系安装的不需要的软件包
check	在包数据库中寻找问题
check-update	检查是否有软件包升级
clean	删除已缓存的数据
deplist	查看软件包的依赖关系并提供这些软件包的源
distro-sync	同步已经安装的软件包到最新可用版本
downgrade	降级软件包
group	显示或使用组信息
help	显示一个有帮助的用法信息
history	显示或使用事务历史
info	显示关于软件包或软件包组的详细信息
install	向系统中安装一个或多个软件包
list	查看一个或一组软件包
makecache	创建元数据缓存
mark	在已安装的软件包中标记或取消标记由用户安装的软件包
module	与模块交互
provides	查找提供指定内容的软件包
reinstall	重装一个软件包
remove	从系统中移除一个或多个软件包
repolist	显示已配置的软件仓库
repoquery	搜索匹配关键字的软件包
repository-packages	对指定仓库中的所有软件包运行命令
search	在软件包详细信息中搜索指定字符串
shell	运行交互式的 dnf 终端
swap	运行交互式的 dnf 终端以删除或者安装 spec 描述文件
updateinfo	显示软件包的参考建议
upgrade	升级系统中的一个或多个软件包
upgrade-minimal	升级，但只有"最新"的软件包已修复可能影响你的系统的问题

插件命令列表如表 4-2 所示。

表 4-2 插件命令列表

命 令	说 明
config-manager	管理 dnf 配置选项和软件仓库
copr	与 copr 仓库交互
debug-dump	转储已安装的 RPM 软件包信息至文件
debug-restore	恢复调试用转储文件中的软件包记录
debuginfo-install	安装调试信息软件包
download	下载软件包至当前目录
needs-restarting	判断所升级的二进制文件是否需要重启
playground	与 playground 仓库交互
repoclosure	显示仓库中未被解决的依赖关系的列表
repodiff	列出两组存储库之间的差异
repograph	以点线图方式输出完整的软件包依赖关系图
repomanage	管理 RPM 软件包目录
reposync	下载远程仓库中的全部软件包

可选参数列表如表 4-3 所示。

表 4-3 可选参数列表

参 数	说 明
-c [config file], --config [config file]	配置文件位置
--version	显示 dnf 版本信息并退出
--installroot [path]	设置目标根目录
--nodocs	不要安装文档
--noplugins	禁用所有插件
--enableplugin [plugin]	启用指定名称的插件
--disableplugin [plugin]	禁用指定名称的插件
--releasever RELEASEVER	覆盖在配置文件和仓库文件中$releasever 的值
--setopt SETOPTS	设置任意配置和仓库选项
--skip-broken	通过跳过软件包来解决依赖问题
-h,--help,--help-cmd	显示命令帮助
--allowerasing	允许解决依赖关系时删除已安装软件包
-b,--best	在事务中尝试最佳软件包版本
-C,--cacheonly	完全从系统缓存运行，不升级缓存
-R [minutes],--randomwait [minutes]	最大命令等待时间
-d [debug level],--debuglevel [debug level]	调试输出级别
--debugsolver	转储详细解决结果至文件
--showduplicates	在 list/search 命令下，显示仓库里重复的条目
-e ERRORLEVEL,--errorlevel ERRORLEVEL	错误输出级别

续表

参数	说明
--obsoletes	对 upgrade 启用 dnf 的过期处理逻辑，或对 info、list 和 repoquery 显示软件包过期的功能
--rpmverbosity [debug level name]	RPM 调试输出等级
-y,--assumeyes	全部问题自动应答为是
--assumeno	全部问题自动应答为否
--enablerepo [repo]	启用软件源
--disablerepo [repo]	禁用软件源
--repo [repo],--repoid [repo]	启用指定 id 或 glob 的仓库，可以指定多次
-x [package],--exclude [package],--excludepkgs [package]	用全名或通配符排除软件包
--disableexcludes[repo],--disableexcludepkgs [repo]	禁用 excludepkgs
--repofrompath [repo,path]	指向附加仓库的标记和路径，可以指定多次
--noautoremove	禁用删除不再被使用的依赖软件包
--nogpgcheck	禁止 gpg 验证检查
--color COLOR	配置是否使用颜色
--refresh	在运行命令前将元数据标记为过期
-4	仅解析 IPv4 地址
-6	仅解析 IPv6 地址
--destdir DESTDIR, --downloaddir DESTDIR	设置软件包要复制到的目录
--downloadonly	仅下载软件包
--comment COMMENT	为事务添加一个注释
--bugfix	在更新中包括与漏洞修复有关的软件包
--enhancement	在更新中包括与功能增强有关的软件包
--newpackage	在更新中包括与新软件包有关的软件包
--security	在更新中包括与安全有关的软件包
--advisory ADVISORY, --advisories ADVISORY	在更新中包括修复指定公告所必需的软件包
--bzs BUGZILLA	在更新中包括修复指定 BZ 必需的软件包
--cves CVES	在更新中包括修复指定 CVE 必需的软件包
--sec-severity {Critical,Important,Moderate,Low}	在更新中包括匹配给定安全等级的安全相关的软件包
--forcearch ARCH	强制使用一个架构

2．dnf 命令实例

（1）查看 dnf 版本

通过如下命令查看安装在系统中的 dnf 包管理器的版本：

```
# dnf -version
4.0.9
    已安装： dnf-0:4.0.9.2-5.el8.noarch 在 2019 年 09 月 29 日 星期日 10 时 52 分 28 秒
    构建    ：CentOS Buildsys <bugs@centos.org> 在 2019 年 05 月 13 日 星期一 19 时 35 分
13 秒


    已安装： rpm-0:4.14.2-9.el8.x86_64 在 2019 年 09 月 29 日 星期日 10 时 49 分 53 秒
```

    构建   : CentOS Buildsys <bugs@centos.org> 在 2019 年 05 月 11 日 星期六 02 时 04 分 19 秒

> **说明**
>
> 命令输出显示 dnf 在 Red Hat Enterprise Linux 8 中的版本是 4.0.9.2-5。

（2）查看系统中可用的 dnf 软件库

通过如下命令显示系统中可用的 dnf 软件库：

```
# dnf repolist
上次元数据过期检查：1:41:56 前，执行于 2019 年 10 月 07 日 星期一 00 时 32 分 41 秒
仓库标识              仓库名称                         状态
AppStream             CentOS-8 - AppStream             4,926
BaseOS                CentOS-8 - Base                  2,713
extras                CentOS-8 - Extras
```

（3）查看系统中可用和不可用的所有 dnf 软件库。

通过如下命令显示系统中可用和不可用的所有 dnf 软件库：

```
# dnf repolist all
仓库标识              仓库名称                              状态
AppStream             CentOS-8 - AppStream                  启用：4,926
AppStream-source      CentOS-8 - AppStream Sources          禁用
BaseOS                CentOS-8 - Base                       启用：2,713
BaseOS-source         CentOS-8 - BaseOS Sources             禁用
...
```

> **说明**
>
> 状态栏中的禁用表示目前不可用。

（4）查看所有 RPM 软件包。

通过如下命令查看用户系统上的所有来自软件库的可用软件包和所有已经安装在系统上的软件包：

```
# dnf list
```

（5）查看所有已经安装的 RPM 软件包。

通过如下命令查看所有安装了的 RPM 软件包：

```
# dnf list installed
```

（6）查看所有可供安装的 RPM 软件包。

通过如下命令查看来自可用软件库的所有可供安装的 RPM 软件包：

```
# dnf list available
```

（7）搜索软件库中的 RPM 软件包。

当你不知道你想要安装的软件的准确名称时，你可以用如下命令在"search"参数后面键入软件的部分名称来搜索 RPM 软件包（在本例中我们使用"gcc"）：

```
# dnf search gcc
```

（8）查找某一文件的提供者。

当你想要查看是哪个软件包提供了系统中的某一文件时，可以使用如下命令（在本例

中，我们将查找"ip"这个命令的提供者)：
```
# dnf provides ip
```
（9）查看软件包详情。

当你想在安装某一软件包之前需查看其详细信息时，可以使用如下命令（在本例中，我们将查看"gcc"这一软件包的详细信息）：
```
# dnf info gcc
```
（10）安装软件包。

使用如下命令系统将会自动安装对应的软件及其所需的所有依赖项（在本例中，我们将安装 bind 软件）：
```
# dnf install bind
```
（11）升级软件包。

使用如下命令升级制定软件包（在本例中，我们将升级"gcc"这一软件包）：
```
# dnf update gcc
```
（12）检查系统软件包的更新。

使用如下命令检查系统中所有软件包的更新：
```
# dnf check-update
```
（13）升级所有系统软件包。

使用如下命令升级系统中所有可用的软件包：
```
# dnf update
```
或
```
# dnf upgrade
```
（14）删除软件包。

使用如下命令删除系统中指定的软件包（在本例中，我们将删除"gcc"这一软件包）：
```
# dnf remove gcc
```
或
```
# dnf erase gcc
```
（15）删除缓存的无用软件包。

在使用 dnf 的过程中，会因为各种原因在系统中残留各种过时的文件和未完成的编译工程，使用如下命令即可删除这些垃圾文件：
```
# dnf clean all
```
（16）获取某条命令的使用帮助。

使用如下命令获取某条命令的使用帮助，包括可用于这个命令的参数和这个命令的用途说明（在本例中，我们将获取"clean"命令的使用帮助）：
```
# dnf help clean
```
（17）查看 dnf 命令的执行历史。

使用如下命令查看系统上 dnf 命令的执行历史，通过这个命令可以知道在使用 dnf 后有什么软件被安装和卸载：
```
# dnf history
```
（18）查看所有软件包组。

使用如下命令查看所有软件包组：
```
# dnf grouplist
```
（19）安装一个软件包组。

使用如下命令安装一个软件包组（在本例中，我们将安装"Editors"软件包组）：
```
# dnf groupinstall 'Editors'
```
（20）升级一个软件包组中的软件。

使用如下命令升级一个软件包组中的软件（在本例中，我们将升级"Editors"软件包组中的软件）：
```
# dnf groupupdate 'Editors'
```
（21）删除一个软件包组。

使用如下命令删除一个软件包组（在本例中，我们将删除"Editors"软件包组）：
```
# dnf groupremove 'Editors'
```
（22）从特定的软件包库中安装特定的软件。

使用如下命令从特定的软件包库中安装特定的软件（在本例中，我们将从软件包库 epel 中安装 phpmyadmin 软件包）：
```
# dnf -enablerepo=epel install phpmyadmin
```
（23）重新安装特定软件包。

使用如下命令重新安装特定软件包（在本例中，我们将重新安装"gcc"软件包）：
```
# dnf reinstall gcc
```
（24）降低特定软件包的版本。

使用如下命令降低特定软件包的版本（如果可能的话）（在本例中，将降低"acpid"软件包的版本）：
```
# dnf downgrade acpid
```
（25）同步系统。

使用如下命令同步系统，以确保正在运行的软件包是最新的：
```
# dnf distro-sync
```

4.3 模块和程序流

4.3.1 模块和程序流简介

dnf 引入了模块、程序流和配置文件的概念，以允许在单个操作系统版本中管理软件应用程序的不同版本。

模块可将包含单个应用程序及其依赖关系的许多软件包组合在一起。程序流可用于提供同一模块的备用版本。配置文件可用于定义任意单个模块的可选配置，以便模块既可以仅限于开发人员软件包，也可以涵盖用于增强功能的其他软件包。Red Hat Enterprise Linux 8.0 的模块化内容通常由程序流（AppStream）存储库提供。

模块是一组组合在一起并且必须一起安装的 RPM 软件包。模块可以包含多个程序流，这些程序流包含可以安装多个版本的应用程序。通过启用模块来提供对这个程序流中包含的 RPM 软件包的系统访问。

一个典型的模块可以包含的软件包的类型有：带有应用程序的软件包、带有应用程序特定依赖库的软件包、包含应用程序文档的软件包、带有辅助工具的软件包。

一个模块可以有多个程序流，每个程序流包含不同版本的软件包及其依赖项，每个程序流独立接收更新。需注意的是，每个模块只能启用其中一个程序流来提供对其 RPM 软件包的系统访问。通常，具有最新版本的流会被选作默认程序流，并在操作未指定特定流或以前未启用其他流时使用。

可以将程序流视为物理存储库中的虚拟存储库。例如，在 Red Hat Enterprise Linux 8.0 中，PostgreSQL 软件包括 10 和 9.6 两个程序流，在最新软件包中程序流 10 将被选作默认流。

配置文件用于提供针对特定用例需同时安装的某些软件包的列表。同时，配置文件也是应用开发程序人员的建议。需注意的是，每个模块可以具有一个或多个配置文件。

你可以通过将模块的配置文件作为一次性操作来安装 RPM 软件包。使用模块的配置文件安装 RPM 软件包不会阻止你安装或卸载这个模块提供的任何 RPM 软件包。此外，可以通过使用同一模块的多个配置文件来安装 RPM 软件包，无须任何进一步准备。同样，模块的 RPM 软件包列表可以包含来自程序流外部的 RPM 软件包（通常来自 BaseOS 或程序流的依赖项）。需注意的是，程序流中的模块始终具有默认配置文件。如果未明确指定其他配置文件，则此默认配置文件用于安装。

例如，httpd 包含 Apache Web 服务器的模块支持以下配置文件。

common：此配置文件是生产就绪部署，是默认配置文件。

devel：此配置文件用于对所需的 RPM 软件包进行修改。

minimal：此配置文件是运行 Web 服务器的最小软件包集合。

与早期版本中包含的软件集合不同，从程序流安装的应用程序安装在标准位置，不需要运行其他命令或操作。你可以使用其他版本，以相同的方式运行已安装应用程序的任何版本，不必管其安装源是什么，应用程序安装后，其行为与使用 dnf 安装的任何其他本机应用程序完全相同。

4.3.2 Red Hat Enterprise Linux 8.0 存储库

Red Hat Enterprise Linux 8.0 有两个主要存储库——BaseOS 和 AppStream。

BaseOS 对应于 Red Hat Enterprise Linux 7.0 之前的基础存储库，以 RPM 格式提供软件包。BaseOS 存储库包含基础的软件包，这些软件包是运行最小操作系统必需的。其他软件包在 AppStream 存储库下。AppStream 存储库可以以 RPM 格式和模块格式提供同一软件的多个版本。

模块具有多个程序流，每个程序流将具有不同版本的软件包及其依赖项。包含最新版本软件包的程序流将被选作默认流。例如，PHP7.1 及其依赖项是一个程序流，而 PHP7.2 及其依赖项将是另一个程序流。

下面是一个模块安装命令：

```
# dnf module install php:7.1/minimal
```

上面的命令可分成如下几个部分。

- dnf：软件包安装工具；
- module：表示模块模式；
- php：表示模块名称；
- :7.1：程序流版本；
- /minimal：配置文件类型（common 表示默认配置文件；devel 表示修改所需的软件包配置文件；minimal 表示提供运行最小软件配置）。

4.3.3 模块常用命令

1. 查看模块列表

查看有哪些模块请执行如下命令：

```
# dnf module list
上次元数据过期检查: 0:03:50 前，执行于 2019 年 10 月 06 日 星期日 03 时 38 分 24 秒
CentOS-8 - AppStream
Name                    Stream          Profiles            Summary
389-ds                  1.4                                 389 Directory Server (base)
ant                     1.10 [d]        common [d]          Java build tool
container-tools         1.0             common [d]          Common tools and dependencies for
                                                            container runtimes
container-tools         rhel8 [d][e]    common [d]          Common tools and dependencies for
                                                            container runtimes
freeradius              3.0 [d]         server [d]          High-performance and highly
                                                            configurable free RADIUS server
gimp                    2.8 [d]         common [d],
                                        devel               gimp module
go-toolset              rhel8 [d]       common [d]          Go
httpd                   2.4 [d]         common [d],
                                        devel,
                                        minimal             Apache HTTP Server
javapackages-runtime    201801 [d]      common [d]          Basic runtime utilities to
                                                            support Java applications
...
```

模块列表输出的信息包含每个模块的名称、流、概要文件，以及有关这个模块的简短摘要。

> **说明**
>
> [d]表示是默认状态。

[e]表示启用状态。

[x]表示禁用状态。

[i]表示已经安装。

2. 查看已启用模块

要查看已启用的模块请执行如下命令：

```
# dnf module list --enabled
# dnf module list --enabled
上次元数据过期检查：0:57:15 前，执行于 2019年10月06日 星期日 03时55分16秒
Red Hat Enterprise Linux 8.0 - AppStream
Name                    Stream              Profiles              Summary
container-tools         rhel8 [d][e]        common [d]            Common tools and dependencies for
                                                                  container runtimes
llvm-toolset            rhel8 [d][e]        common [d]            LLVM
perl-DBD-SQLite         1.58 [d][e]         common [d]            SQLite DBI driver
perl-DBI                1.641 [d][e]        common [d]            A database access API for Perl
postgresql              9.6 [e]             client [i],
                                            server [d]            PostgreSQL server and client module
python27                2.7 [d][e]          common [d]            Python programming language,
version 2.7
python36                3.6 [d][e]          common [d],
                                            build                 Python programming language,
                                                                  version 3.6
satellite-5-client      1.0 [d][e]          common [d],
                                            gui                   Red Hat Satellite 5 client packages
squid                   4 [d][e]            common [d]            Squid - Optimising Web Delivery
virt                    rhel [d][e]         common [d]            Virtualization module
```

3. 收集模块信息

要获取有关特定模块的更多信息，可执行如下命令：

```
# yum module info php
上次元数据过期检查：0:08:37 前，执行于 2019年10月06日 星期日 03时38分24秒。
Name             : php
Stream           : 7.2 [d]
Version          : 8000020190628155007
Context          : ad195792
Profiles         : common [d], devel, minimal
Default profiles : common
Repo             : InstallMedia-AppStream
Summary          : PHP scripting language
Description      : php 7.2 module
Artifacts        : apcu-panel-0:5.1.12-1.module_el8.0.0+56+d1ca79aa.noarch
                 : libzip-0:1.5.1-1.module_el8.0.0+56+d1ca79aa.src
                 : libzip-0:1.5.1-1.module_el8.0.0+56+d1ca79aa.x86_64
             : libzip-debuginfo-0:1.5.1-1.module_el8.0.0+56+d1ca79aa.x86_64
             : libzip-debugsource-0:1.5.1-1.module_el8.0.0+56+d1ca79aa.x86_64
```

```
                          : libzip-devel-0:1.5.1-1.module_el8.0.0+56+d1ca79aa.x86_64
                          : libzip-tools-0:1.5.1-1.module_el8.0.0+56+d1ca79aa.x86_64
                          : libzip-tools-debuginfo-0:1.5.1-1.module_el8.0.0+56+d1ca79aa.x86_64
                          : php-0:7.2.11-1.module_el8.0.0+56+d1ca79aa.src
                          : php-0:7.2.11-1.module_el8.0.0+56+d1ca79aa.x86_64
                          : php-bcmath-0:7.2.11-1.module_el8.0.0+56+d1ca79aa.x86_64
                          : php-bcmath-debuginfo-0:7.2.11-1.module_el8.0.0+56+d1ca79aa.x86_64
...
```

运行上述命令将提供包含可用版本的 PHP 软件包的长输出，包括依赖关系及其带有可用配置文件的程序流。

4. 查看模块的所有可用配置文件

要查看模块的所有可用配置文件，可执行如下命令：

```
# yum module info --profile php
上次元数据过期检查：0:11:19 前，执行于 2019 年 10 月 06 日 星期日 03 时 38 分 24 秒。
Name       : php:7.2:8000020190628155007:ad195792:x86_64
common     : php-cli
           : php-common
           : php-fpm
           : php-json
           : php-mbstring
           : php-xml
devel      : libzip
           : php-cli
           : php-common
           : php-devel
           : php-fpm
           : php-json
           : php-mbstring
           : php-pear
           : php-pecl-zip
           : php-process
           : php-xml
minimal    : php-cli
           : php-common
```

PHP 软件包可能包含不同的配置文件，如 devel、minimum 和 common。如果在执行安装时未使用任何配置文件，则会自动选择默认配置文件。

5. 使用模块和配置文件安装软件包

PostgreSQL 是一个数据库，要安装这个数据库软件，应先通过如下命令查看有哪些模块已启用：

```
# dnf module list postgresql
上次元数据过期检查：0:04:04 前，执行于 2019 年 10 月 06 日 星期日 03 时 55 分 16 秒
CentOS-8 - AppStream
Name            Stream      Profiles             Summary
postgresql      10 [d]      client, server [d]   PostgreSQL server and client module
```

```
postgresql    9.6       client, server [d]   PostgreSQL server and client module
```
上面的命令行输出显示有 10 和 9.6 两个程序流。其中，程序流 10 是默认安装版本，配置文件分为 client（客户端）和 server（服务器）两种类型。

通过如下代码安装 10client 版本：
```
# dnf -y module install postgresql:10/client
```
安装完成后，你可以使用如下 RPM 命令确认软件包版本是否正确：
```
# rpm -qi postgresql
Name         : postgresql
Version      : 10.6
Release      : 1.module_el8.0.0+15+f57f353b
Architecture : x86_64
Install Date : 2019年10月06日 星期日 04时11分32秒
Group        : Applications/Databases
Size         : 5837978
License      : PostgreSQL
Signature    : RSA/SHA256, 2019年07月30日 星期二 20时50分55秒, Key ID 05b555b38483c65d
Source RPM   : postgresql-10.6-1.module_el8.0.0+15+f57f353b.src.rpm
Build Date   : 2019年05月31日 星期五 17时53分54秒
Build Host   : x86-02.mbox.centos.org
Relocations  : (not relocatable)
Packager     : CentOS Buildsys <bugs@centos.org>
Vendor       : CentOS
URL          : http://www.postgresql.org/
Summary      : PostgreSQL client program
```
上面的 RPM 命令行输出显示 PostgreSQL 的版本是 10.6。

也可以使用如下命令进行查看：
```
# dnf module list postgresql
上次元数据过期检查：0:17:26 前，执行于 2019年10月06日 星期日 03时55分16秒
CentOS-8 - AppStream
Name         Stream       Profiles                    Summary
postgresql   10 [d][e]    client [i], server [d]     PostgreSQL server and client module
postgresql   9.6          client, server [d]          PostgreSQL server and client module
```
上面的命令行输出显示 PostgreSQL 模块 10 处于启用状态并且配置文件是 client。

6．切换应用模块流

切换应用模块流是一项有风险的操作，并非所有软件包都支持切换操作，尤其是降级操作。如果要把 PostgreSQL 从版本 10 变成版本 9.6，则需要进行如下操作。

第一步，重置模块状态：
```
# dnf module reset postgresql
```
第二步，安装 PostgreSQL 9.6 版本软件包：
```
# dnf -y module install postgresql:9.6/client
```
第三步，验证降级是否成功：
```
# rpm -qi postgresql
```

```
Name          : postgresql
Version       : 9.6.10
Release       : 1.module_el8.0.0+16+7a9f6089
Architecture  : x86_64
Install Date  : 2019年10月06日 星期日 04时23分50秒
Group         : Applications/Databases
Size          : 5405351
License       : PostgreSQL
Signature     : RSA/SHA256, 2019年07月30日 星期二 19时00分06秒, Key ID 05b555b38483c65d
Source RPM    : postgresql-9.6.10-1.module_el8.0.0+16+7a9f6089.src.rpm
Build Date    : 2019年05月31日 星期五 18时07分15秒
Build Host    : x86-01.mbox.centos.org
Relocations   : (not relocatable)
Packager      : CentOS Buildsys <bugs@centos.org>
Vendor        : CentOS
URL           : http://www.postgresql.org/
Summary       : PostgreSQL client programs
```

上面的命令输出表明降级成功。

7. 启用和禁用模块

当我们不需要接收 PostgreSQL 的更新版本时，可以通过启用和禁用模块来实现，相应命令如下：

```
# yum module enable postgresql
# yum module disable postgresql
```

8. 重置模块

重置模块是一项使所有程序流返回其初始状态的操作（既不启用也不禁用），相应命令如下：

```
# yum module reset module-name
```

9. 卸载模块

使用以下命令卸载系统上安装的模块：

```
# dnf -y module remove postgresql:9.6/client
```

4.4 软件包管理高级应用

4.4.1 使用 ISO 文件创建本地 yum 存储库

有些 Linux 系统可能无法访问 Internet，这时可以创建本地 yum 存储库，需要注意的是系统必须具有足够的存储空间来承载完整的 Red Hat Enterprise Linux 8.0 系统的 ISO 文件（约为 6.6 GB）。

1. 校验 ISO 文件

运行如下命令，校验 ISO 文件：

```
# sha1sum rhel-8.0-x86_64-dvd.iso
66cad03832dbc99206d2dddd935c3174f8b3cff5  rhel-8.0-x86_64-dvd.iso
```

大文件（如 dvd.iso）可能需要几分钟才能得到结果。在该示例中，该命令所产生的十六进制数字长字符串是 SHA-256 哈希，可以和下载网站上的哈希进行比较。

2. 创建一个合适的挂载点，然后在其上挂载 DVD 映像文件

创建一个合适的挂载点，如/mnt/dvd，然后在其上挂载 DVD 映像文件，相应命令如下：

```
# mkdir -p /mnt/dvd
# mount -o loop,ro /root/rhel-8.0-x86_64-dvd.iso /mnt/dvd
```

安装选项（ro）用于避免错误地更改 ISO 文件的内容。

3. 在/etc/fstab 文件中加入一行文字

在/etc/fstab 加入一行文字，以便系统始终在重新引导后自动装入 ISO 文件，相应命令如下：

```
/ rhel-8.0-x86_64-dvd.iso /mnt/dvd iso9660 loop,ro 0 0
```

4. 进入/etc/yum.repos.d/目录建立一个本地存储库文件

这里文件名称是 local.repo，内容如下：

```
# vi /etc/yum.repos.d/local.repo
[InstallMedia-BaseOS]
name=Red Hat Enterprise Linux 8 - BaseOS
metadata_expire=-1
gpgcheck=1
enabled=1
baseurl=file:///mnt/dvd/BaseOS
gpgkey=file:///etc/pki/rpm-gpg/RPM-GPG-KEY-redhat-release

[InstallMedia-AppStream]
name=Red Hat Enterprise Linux 8 - AppStream
metadata_expire=-1
gpgcheck=1
enabled=1
baseurl=file:///mnt/dvd/AppStream
gpgkey=file:///etc/pki/rpm-gpg/RPM-GPG-KEY-redhat-release
```

保存文件并退出。

5. 清除缓存，重新测试

清除缓存的命令如下：

```
# dnf clean all
```

查看新建的本地存储库是否已启用,相应命令如下:
```
# dnf repolist
```

4.4.2 使用 ISO 文件设置本地 yum 服务器

如果一个内部网络中的计算机不能访问 Internet,那么可以通过设置本地 yum 服务器实现对 Internet 的访问。

(1)先将其中一个 Linux 计算机作为 yum 服务器,然后按照 4.4.1 节所述内容在其上创建本地 yum 存储库。

(2)在本地 yum 存储库中安装 Apache HTTP 服务器,命令如下:
```
# dnf install httpd
```
如果在系统上以强制启用模式启用了 SELinux,请执行以下操作。

使用 semanage 命令将存储库根目录层次结构的默认文件类型定义为 httpd_sys_content_t:
```
# /usr/sbin/semanage fcontext -a -t httpd_sys_content_t "/mnt/dvd(/.*)?"
```
使用 restorecon 命令将文件类型应用于整个存储库:
```
# /sbin/restorecon -R -v /mnt/dvd
```
在/var/www/html 指向存储库的位置创建一个符号链接:
```
# ln -s /mnt/dvd /var/www/html/OSimage
```
编辑 Apache HTTP 服务器配置文件(/etc/httpd/conf/httpd.conf):
```
# vi/etc/httpd/conf/httpd.conf
 ServerName server_addr:80#指定服务器的可解析域名
Options Indexes FollowSymLinks
```
保存配置文件退出。

启动 Apache HTTP 服务器,相应命令如下:
```
# systemctl start httpd
# systemctl enable httpd
```

7. 防火墙设置

设置防火墙:
```
# firewall-cmd --zone=zone --add-port=80/tcpfirewall-cmd --permanent --zone=zone --add-port=80/tcp
```
编辑服务器上的存储库文件(如/etc/yum.repos.d/local.repo):
```
[InstallMedia-BaseOS]
name=Red Hat Enterprise Linux 8.0 - BaseOS
metadata_expire=-1
gpgcheck=1
enabled=1
baseurl=http://server_addr/OSimage/
gpgkey=file:///etc/pki/rpm-gpg/RPM-GPG-KEY-redhat-release
```
替换 server_addr 为本地 yum 服务器的 IP 地址或可解析的主机名。

将存储库文件从服务器复制到在每个客户端的/etc/yum.repos.d 目录下。

在 Apache HTTP 服务器和每个客户端上，测试是否可以使用 dnf 命令访问存储库。测试命令如下：

```
# dnf repolist
```

4.4.3 使用 dnf 自动工具进行系统更新

dnf-automatic 是一个附加软件包，可以替代手动升级，以使系统获取最新的安全补丁程序和错误修复程序。该工具可以自动搜索更新通知，并进行更新，使用 systemd 计时器自动安装。

先安装软件包，相应的命令如下：

```
# dnf install dnf-automatic
# systemctl enable --now dnf-automatic.timer
```

可以通过编辑/etc/dnf/automatic.conf 配置文件，包括如下三行内容：

```
apply_updates = yes
download_updates = yes
upgrade_type = security
```

然后重新启动服务：

```
# systemctl enable dnf-automatic.timer && systemctl start dnf-automatic.timer
```

4.4.4 dnf 的安全选项

dnf 命令包括一些安全选项，可管理 Linux 软件包的安全性和勘误更新的要求。截至 2019 年年底，Red Hat Enterprise Linux 8.0 刚刚推出几个月，尚未发现安全漏洞，所以下面以 Fedora 29 为例进行说明。

通过如下命令查看系统可用的勘误：

```
# dnf updateinfo
上次元数据过期检查：0:18:33 前，执行于 2019年10月07日 星期一 17时13分37秒。
更新信息概要可用
    28 安全更新通知
        1 严重安全通告
        5 重要安全通告
       12 中级安全通告
        8 低级安全通告
    91 错误修复通知
    32 性能强化通知
     3 其他通知
```

可以使用--sec 选项按严重性过滤安全勘误：

```
# dnf updateinfo list --sec
上次元数据过期检查：0:21:34 前，执行于 2019年10月07日 星期一 17时13分37秒。
FEDORA-2019-d04f66e595 中危/安全漏洞 bind-export-libs-32:9.11.10-1.fc29.x86_64
FEDORA-2019-d04f66e595 中危/安全漏洞 bind-libs-32:9.11.10-1.fc29.x86_64
FEDORA-2019-d04f66e595 中危/安全漏洞 bind-libs-lite-32:9.11.10-1.fc29.x86_64
FEDORA-2019-d04f66e595 中危/安全漏洞 bind-license-32:9.11.10-1.fc29.noarch
```

```
FEDORA-2019-d04f66e595  中危/安全漏洞  bind-utils-32:9.11.10-1.fc29.x86_64
FEDORA-2019-7104a00054  低危/安全漏洞  cronie-1.5.4-1.fc29.x86_64
FEDORA-2019-7104a00054  低危/安全漏洞  cronie-anacron-1.5.4-1.fc29.x86_64
FEDORA-2019-335c3ad86a  低危/安全漏洞  libpng-2:1.6.34-7.fc29.x86_64
FEDORA-2019-8966706e33  中危/安全漏洞  libsmbclient-2:4.9.11-0.fc29.x86_64
FEDORA-2019-eb1e982800  中危/安全漏洞  libsmbclient-2:4.9.13-0.fc29.x86_64
FEDORA-2019-8966706e33  中危/安全漏洞  libwbclient-2:4.9.11-0.fc29.x86_64
...
```

该命令行输出根据 ID 对可用勘误进行排序，并且还指定每个勘误是安全补丁、错误修复，还是功能增强。

要将所有与安全性相关的勘误可用的软件包更新为最新版本的软件包，即使是那些包含错误修复程序或新功能，但不包含安全勘误的软件包，请使用以下命令：

```
# dnf --security update
```

要将所有软件包更新到包含安全勘误的最新版本，而忽略不包含安全勘误的任何新的软件包，请使用以下命令：

```
# dnf --security upgrade-minimal
```

要将所有内核软件包更新为包含安全勘误的最新版本，请使用以下命令：

```
# dnf --security upgrade-minimal kernel*
```

第 5 章

Linux 网络管理

5.1 Linux 网络基础

5.1.1 Linux 网络结构的特点

Linux 的网络实现模仿的是 FreeBSD，支持 FreeBSD 的带有扩展的 Sockets（套接字）和 TCP/IP；支持两个主机间的网络连接和 Sockets 通信模型，实现了两种类型的 Sockets，即 BSD Sockets 和 INET Sockets。Linux 网络为不同的通信模型提供了两种传输协议，即不可靠的、基于消息的 UDP 和可靠的、基于流的 TCP，二者都是在 IP 网际协议上实现的。INET Sockets 是在以上两个协议及 IP 网际协议上实现的，它们之间的关系如图 5-1 所示。

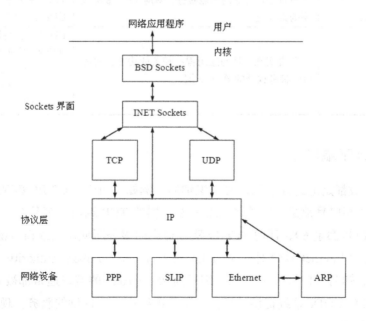

图 5-1 Linux 网络中的层

TCP/IP4 层概念模型和 OSI7 层网络模型对应表如表 5-1 所示。把 OSI7 层网络模型和 TCP/IP4 层概念模型对应，然后将其对应的网络协议归类。

表 5-1　TCP/IP4 层概念模型和 OSI7 层网络模型对应表

OSI7 层网络模型	TCP/IP4 层概念模型	对应网络协议
应用层	应用层	TFTP、FTP、NFS、WAIS
表示层		telnet、rlogin、SNMP、Gopher
会话层		SMTP、DNS
传输层	传输层	TCP、UDP
网络层	网际层	IP、ICMP、ARP、RARP、AKP、UUCP
数据链路层	网络接口层	FDDI、Ethernet、Arpanet、PDN、SLIP、PPP
物理层		IEEE 802.1A、IEEE 802.2~IEEE 802.11

TCP/IP 与 OSI 最大的不同在于 OSI 是一个理论上的网络通信模型，而 TCP/IP 则是实际运行的网络协议。TCP/IP 层概念模型各个层次的功能和协议如表 5-2 所示。

表 5-2　TCP/IP 层概念模型各个层次的功能和协议

层次名称	功　能	协　议
网络接口层 （Host-to-Net Layer）	负责实际数据的传输，对应 OSI 参考模型的下第 6~7 层	HDLC（高级链路控制协议） PPP（点对点协议） SLIP（串行线路接口协议）
网际层 （Inter-network Layer）	负责网络间的寻址和数据传输，对应 OSI 参考模型的第 5 层	IP（网际协议） ICMP（Internet 控制消息协议） ARP（地址解析协议） RARP（反向地址解析协议）
传输层 （Transport Layer）	负责提供可靠的传输服务，对应 OSI 参考模型的第 4 层	TCP（控制传输协议） UDP（用户数据报协议）
应用层 （Application Layer）	负责实现一切与应用程序相关的功能，对应 OSI 参考模型的第 1~3 层	FTP（文件传输协议） HTTP（超文本传输协议） DNS（域名服务器协议） SMTP（简单邮件传输协议） NFS（网络文件系统协议）

5.1.2　Linux 下端口号分配

服务器一般都是通过知名端口号来识别的。例如，对于 TCP/IP 实现来说，每个 FTP 服务器的 TCP 端口号都是 21，每个 telnet 服务器的 TCP 端口号都是 23，每个 TFTP 服务器的 UDP 端口号都是 69。任何 TCP/IP 实现提供的服务所使用的端口号都是 1~1023。这些知名端口号由 Internet 号分配机构（Internet Assigned Numbers Authority，IANA）来管理。截至 1992 年，知名端口号为 1~255。编号为 256~1023 的端口通常都被 UNIX 系统占用，以提供一些只有 UNIX 系统提供，而其他操作系统可能不提供的服务。现在 IANA 管理的端口号为 1~1023。

大多数 TCP/IP 会给临时端口分配 1024～5000 的端口号。端口号大于 5000 的端口是为其他服务器预留的（Internet 上并不常用的服务）。大多数 Linux 系统的文件/etc/services 都包含人们熟知的端口号。为了找到 telnet 服务，可以运行命令"grep telnet /etc/services"。常用的 TCP 服务、端口号及其功能说明如表 5-3 所示。

表 5-3 常用的 TCP 服务、端口号及其功能说明

端 口 号	服 务 名	功　　能
7	echo	echo 字符（用于测试）
9	discard	丢弃字符串（用于测试）
13	daytime	日期服务
19	chargen	字符生成器
21	ftp	文件传输协议（FTP）
22	ssh	安全 shell（虚拟终端或文件传输）
23	telnet	远程登录
25	smtp	电子邮件
37	time	时间服务
42	nameserve	TCP 名字服务
43	whois	NIC whois 服务
53	domain	域名服务（DNS）
79	finger	用户信息
80	http	www（万维网）
110	pop3	邮局协议 3（POP3）
111	sunrpc	SUN 的远程过程调用（RPC）
113	auth	远程用户名认证服务
119	nntp	网络新闻传输协议（NNTP）
143	imap	交互式邮件访问协议
443	https	用 SSL 加密的 HTTP
512	exec	在远程 UNIX 主机上执行命令
513	login	登录远程 UNIX 主机（rlogin）
514	shell	从远程 UNIX 主机获得 shell（rsh）
515	printer	远程打印
1080	socks	SOCKS 应用代理服务
2049	nfs	TCP 之上的 NFS（NFS over TCP）
6000～6001	X	X Window 系统

　　UDP 为运行于同一台或不同台机器上的两个或多个程序之间传输数据包提供了简单的、不可靠的连接。"不可靠"的意思是操作系统不能保证每个发出的数据包都能到达，也不能保证数据包能够按序到达。不过 UDP 是尽力传输的，在 LAN 中 UDP 的可靠性通常能达到 100%。UDP 的优点在于它比 TCP 的开销少，较少的开销使得基于 UDP 的服务可以用 10 倍的 TCP 的吞吐量传输数据。UDP 主要用于 SUN 公司的 NFS、NIS、主机名的解析和路由信息的传输。对于部分服务而言，偶然丢失一个包并不会带来太大的负面影响，因为它们会周期性地请求一个新包，而且那些包可能并不重要。这些服务包括 who、talk 及

一些时间服务。常见的 UDP 服务、端口号及其功能说明如表 5-4 所示。

表 5-4 常见的 UDP 服务、端口号及其功能说明

端口号	服务名	功能
7	echo	在另一个数据包中返回用户的数据
9	discard	什么也不做
13	daytime	返回日期
19	chargen	字符生成器
37	time	返回时间
53	domain	域名服务（DNS）
69	tftp	普通文件传输协议（TFTP）
111	sunrpc	SUN 的远程过程调用（RPC）
123	ntp	网络时间协议（NTP）
161	snmp	简单网络管理协议
512	biff	新邮件提示
513	who	收集关于用户登录同一子网的其他机器的广播
514	syslog	系统日志工具
517	talk	发送 talk 请求
518	ntalk	一个"新"的 talk 请求
520	route	路由信息协议
533	netwall	写每个用户的终端

5.1.3 Linux 网络接口名称

Linux 网络接口名称基于系统 BIOS 产生的信息或者来自设备固件、MAC 地址。在一般情况下，网络接口名称包括前缀和后缀。

前缀取决于网络接口的类型，具体如下。

- 以太网网络接口：en。
- 无线局域网（LAN）接口：wl。
- 无线广域网（WAN）接口：ww。
- 本地环回接口：lo(local 的简写)。
- 网桥接口：br。

后缀为从 0 开始的索引号，如 eth0。

5.2 Linux 网络管理

5.2.1 Linux 的 TCP/IP 网络配置

大多数 Linux 系统中的配置文件都在 /etc 目录中，如表 5-5 所示。

表 5-5 配置文件

配置文件名称	功　能
/etc/networks	列举机器所连接的网络中可以访问的网络名和网络地址。通过路由命令使用，允许使用网络名称
/etc/protocols	列举当前可用的协议，请参阅网络管理员指南和联机帮助页
/etc/resolv.conf	在程序请求"解析"一个 IP 地址时，告诉内核应该查询哪个服务器名称
/etc/rpc	包含 RPC 指令/规则，这些指令/规则可以在 NFS 调用、远程文件系统安装等过程中使用
/etc/exports	要导出的 NFS 和对它的权限
/etc/services	将网络服务名转换为端口号/协议，由 inetd、telnet、tcpdump 及一些其他程序读取
/etc/xinetd.conf	xinetd 的配置文件，请参阅 xinetd 联机帮助页。包含每个网络服务的条目，xinetd 必须为这些网络服务控制守护进程或其他服务。注意，服务将会运行，但在/etc/services 中它们被注释掉了，因此即使这些服务运行也不可用
/etc/hostname	该文件包含了系统的主机名称，包括完全的域名，如 www.linuxaid.com.cn
/etc/host.conf	该文件指定了如何解析主机名。Linux 通过解析器来获得主机名对应的 IP 地址
/etc/sysconfig/network	指出 NETWORKING=yes 或 no，由 rc.sysinit 读取
/etc/sysconfig/network-scripts/if	Red Hat 网络配置脚本
/etc/hosts	机器启动查询 DNS 以前，机器需要查询一些主机名与 IP 地址的匹配信息，这些匹配信息存放在/etc/hosts 文件中。在没有域名服务器的情况下，系统上的所有网络程序都通过查询该文件来解析对应于某个主机名的 IP 地址

在 Linux 系统中，TCP/IP 网络是通过若干文本文件进行配置的，有时需要编辑这些文件来完成联网工作。下文将详细介绍如何使用命令行来手动配置 TCP/IP 网络。

和网络相关的配置文件有/etc/hostname、/etc/resolv.conf、/etc/host.conf、/etc/sysconfig/network、/etc/hosts、/etc/protocols 等，下文逐一对其进行介绍。

（1）/etc/hostname 文件。

/etc/hostname 文件包含系统的主机名称，包括完全的域名，如 www.linux.com.cn。

在 Linux 系统中，系统网络设备的配置文件被保存在/etc/sysconfig/network-scripts 目录下。下面是/etc/sysconfig/network-scripts/ifcfg-enp0s3 文件的示例：

```
# cat ifcfg-enp0s3
HWADDR=08:00:27:0F:F3:C9
TYPE=Ethernet
BOOTPROTO=dhcp
DEFROUTE=yes
PEERDNS=yes
PEERROUTES=yes
IPV4_FAILURE_FATAL=no
IPV6INIT=yes
IPV6_AUTOCONF=yes
IPV6_DEFROUTE=yes
IPV6_PEERDNS=yes
```

```
IPV6_PEERROUTES=yes
IPV6_FAILURE_FATAL=no
NAME=enp0s3
USERCTL=no
UUID=df3ebf2a-2a6c-4618-b166-c692cb3abd32
IPV6_ADDR_GEN_MODE="stable-privacy"NAME=" enp0s3"
DEVICE="ens33"
IPADDR=192.168.137.129
NETMASK=255.255.255.0
GATEWAY=192.168.137.2
ONBOOT=no
```

其中各变量的解释如下。

HWADDR：网卡 MAC 地址。

TYPE：网卡类型（通常是以太网）。

BOOTPROTO=proto：proto 取值可以是 none（无须启动协议）、bootp（使用 BOOTP）、dhcp（使用 DHCP）。

DEFROUTE：默认路由。

IPV4_FAILURE_FATAL：是否开启 IPv4 致命错误检测。

IPV6INIT：IPv6 是否自动初始化。

IPV6_AUTOCONF：IPv6 是否自动配置。

IPV6_DEFROUTE：IPv6 是否可以为默认路由。

IPV6_FAILURE_FATAL：是否开启 IPv6 致命错误检测。

IPV6_ADDR_GEN_MODE：IPv6 地址生成模型。

DEFROUTE=answer，这里 answer 取值为：yes 表示将该接口设置为默认路由；no 表示不要将该接口设置为默认路由。

PEERDNS：是否指定 DNS。如果使用 DHCP，默认为 yes。

PEERROUTES：是否从 DHCP 服务器获取用于定义接口的默认网关的信息的路由表，默认为 yes。

IPV6_PEERDNS：IPV6 是否指定 DNS，如果使用 DHCP 协议，默认为 yes。

NAME：网卡物理设备名称。

DEVICE：网卡设备名称，必须和 NAME 值一样

IPADDR：本机 IP 地址。

NETMASK：子网掩码。

GATEWAY：默认网关。

USERCTL：是否允许非 root 用户控制该设备。

UUID：通用唯一标识符（UUID），是 128 位比特的数字。

ONBOOT：启动时是否激活该卡。

若希望手动修改网络地址或在新的接口上增加新的网络界面,则可以通过修改对应文件(ifcfg-xxxx)或创建新文件来实现。

(2)/etc/resolv.conf 文件。

/etc/resolv.conf 文件是解析器(resolver,一个根据主机名解析 IP 地址的库)使用的配置文件,示例如下:

```
search domainname.com
nameserver 209.164.186.1
nameserver 209.164.186.2
```

其中,search domainname.com 表示当提供了一个不包括完全域名的主机名时,在该主机名后添加 domainname.com 的后缀;nameserver 表示解析域名时将该地址指定的主机作为域名服务器。域名服务器是按照文件中 IP 地址出现的顺序来查询的。

(3)/etc/host.conf 文件。

/etc/host.conf 文件指定如何解析主机名。Linux 通过解析器来获得主机名对应的 IP 地址。下面是/etc/host.conf 文件的示例:

```
order bind,hosts
multi on
nospoof on
```

其中,order bind,hosts 用来指定主机名查询顺序,这里规定先使用 DNS 解析域名,然后查询/etc/hosts 文件。multi on 指定/etc/hosts 文件中指定的主机是否可以有多个 IP 地址,拥有多个 IP 地址的主机一般具有多个网络界面。nospoof on 指不允许对该服务器进行 IP 地址欺骗。IP 地址欺骗是一种攻击系统安全的手段,是指通过把 IP 地址伪装成别的计算机来获取其他计算机的信任。

(4)/etc/sysconfig/network 文件。

/etc/sysconfig/network 文件用来指定服务器上的网络配置信息。下面是/etc/sysconfig/network 文件的示例:

```
NETWORK=yes
FORWARD_IPV4=yes
hostname=deep.openarch.com
GATEWAY=0.0.0.0
GATEWAYDEV=eth0
```

其中各变量的解释如下。

NETWORK=yes/no:网络是否被配置。

FORWARD_IPV4=yes/no:是否开启 IP 转发功能。

hostname:服务器主机名。

GATEWAY:网络网关的 IP 地址。

GATEWAYDEV:网关的设备名,如 eth0 等。

(5)/etc/hosts 文件。

在机器启动查询 DNS 前,机器需要查询一些主机名与 IP 地址的匹配信息,这些匹配信息存放在/etc/hosts 文件中。在没有域名服务器的情况下，系统上的所有网络程序都通过查询该文件来解析某个主机名对应的 IP 地址。

（6）/etc/protocols 文件。

/etc/protocols 文件定义了计算机主机使用的协议，是网络协议定义文件，记录了 TCP/IP 协议族的所有协议类型。文件中的每行对应一个协议类型，它有 3 个字段，各字段间用 Tab 或空格分隔，分别表示"协议名称""协议号""协议别名"。下面是/etc/protocols 文件的节选内容：

```
# /etc/protocols:
# See also http://www.iana.org/assignments/protocol-numbers
ip        0      IP                  # internet protocol, pseudo protocol number
hopopt    0      HOPOPT              # hop-by-hop options for ipv6
icmp      1      ICMP                # internet control message protocol
igmp      2      IGMP                # internet group management protocol
ggp       3      GGP                 # gateway-gateway protocol
ipv4      4      IPv4                # IPv4 encapsulation
......
```

> **说明**
>
> 用户不要对该文件进行任何修改。

5.2.2 Linux 静态路由配置

静态路由是在路由器中设置的固定的路由表，除非网络管理员干预，否则静态路由不会发生变化。由于静态路由不能对网络的改变做出反应，所以一般用于网络规模不大、拓扑结构固定的网络中。静态路由的优点是简单、高效、可靠。在所有路由中，静态路由的优先级最高。当动态路由与静态路由发生冲突时，以静态路由为准。

1. 查看路由表

使用 route 命令查看 Linux 路由表：

```
# route
Kernel IP routing table
Destination       Gateway           Genmask           Flags Metric Ref   Use Iface
default           gateway           0.0.0.0           UG    0      0     0   eth1
10.0.0.0          10.24.195.247     255.0.0.0         UG    0      0     0   eth0
10.24.192.0       0.0.0.0           255.255.252.0     U     0      0     0   eth0
100.64.0.0        10.24.195.247     255.192.0.0       UG    0      0     0   eth0
101.201.40.0      0.0.0.0           255.255.252.0     U     0      0     0   eth1
link-local        0.0.0.0           255.255.0.0       U     1002   0     0   eth0
link-local        0.0.0.0           255.255.0.0       U     1003   0     0   eth1
172.0.0.1         10.24.195.247     255.240.0.0       UG    0      0     0   eth0
192.168.122.0     0.0.0.0           255.255.255.0     U     0      0     0   virbr0
```

route 命令输出选项说明如表 5-6 所示。

表 5-6 route 命令输出选项说明

输 出 选 项	功 能 说 明
Destination	目标网关或者主机
Gateway	网关地址，如果没有设置，则用 "*" 表示没有网关
Genmask	路由的网络掩码
Flags	路由的标志。可用的标志及其意义：U 表示路由在启动，H 表示 target 是一台主机，G 表示使用网关，R 表示对动态路由进行复位设置，D 表示动态安装路由，M 表示修改路由，! 表示拒绝路由
Metric	路由的单位开销量
Ref	依赖本路由现状的其他路由数目
Use	路由表条目被使用的数目
Iface	路由所发送的包的目的网络

使用 ip 命令查看 Linux 路由表：
```
# ip route show
[root@iZ2518unjybZ ~]# ip route show
default via 101.201.43.247 dev eth1
10.0.0.0/8 via 10.24.195.247 dev eth0
10.24.192.0/22 dev eth0  proto kernel  scope link  src 10.24.194.210
100.64.0.0/10 via 10.24.195.247 dev eth0
101.201.40.0/22 dev eth1  proto kernel  scope link  src 101.201.42.236
169.254.0.0/16 dev eth0  scope link  metric 1002
169.254.0.0/16 dev eth1  scope link  metric 1003
172.0.0.1/12 via 10.24.195.247 dev eth0
192.168.122.0/24 dev virbr0  proto kernel  scope link  src 192.168.122.1
```

2．路由管理命令示例

（1）使用 route 命令添加到主机的路由：
```
# route add -host 192.169.1.2 dev enp0s3
# route add -host 10.20.30.148 gw 10.20.30.40
```

（2）使用 ip 命令添加到主机的路由：
```
# ip route add default via 192.169.1.2 dev enp0s3 proto static
```

（3）使用 route 命令添加到网络的路由：
```
# route add -net 10.20.30.40 netmask 255.255.255.248 enp0s3
# route add -net 10.20.30.48 netmask 255.255.255.248 gw 10.20.30.41
```

（4）使用 ip 命令添加到网络的路由：
```
# ip route add 10.0.4.0/24 via 10.0.2.1 dev enp0s3
```

（5）使用 route 命令删除路由：
```
# route del -host 192.169.1.2 dev enp0s3:0
# route del -host 10.20.30.148 gw 10.20.30.40
# route del -net 10.20.30.40 netmask 255.255.255.248 enp0s3
# route del -net 10.20.30.48 netmask 255.255.255.248 gw 10.20.30.41
# route del -net 192.169.1.0/24 eth1
# route del default gw 192.169.1.1
```

(6)使用 ip 命令删除路由:
```
# ip route del 10.0.3.0/24
```

5.3 使用 NetworkManager 配置网络连接

5.3.1 NetworkManager 简介

NetworkManager 是 2004 年由 Red Hat 软件公司发起开发的网络连线管理软件,旨在让使用者轻易地管理网络连线并在多个网络间进行切换(特别是无线网络)。NetworkManager 是首个使用 D-Bus 和 HAL 的 GNU/Linux 桌面工具,使用者无须使用系统管理员权限,即可直接通过面板状态通知区的小图标查看连接的网络(包括各无线网络)的信息、切换使用的网络,以及处理 WEP/WPA 的密码。从 0.7 版本开始 NetworkManager 便可以管理 3G、EVDO、HSDPA、RTTx1、EDGE 连线。Fedora 从 Core 3 开始收录 NetworkManager,Ubuntu 则从 Ubuntu 6.06 LTS(Dapper)开始收录 NetworkManager,Red Hat Enterprise Linux 从 7.0 版开始使用 NetworkManager 取代 system-config-sevice 作为图形化网络配置工具。

NetworkManager 工具包括以下几种。

- NetworkManager Applet(nm-applet):在面板状态通知区显示小图标并报告网络连线状态。
- nmcli:命令行网络接口配置工具。
- nm-connection-editor:NetworkManager 的图形化前端。
- nmtui:在文本模式下的 NetworkManager 前端。

5.3.2 安装启动服务

若 NetworkManager 没有预先安装在 Linux 上,那么你可以使用 dnf 软件包管理工具进行安装启动,具体命令如下:

```
# dnf install NetworkManager
# systemctl start NetworkManager
# systemctl enable NetworkManager
```

5.3.3 使用 NetworkManager 配置有线网络接口

通过如下命令启动网络服务:
```
# nm-connection-editor
```
然后进入"网络连接"界面,如图 5-2 所示。

第 5 章　Linux 网络管理

图 5-2　"网络连接"界面

单击"网络连接"界面左下角的有线网络接口的"编辑"按钮（齿轮形按钮），然后在"IPv4 设置"界面中将"方法"从 DHCP 状态切换到手动状态。"IPv4 设置"界面中的设置项目包括：IP 地址、子网掩码、网关、附加 DNS 服务器地址、附加搜索域、DHCP 客户端 ID，如图 5-3 所示。

图 5-3　"IPv4 设置"界面

"IPv4 设置"界面主要用来配置网卡的 IP 地址。网卡的 IP 地址有两种选择：一种是自动通过 DHCP 服务器获取 IP 地址；一种是手动配置静态的 IP 地址和相应的子网掩码。本机输入的 IP 地址是 10.1.14.0；子网掩码是 255.255.255.0；网关是 10.10.14.254；DNS 服务器地址是 172.16.1.10；本书中的例子是一个内部网分配的 IP 地址。在安装系统时要求用户输入系统的 IP 地址，如果安装用户不是系统管理员，则需要通过网络系统管理员来获得 IP 地址，只有配置了 IP 地址，计算机在网络中才可以进行通信。设置完成后查看连接信息。

5.3.4 使用 NetworkManager 连接 Wi-Fi（802.11）网络

如果 Linux 系统成功安装了无线网卡驱动且计算机也可以检测到，那么在程序状态通知区（Notification Area）上的 NetworkManager 小图标会列出所有侦测到的无线局域网络（mj）和其信号强度。如果有类似于钥匙的图标，则表示这个网络有 WEP 或 WPA 的保护，如图 5-4 所示。

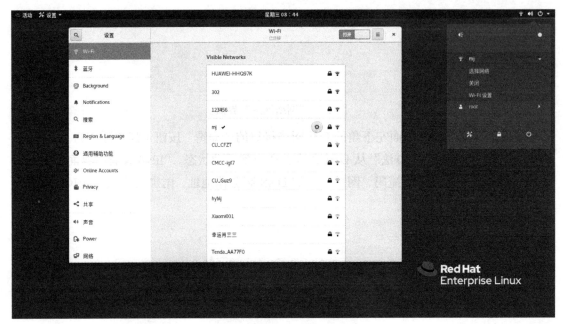

图 5-4　检测到无线局域网络

要连接无线局域网络，只需要使用鼠标直接单击网络名称即可。如果连接的网络使用了 WEP、WPA 或 WPA 2（802.11），那么 NetworkManager 将弹出一个如图 5-5 所示的网络参数对话框。

图 5-5 中的"密码（P）"文本框内输入的是无线局域网络的 WEP/WPA 密钥。

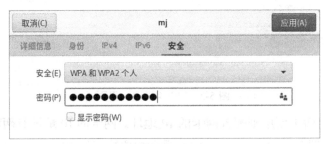

图 5-5　输入网络密钥

如果网络使用了 WPA，那么 NetworkManager 就需要把 WPA 密钥存放在安全的地方，一般会由 GNOME Keyring 保存。在"密码"文本框中输入 WEP/WPA 密钥后，单击"应用"按钮，GNOME Keyring 会要求用户输入默认钥匙圈（Default Keyring）的密码。如果用户账户还没有默认钥匙圈,那么 GNOME Keyring 会帮用户建立密钥并要求用户设定其密码。

5.3.5 使用 nmtui

相比于旧版本,1.25 版本的 NetworkManager 进行了大量改进,为用户带来了大量新增特性,其中包括新增的基于 Curses 的用户界面 nmtui,对 nmcli 加入了交互式编辑支持、单命令编辑、详细的帮助、Tab 补全,以及增强的 bash 补全等功能。打开一个终端,输入":$ sudo nmtui"命令,进入 nmtui 主界面,如图 5-6 所示。

图 5-6　nmtui 主界面

nmtui 主界面包括 3 个选项:编辑一个连接(Edit a connection)、激活一个连接(Activate a connection)、设置主机名称(Set system hostname)。

编辑一个连接界面如图 5-7 所示。

图 5-7　编辑一个连接界面

在图 5-7 中有 3 个按钮,分别代表添加一个连接("Add"按钮)、编辑一个连接("Edit"按钮)、删除一个连接("Delete"按钮)。

图 5-8 是添加一个连接界面。

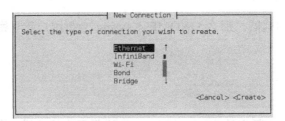

图 5-8　添加一个连接界面

图 5-9 是编辑一个连接界面。

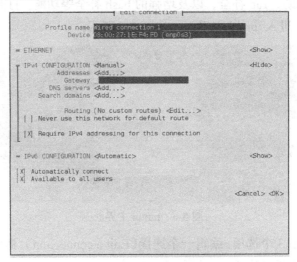

图 5-9　编辑一个连接界面

图 5-10 是删除一个连接界面。

图 5-10　删除一个连接界面

设置主机名称界面如图 5-11 所示。

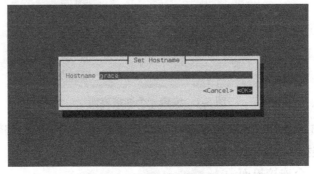

图 5-11　设置主机名称界面

5.4 两个命令行网络配置工具：nmcli 和 ip

5.4.1 nmcli

1. 简介

nmcli 是 NetworkManager 命令行网络接口配置工具。用户通过 nmcli 可以查询网络连接的状态，也可以管理网络接口参数。

可以通过如下命令使用 nmcli：

```
nmcli [ OPTIONS ] OBJECT { COMMAND | help }
```

其中，OPTIONS 是一些修改 IP 行为或者改变其输出的选项。所有选项都以 "-" 字符开头，分为长、短两种形式。OPTIONS 包含的选项如表 5-7 所示。

表 5-7 OPTIONS 包含的选项

选 项	说 明
-t[erse]	简洁输出模式，该模式适合计算机（脚本）处理
-p[retty]	详细输出模式，该模式适合用户阅读
-m[mode] tabular | multiline	在表格和多输出之间切换，默认值是表格
-f[ields] <field1,field2,...> | all | common	指定可以被打印出来的字段（列名）
-e[scape] yes | no	":" 和 "\" 字符的简洁表格模式
-v	打印 IP 的版本并退出
-help	显示帮助信息
-a[sk]	要求输入缺少的参数
w[ait] <seconds>	设置超时等待时间

OBJECT 是要管理或者获取信息的对象。OBJECT 包含如表 5-8 所示的选项。

表 5-8 OBJECT 包含的选项

选 项	说 明
n[etworking]	使用此对象查询和修改 NetworkManager 的状态 子命令包括：status、sleep、wakeup、wifi、wwan • status：显示 NetworkManager 的整体状态 • sleep：把 NetworkManager 设置为睡眠模式，此时 NetworkManager 管理的所有接口被停用 • wakeup：从睡眠模式唤醒 • wifi：查询或设置 NetworkManager 的无线网络设备的状态 • wwan：查询或设置 NetworkManager 的 wwan 网络设备的状态
c[onnection]	获取与 NetworkManager 有关的连接信息
d[evice]	获取相关设备的信息
r[adio]	显示无线交换机开关状态，或开启和关闭交换机
g[eneral]	使用此命令可以显示 NetworkManager 的状态和权限，也可以获取和更改系统主机名及 NetworkManager 的日志级别和域。包含 4 个命令，即 status、hostname、permissions、logging

COMMAND 子命令格式选项：

list [id <id> | uuid <id> | system | user]，表示配置表的连接。如果没有设置参数，则配置为系统和用户设置的服务列出的连接。标识与连接的名称或 UUID 与连接的 UUID 必须被指定。

status，表示打印活动连接的状态。

up id <id> | uuid <id> [iface <iface>] [ap <hwaddr>] [--nowait] [--timeout <timeout>]，表示激活的连接。连接识别用的 ID 或 UUID 使用它的名字。

down id <id> | uuid <id>，表示停用的连接。连接识别用的 ID 或 UUID 使用它的名字。

disconnect iface <iface> [--nowait] [--timeout <timeout>]，表示断开一个设备，防止设备自动启动。

wifi [list [iface <iface>] [hwaddr <hwaddr>]]，表示列出可用的 Wi-Fi 接入点。

2．应用实例

（1）查看网络接口状态：

```
# nmcli -p g
=================================================================
                           网络管理器状态
=================================================================
状态                  CONNECTIVITY   WIFI-HW   WIFI    WWAN-HW   WWAN
-----------------------------------------------------------------
connected (local only)  full          已启用    已启用   已启用    已禁用
```

🔍 **说明**

这里使用-p 选项是为了获取详细的输出情况。另外，g 是 general 的缩写。这个命令支持缩写输入。

（2）查看有关权限的一些信息：

```
# nmcli g permissions
PERMISSION                    VALUE
org.freedesktop.NetworkManager.enable-disable-network    是
org.freedesktop.NetworkManager.enable-disable-wifi       是
org.freedesktop.NetworkManager.enable-disable-wwan       是
org.freedesktop.NetworkManager.enable-disable-wimax      是
org.freedesktop.NetworkManager.sleep-wake                是
org.freedesktop.NetworkManager.network-control           是
org.freedesktop.NetworkManager.wifi.share.protected      是
org.freedesktop.NetworkManager.wifi.share.open           是
org.freedesktop.NetworkManager.settings.modify.system    是
org.freedesktop.NetworkManager.settings.modify.own       是
org.freedesktop.NetworkManager.settings.modify.hostname  是
```

（3）查看日志信息：

```
# nmcli g logging
LEVEL   DOMAINS
```

```
INFO     PLATFORM,RFKILL,ETHER,WIFI,BT,MB,DHCP4,DHCP6,PPP,IP4,IP6,AUTOIP4,DNS,
VPN,SHARING,SUPPLICANT,AGENTS,SETTINGS,SUSPEND,CORE,DEVICE,OLPC,WIMAX,INFINIBAND
,FIREWALL,ADSL,BOND,VLAN,BRIDGE,TEAM,CONCHECK,DCB
```

（4）查看网络是否启用：

```
# nmcli networking
已启用
```

（5）要获取所有可用的网络配置列表：

```
# nmcli connection
名称                  UUID                                   类型       设备
virbr0    cb1d36f2-be28-4f11-96a6-fed67a1e3c82 bridge       virbr0
Wired connection 1    d4e44a18-4f63-4a5f-b8a3-e7d9470acf78 802-3-ethernet
enp0s3
enp0s3                df3ebf2a-2a6c-4618-b166-c692cb3abd32 802-3-ethernet  --
```

（6）查看主机名称：

```
# nmcli general hostname
localhost.localdomain
```

（7）修改主机名称为 cjh：

```
# nmcli general hostname cjh
```

（8）查看网络设备列表：

```
# nmcli device show
    GENERAL.设备：              wlp0s29f7u4
    GENERAL.类型：              wifi
    GENERAL.硬盘：              14:E6:E4:29:6C:16
    GENERAL.MTU：               1500
    GENERAL.状态：              100 (连接的)
    GENERAL.CONNECTION：        自动 TP-LINK_BB006E
    GENERAL.CON-PATH：          /org/freedesktop/NetworkManager/ActiveConnection/0
    IP4.地址[1]：               ip = 192.168.1.106/24, gw = 192.168.1.1
    IP4.DNS[1]：                101.226.4.6
    IP4.DNS[2]：                8.8.8.8
    IP6.地址[1]：               ip = fe80::16e6:e4ff:fe29:6c16/64, gw = ::

    GENERAL.设备：              virbr0
    GENERAL.类型：              bridge
    GENERAL.硬盘：              E2:FA:0A:82:15:AD
    GENERAL.MTU：               1500
    GENERAL.状态：              70 (连接中(获得 IP 配置))
    GENERAL.CONNECTION：        virbr0
    GENERAL.CON-PATH：          /org/freedesktop/NetworkManager/ActiveConnection/1

    GENERAL.设备：              enp1s0
    GENERAL.类型：              ethernet
    GENERAL.硬盘：              00:19:66:DF:32:EF
    GENERAL.MTU：               1500
    GENERAL.状态：              20 (不可用)
    GENERAL.CONNECTION：        --
```

```
GENERAL.CON-PATH:                 --
WIRED-PROPERTIES.容器:            关

GENERAL.设备:                     lo
GENERAL.类型:                     loopback
GENERAL.硬盘:                     00:00:00:00:00:00
GENERAL.MTU:                      65536
GENERAL.状态:                     10 (未管理)
GENERAL.CONNECTION:               --
GENERAL.CON-PATH:                 --
IP4.地址[1]:                      ip = 127.0.0.1/8, gw = 0.0.0.0
IP6.地址[1]:                      ip = ::1/128, gw = ::
```

（9）查看一个指定的网络设置，这里指定为无线网卡：

```
# nmcli device show wlp0s29f7u4
GENERAL.设备:                     wlp0s29f7u4
GENERAL.类型:                     wifi
GENERAL.硬盘:                     14:E6:E4:29:6C:16
GENERAL.MTU:                      1500
GENERAL.状态:                     100 (连接的)
GENERAL.CONNECTION:               自动 TP-LINK_BB006E
GENERAL.CON-PATH:                 /org/freedesktop/NetworkManager/ActiveConnection/0
IP4.地址[1]:                      ip = 192.168.1.106/24, gw = 192.168.1.1
IP4.DNS[1]:                       101.226.4.6
IP4.DNS[2]:                       8.8.8.8
IP6.地址[1]:                      ip = fe80::16e6:e4ff:fe29:6c16/64, gw = ::
```

（10）显示无线热点：

```
# nmcli d wifi
*  SSID                  型号      CHAN   频率        信号    BARS       安全性
   hyp_home              nfra      13     54 MB/s     64                 WPA2
   superzhang            Infra     1      54 MB/s     57                 WPA1 WPA2
   TP-LINK_BA37          Infra     1      54 MB/s     40                 WPA1 WPA2
   gehua03111406180949960          Infra 1   54 MB/s     45                          WPA2
   feng                  Infra     6      54 MB/s     45                 WPA1 WPA2
   2-1202                Infra     6      54 MB/s     44                 WPA1 WPA2
```

（11）连接一个无线热点：

```
# nmcli d wifi connect TP-LINK_BA37 password '12345678901234567890123456'
```

这里 SSID 名称是"TP-LINK_BA37"，密码是"12345678901234567890123456"。

（12）设置网络接口 ens3。

先把 IP 地址设置为 192.168.122.7，子网掩码设置为 255.255.255.0，网关设置为 192.168.122.1，命令如下：

```
# nmcli connection add con-name ens3 type ethernet ifname ens3 ip4
192.168.122.7/24 gw4 192.168.122.1
Connection 'ens3' (69bf76bb-71d3-4704-8b04-f09e21d9796d) successfully added.
```

然后加入 DNS 地址 192.168.122.1，命令如下：

```
# nmcli connection modify ens3 +ipv4.dns 192.168.122.1
```

启动网络接口，命令如下：

```
# nmcli connection up ens3
Connection successfully activated (D-Bus active path: /org/freedesktop/
NetworkManager/ActiveConnection/2)
```

 说明

以上操作实际是编辑网卡配置文件 /etc/sysconfig/network-script/ifcfg-ens3。

最后进行验证。

查看 IP 地址：

```
# ip addr show ens3
2: ens3: <BROADCAST,MULTICAST,UP,LOWER_UP> mtu 1500 qdisc pfifo_fast state UP qlen 1000
    link/ether 52:54:00:b4:0a:a3 brd ff:ff:ff:ff:ff:ff
    inet 192.168.122.7/24 brd 192.168.122.255 scope global ens3
       valid_lft forever preferred_lft forever
    inet6 fe80::5054:ff:feb4:aa3/64 scope link
       valid_lft forever preferred_lft forever
```

查看 ens3 详细情况：

```
# nmcli connection show ens3
connection.id:                          ens3
connection.uuid:                        69bf76bb-71d3-4704-8b04-f09e21d9796d
connection.interface-name:              ens3
connection.type:                        802-3-ethernet
connection.autoconnect:                 yes
connection.timestamp:                   1408114329
connection.read-only:                   no
connection.permissions:
connection.zone:                        --
connection.master:                      --
connection.slave-type:                  --
connection.secondaries:
connection.gateway-ping-timeout:        0
802-3-ethernet.port:                    --
802-3-ethernet.speed:                   0
802-3-ethernet.duplex:                  --
802-3-ethernet.auto-negotiate:          yes
802-3-ethernet.mac-address:             --
802-3-ethernet.cloned-mac-address:      --
802-3-ethernet.mac-address-blacklist:
802-3-ethernet.mtu:                     auto
802-3-ethernet.s390-subchannels:
802-3-ethernet.s390-nettype:            --
802-3-ethernet.s390-options:
ipv4.method:                            manual
ipv4.dns:                               192.168.122.1
ipv4.dns-search:
```

```
ipv4.addresses:                    { ip = 192.168.122.7/24, gw = 192.168.122.1 }
ipv4.routes:
ipv4.ignore-auto-routes:           no
ipv4.ignore-auto-dns:              no
ipv4.dhcp-client-id:               --
ipv4.dhcp-send-hostname:           yes
ipv4.dhcp-hostname:                --
ipv4.never-default:                no
ipv4.may-fail:                     yes
ipv6.method:                       auto
ipv6.dns:
ipv6.dns-search:
ipv6.addresses:
ipv6.routes:
ipv6.ignore-auto-routes:           no
ipv6.ignore-auto-dns:              no
ipv6.never-default:                no
ipv6.may-fail:                     yes
ipv6.ip6-privacy:                  -1 (unknown)
ipv6.dhcp-hostname:                --
GENERAL.NAME:                      ens3
GENERAL.UUID:                      69bf76bb-71d3-4704-8b04-f09e21d9796d
GENERAL.DEVICES:                   ens3
GENERAL.STATE:                     activated
GENERAL.DEFAULT:                   yes
GENERAL.DEFAULT6:                  no
GENERAL.VPN:                       no
GENERAL.ZONE:                      --
GENERAL.DBUS-PATH: /org/freedesktop/NetworkManager/ActiveConnection/2
GENERAL.CON-PATH:  /org/freedesktop/NetworkManager/Settings/6
GENERAL.SPEC-OBJECT:               --
GENERAL.MASTER-PATH:               --
IP4.ADDRESS[1]:              ip = 192.168.122.7/24, gw = 192.168.122.1
IP6.ADDRESS[1]:              ip = fe80::5054:ff:feb4:aa3/64, gw = ::
active
```

查询 DNS 地址：

```
# nmcli connection show ens3 | grep dns
ipv4.dns:                          192.168.122.1
ipv4.dns-search:
ipv4.ignore-auto-dns:              no
ipv6.dns:
ipv6.dns-search:
ipv6.ignore-auto-dns:              no
```

（13）删除一个网络连接：

```
# nmcli connection delete ens3
```

> 说明
>
> 实际上是删除/etc/sysconfig/network-scripts/ifcfg-ens3 文件。

5.4.2 ip 命令

1. 简介

ip 命令可用来显示或操纵 Linux 主机的路由、网络设备、策略路由和隧道，是 Linux 操作系统中较新的功能强大的网络配置工具。**ip** 命令和 **ifconfig** 类似，但 ip 命令功能更强大，旨在取代 ifconfig 命令。使用 ip 命令，只需一个命令，就能很轻松地执行一些网络管理任务。ifconfig 是 net-tools 软件包中的一个命令，已经许多年没有维护了。iproute2 套件里提供了许多增强功能的命令，ip 命令就是其中之一。net-tools 软件包包括：ifconfig、netstat、arp、route 等命令，现在使用 ip 命令就可以实现 ifconfig、netstat、arp、route 等命令的功能。

ip 命令的用法如下：

```
ip(选项)(参数)
```

ip 命令中的选项如下。

- -V：显示指令版本信息。
- -s：输出更详细的信息。
- -f：强制使用指定的协议族。
- -4：指定使用的网络层协议是 IPv4 协议。
- -6：指定使用的网络层协议是 IPv6 协议。
- -0：输出信息，每条记录输出在一行，即使内容较多也不换行显示。
- -r：显示主机时，不使用 IP 地址，而使用主机的域名。

ip 命令中的参数如下。

- 网络对象：指定要管理的网络对象。
- 具体操作：对指定的网络对象完成具体操作。
- help：显示网络对象支持的操作命令的帮助信息。

2. 应用实例

（1）设置和删除 IP 地址。

给机器设置一个 IP 地址，可以使用下列 ip 命令：

```
# ip addr add 192.168.0.193/24 dev wlan0
```

请注意 IP 地址有一个后缀，如/24。这种用法用于在无类域间路由（CIDR）中来显示所用的子网掩码。该例子中的 IP 地址的子网掩码是 255.255.255.0。

设置好 IP 地址后，查看其是否已经生效的命令如下：

```
$ ip addr show wlan0
```

也可以使用类似于设置 IP 地址命令的命令来删除 IP 地址，只需用参数 del 代替参数

add 即可：

```
# ip addr del 192.168.0.193/24 dev wlan0
```

（2）显示和设置路由表。

ip 命令的路由对象的参数可以帮助你查看网络中的路由数据，查看路由表的命令如下：

```
$ ip route show
```

要更改默认路由，请使用如下 ip 命令：

```
# ip route add default via 192.168.0.196
```

（3）显示网络统计数据。

使用 ip 命令可以显示不同网络接口的统计数据，具体命令如下：

```
# ip statistics all interfaces
```

当你需要获取一个特定网络接口的信息时，只需在网络接口名字后面添加选项 ls 即可。使用选项-s 会为你提供这个特定接口更详细的信息，特别是在排除网络连接故障时非常有用，具体命令如下：

```
$ ip -s -s link ls p2p1
```

（4）查看 ARP 信息。

地址解析协议（ARP）用于将一个 IP 地址转换成其对应的物理地址，也就是通常所说的 MAC 地址。使用 ip 命令的 neigh 或者 neighbour 选项，你可以查看接入你所在的局域网的设备的 MAC 地址，具体命令如下：

```
$ ip neighbour
```

（5）监控 netlink 消息。

使用 ip 命令的 monitor 选项，可以查看 netlink 消息，如你所在的局域网的一台计算机根据它的状态可以被分类成 REACHABLE 或者 STALE，具体命令如下：

```
$ ip monitor all
```

（6）激活和停止网络接口。

使用 ip 命令的 up 或 down 选项来激活或停止某个特定的接口，其功能与 ifconfig 一样，具体命令如下：

```
# ip link set ppp0 down
```

或

```
# ip link set eth0 up
```

5.5 配置 Bonding 和 Teaming

5.5.1 Bonding 和 Teaming 简介

bonding 可以翻译为绑定，Bonding 技术是一种将多块网卡虚拟成为一块网卡，使其具有相同的 IP 地址，从而提升主机的网络吞吐量的技术。2.x 版本后的 Linux 内核提供了 Bonding 技术的支持。类似的技术其实在 SUN 和 Cisco 中已经存在，分别称为 Trunking 技术和 Etherchannel 技术。

为了提高网络容错能力或吞吐量，大多服务器都会采取多网卡绑定策略。Bonding 技术从 Red Hat Enterprise Linux 5.0 开始被使用，后来 Red Hat Enterprise Linux 7.0 开始提供了一项新的实现技术——Teaming。Teaming 技术的具体原理及 Teaming 技术与 Bonding 技术对比列表可以参考 Red Hat 官方博客。简单来说，Bonding 技术是让一个网络请求可以通过多个链路的技术，所以其带宽为所有链路之和。Teaming 技术是让一个网络请求只能通过一个链路完成的技术。对于高并发访问的环境，Teaming 技术能提高吞吐率，但不能提高某一个网络请求的速度。所以在 Red Hat Enterprise Linux 8.0 操作系统中，Teaming 技术没有完全取代 Bonding 技术，它们是并存的，我们可以选择 Teaming 技术，也可以选择 Bonding 技术。

5.5.2 配置 Bonding

一般来讲，生产环境必须提供 7×24h 的网络传输服务。借助网卡 Bonding 技术，不仅可以提高网络传输速度，更重要的是，还可以确保在其中一块网卡出现故障时，依然可以正常提供网络服务。如果我们对两块网卡实施了 Bonding 技术，那么在正常工作中它们会共同传输数据，这使得网络传输的速度变得更快；而且如果有一块网卡突然出现了故障，另外一块网卡便会立即自动顶替上去，从而保证数据传输不会中断。目前有如下两种常见的双网卡绑定模式。

- activebackup——主备模式
  一个网卡处于活动状态，另一个网卡处于备份状态，所有流量都在主链路上处理，当活动网卡失效时，启用备份网卡。
- roundrobin——轮询模式
  所有链路处于负载均衡状态，这种模式增加了带宽，具有一定容错能力。

下面以主备模式为例来进行示例配置。

（1）首先，使用如下命令查询网卡名称：

```
# nmcli dev
DEVICE           TYPE        STATE      CONNECTION
enp0s17          ethernet    已连接      配置 1
enp0s3           ethernet    已连接      enp0s3
docker0          bridge      已连接      docker0
virbr0           bridge      已连接      virbr0
lo               loopback    未托管      --
virbr0-nic       tun         未托管      --
```

上面的输出显示有两个以太网卡，enp0s17 和 enp0s3。

（2）然后，将 enp0s17 和 enp0s3 绑定。

在命令行界面输入 **nmtui** 命令，启动 nmtui 配置网卡工具，选择"**Edit a connection**"（编辑一个连接）选项（见图 5-12），按下 Enter 键。

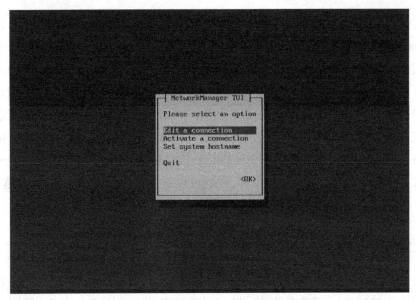

图 5-12　选择"Edit a connection"选项

在弹出的界面中，选择左侧栏中的"bond1"选项后，选择右侧栏中的"**Add**"选项，然后按下 Enter 键。在弹出的对话框中，选择"**Bond**"选项，然后选择"Create"按钮（见图 5-13）。

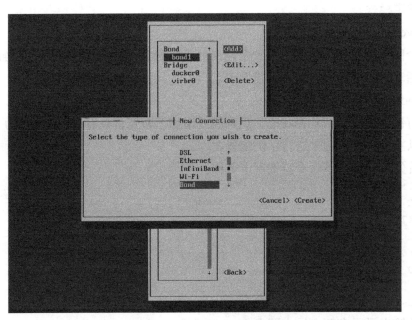

图 5-13　选择网卡类型

在弹出的"Edit Connection"界面中的"Profile name"文本框中输入网卡的名称 **bond1**，将 **Mode**（绑定的模式）设置为 **Active Backup**（主备）。使用 DHCP 自动获取 IP 地址（如果需要手动指定 IP 地址，则应修改 IPv4 CONFIGURATION 的配置），然后选择"**Add**"选项，按下 Enter 键（见图 5-14），完成需要绑定的网卡的添加。

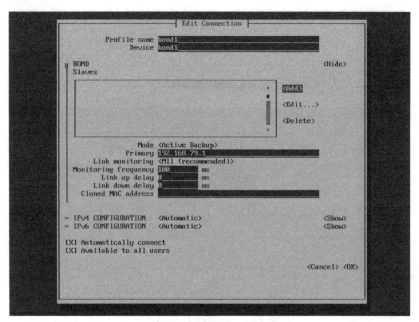

图 5-14 设置 bond 参数

选择网卡类型：将网卡类型设置为 **Ethernet**（以太网）然后选择"Create"按钮确认。在弹出的"Edit Connection"界面中的"Profile name"文本框中输入网卡名称 enp0s3，其他选项保留默认值，然后选择"OK"按钮（见图 5-15）。

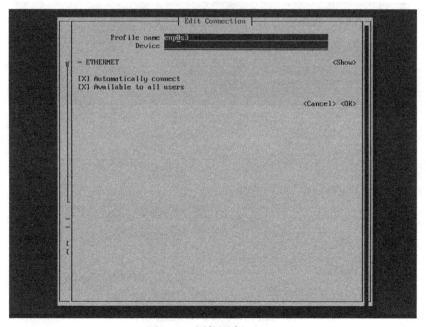

图 5-15 添加网卡 enp0s3

使用相同的步骤把另外一个网卡 enp0s17 添加进来，如图 5-16 所示。添加完两个网卡后选择"OK"按钮。

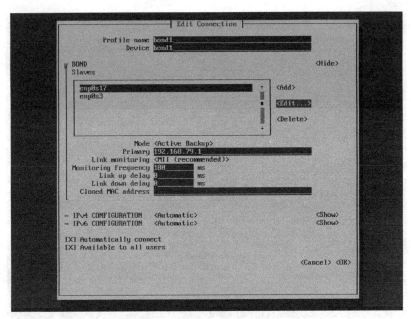

图 5-16 添加网卡 enp0s17

按 ESC 键，返回命令行界面，输入命令 **systemctl restart network**，重启网络服务。输入命令 **ifconfig**，查看 bond1 获取的 IP 地址。在主备模式下三个网卡的 MAC 相同，说明配置成功，如图 5-17 所示。

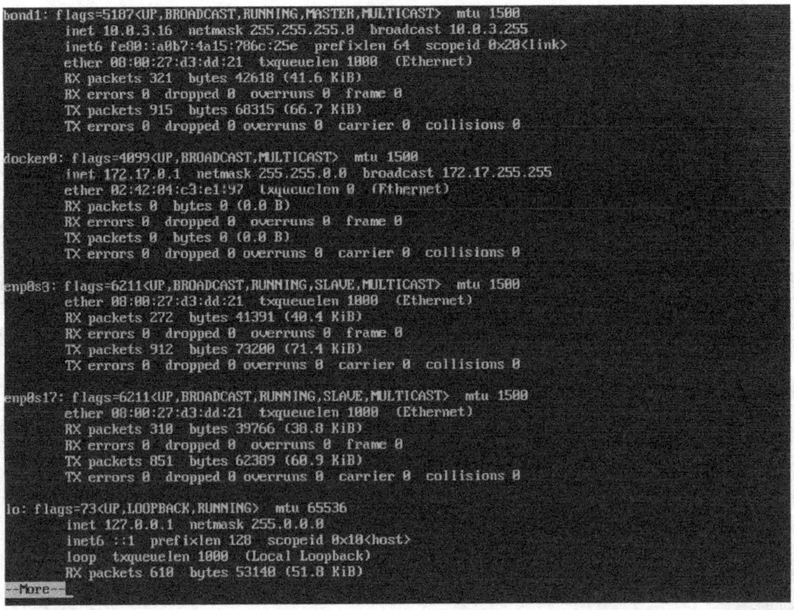

图 5-17 验证 IP 地址

从图 5-17 中可以看到 bond1 的 IP 地址是 10.0.3.16，MAC 是 08:00:27:d3:dd:21。enp0s17 和 enp0s3 的 MAC 也是 08:00:27:d3:dd:21。最后可以 ping 一下网关 IP 地址，如果通了，则说明配置的绑定是成功的。

5.5.3 配置 Teaming

简单来讲，Teaming 技术就是把同一台服务器上的多个物理网通过软件绑定成一个虚拟的网卡，也就是说，对于外部网络而言，这台服务器只有一个可见网卡。对于任何应用程序，以及本服务器所在的网络，这台服务器只有一个网络链接或者说只有一个可以访问的 IP 地址。Teaming 技术除了可以利用多网卡同时工作来提高网络速度，还可以实现不同网卡之间的负载均衡（Load balancing）和网卡冗余（Fault tolerance）。

（1）安装软件包，具体命令如下：

```
# dnf -y install teamd
```

（2）查看网络连接情况，具体命令如下：

```
# nmcli connection show
NAME                 UUID                                  TYPE      DEVICE
enp1s0               498869bb-0d88-4a4c-a83a-c491d1040b0b  ethernet  enp1s0
Wired connection 1   48b9eacf-eb8b-348b-a44d-1d74ba22a6d6  ethernet  enp7s0
Wired connection 2   10d1def1-39dc-3468-b9cd-263e72424383  ethernet  enp8s0
```

命令输出显示用作从属的网络接口是 enp7s0 和 enp8s0（接下来的操作就是把 enp7s0 和 enp8s0 配置为一个 team）。

（3）断开 enp7s0 和 enp8s0 连接状态，具体命令如下：

```
# nmcli connection delete    48b9eacf-eb8b-348b-a44d-1d74ba22a6d6
# nmcli connection delete    10d1def1-39dc-3468-b9cd-263e72424383
```

上述命令中的 10d1def1-39dc-3468-b9cd-263e72424383 是 enp8s0 的 UUID，48b9eacf-eb8b-348b-a44d-1d74ba22a6d6 是 enp7s0 的 UUID.。

（4）查看网卡连接状态，具体命令如下：

```
nmcli device status
DEVICE   TYPE      STATE         CONNECTION
enp1s0   ethernet  connected     enp1s0
enp7s0   ethernet  disconnected  --
enp8s0   ethernet  disconnected  --
lo       loopback  unmanaged     --
```

（5）建立一个 team，其名称是 team0，使用负载均衡模式，具体命令如下：

```
# nmcli connection add type team con-name team0 ifname team0 config '{ "runner": {"name": "loadbalance"}, "link_watch": {"name": "ethtool"}}'
```

（6）设置 team 的 IP 地址、DNS 和自动连接等参数，具体命令如下：

```
# nmcli con mod team0 ipv4.addresses 192.168.121.10/24
# nmcli con mod team0 ipv4.gateway 192.168.121.1
# nmcli con mod team0 ipv4.dns 8.8.8.8
# nmcli con mod team0 ipv4.method manual
# nmcli con mod team0 connection.autoconnect yes
```

（7）添加 enp7s0 和 enp8s0 到 team0，具体命令如下：

```
# nmcli con add type team-slave con-name team0-slave0 ifname enp7s0 master team0
# nmcli con add type team-slave con-name team0-slave1 ifname enp8s0 master team0
```

该命令会在 /etc/sysconfig/network-scripts/ 目录下创建需要的配置文件。

（8）重启网络连接，具体命令如下：
```
# nmcli connection down team0
# nmcli connection up team0
```
（9）查看 team 配置，具体命令如下：
```
$ ip addr show dev team0
8: team0: mtu 1500 qdisc noqueue state UP group default qlen 1000
   link/ether 52:54:00:74:99:a9 brd ff:ff:ff:ff:ff:ff
   inet 192.168.121.10/24 brd 192.168.121.255 scope global noprefixroute team0
      valid_lft forever preferred_lft forever
   inet6 fe80::4c51:96b:c24e:ede9/64 scope link noprefixroute
      valid_lft forever preferred_lft forever
```
（10）查看虚拟网卡信息。使用专用命令 teamdctl，可以查看 team0 的网卡信息：
```
$ teamdctl team0 state
 setup:
   runner: loadbalance
 ports:
   enp7s0
     link watches:
       link summary: up
       instance[link_watch_0]:
         name: ethtool
         link: up
         down count: 0
   enp8s0
     link watches:
       link summary: up
       instance[link_watch_0]:
         name: ethtool
         link: up
         down count: 0
```
如果想实时监控网络使用情况，可以通过 watch -n 1 "teamdctl team0 state" 命令来实现。

（11）删除 team。先查看当前连接状态，具体命令如下：
```
# nmcli connection show
NAME          UUID                                  TYPE      DEVICE
enp1s0        498869bb-0d88-4a4c-a83a-c491d1040b0b  ethernet  enp1s0
team0         f763a709-3956-497f-b92c-5c06f848bee7  team      team0
team0-slave0  daa6fc23-cdef-40b1-9b9d-5157d6ff3910  ethernet  enp7s0
team0-slave1  a20cf7ee-fb08-4270-a6e7-b6e20cb490dc  ethernet  enp8s0
```
然后停止 team0 网络连接，具体命令如下：
```
# nmcli connection down team0
```
然后删除组成 team0 的两个网卡：
```
$ nmcli connection delete team0-slave0 team0-slave1
```
最后删除 team0：
```
$ nmcli connection delete team0
Connection 'team0' (f763a709-3956-497f-b92c-5c06f848bee7) successfully dele
```

5.6 使用 Web 控制台管理网络接口

Red Hat Enterprise Linux 8.0 包含可用于系统管理的 Web 控制台（Web 控制台就是 Cockpit）。Cockpit 可用于执行许多基本系统配置和管理任务，包括监视系统资源、查看日志、配置网络和防火墙规则，以及更新软件包。本节介绍如何使用 Cockpit 通过 Web 控制台配置网络接口和防火墙规则，以及查看重要的网络信息和统计信息。

5.6.1 登录 Cockpit Web 控制台，进入网络配置页面

在 Web 浏览器中，使用 HTTPS 在端口 9090 上通过系统的主机名或 IP 地址转到 Cockpit Web 控制台，然后使用系统用户账户登录，如 https://myserver.example.com:9090，如果要登录本地主机，则可以使用 https://localhost:9090。

登录 Cockpit Web 控制台后，默认情况下会显示"系统信息"页面。单击屏幕左侧导航面板中的"网络"选项，即可进入网络配置界面（见图 5-18）。

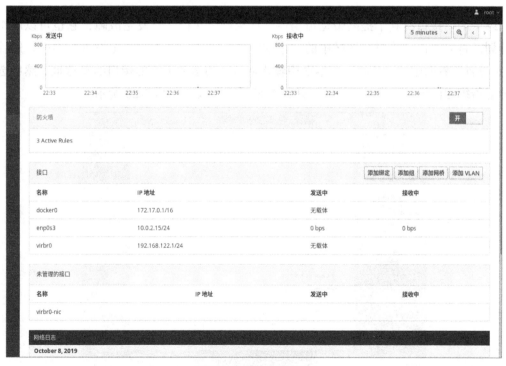

图 5-18　网络配置界面

5.6.2 配置网络接口

网络配置界面中的"接口"选区用于显示分配给系统的物理网络接口和虚拟接口。在图 5-18 中可以看到接口的名称、IP 地址和网络接口的活动状态。单击"名称"选项，即可显示 IP 相关信息和选项，从而对它们进行手动配置，如图 5-19 所示。也可以通过切换自

动连接选项来选择重启的网卡处于非活动状态。要启用或禁用网络接口，请单击相应的开关。

图 5-19　配置接口

5.6.3　绑定网络接口

绑定网络接口有利于提高带宽可用性。如果网络接口之一发生故障，它也可以用作冗余计划。首先单击"接口"选区中的"添加绑定"按钮。进入"绑定设置"界面。然后在"绑定设置"界面中的"名称"文本框中输入名称，勾选要绑定的接口的复选框。然后选择要分配给绑定的接口的 MAC 地址，并设置模式等参数，如图 5-20 所示。

图 5-20　绑定网络接口

5.6.4　配置 team

如果想要创建 team，则需要单击"接口"选区中的"添加组"按钮，进入"组设置"界面，如图 5-21 所示。

图 5-21 "组设置"界面

在"组设置"界面完成相应设置后,单击"应用"按钮,返回网络配置界面。

5.6.5 配置网桥

网桥是结合了多个网络适配器的网络连接。一个很好的网桥的例子是将物理接口与虚拟接口相结合,就像创建并用于 KVM 虚拟化的接口一样。下面是一个将 enp8s0 接口与 virbr0 虚拟接口桥接的示例。

单击"接口"选区中的"添加网桥"按钮,打开"网桥设置"界面(见图 5-22)。在"名称"文本框中输入相应名称,然后选择要桥接的接口。如果要启用生成树协议(STP),则需要勾选"生成树协议(STP)"复选框。完成相应设置后,单击"应用"按钮即可。

图 5-22 "网桥设置"界面

5.6.6 添加 VLAN

Cockpit 允许管理员使用系统上的任何接口来创建 VLAN 或虚拟网络。单击"接口"

选区中的"添加 VLAN"按钮,然后选择一个接口,打开"VLAN 设置"界面,如图 5-23 所示。

图 5-23 "VLAN 设置"界面

通过选择"父"下拉列表中的选项,来分配 VLAN ID,并根据需要指定一个新名称。在默认情况下,名称是父名称后跟一个点和 VLAN ID。例如,VLAN ID 1 的接口 enp0s8,其默认的名称为 enp0s8.1。设置完成后,单击"应用"按钮保存设置,返回网络配置界面。

第 6 章

Linux 用户管理

6.1 基于命令行的 21 个用户管理工具

6.1.1 useradd：建立用户

作用：useradd 命令用来建立用户账号和创建用户的起始目录。

用法：useradd [选项] 登录

　　　useradd -D

　　　useradd -D [选项]

主要选项：

- -b, --base-dir BASE_DIR：新账户的主目录的基目录。
- -c, --comment COMMENT：新账户的 GECOS 字段。
- -d, --home_dir HOME_DIR：新账户的主目录。
- -D, --defaults：显示或更改默认的 useradd 配置。
- -e, --expiredate EXPIRE_DATE：新账户的过期日期。
- -f, --inactive INACTIVE：新账户的密码不活动期。
- -g, --gid GROUP：新账户主组的名称或 ID。
- -G, --groups GROUPS：新账户的附加组列表。
- -h, --help：显示帮助信息并退出。
- -k, --skel SKEL_DIR：使用此目录作为骨架目录。
- -K, --key KEY=VALUE：不使用/etc/login.defs 中的默认值。
- -l, --no-log-init：不要将此用户添加到最近登录和登录失败的数据库。
- -m, --create-home：创建用户的主目录。
- -M, --no-create-home：不创建用户的主目录。

- -N, --no-user-group：不创建同名的组。
- -o, --non-unique：允许使用重复的 UID 创建用户。
- -p, --password PASSWORD：加密后的新账户密码。
- -r, --system：创建一个系统账户。
- -R, --root CHROOT_DIR：chroot 到的目录（chroot 即 change root，表示改变程序执行时所参考的根目录位置。）。
- -s, --shell SHELL：新账户的登录 shell。
- -u, --uid UID：新账户的用户 ID。
- -U, --user-group：创建与用户同名的组。
- -Z, --selinux-user SEUSER：为 SELinux 用户映射使用指定 SEUSER。

📖 应用实例

（1）创建普通用户。

创建用户，其登录名为 cjh，并产生一个主目录/usr/cjh（/usr 是默认的用户主目录所在的父目录），具体命令如下：

```
# useradd -d /usr/cjh -m cjh
```

（2）新建特定用户 gem。

该用户的登录 shell 是/bin/sh，它既属于 group 用户组，又属于常规用户和 root 用户组，其中 group 用户组是主组，具体命令如下：

```
# useradd -s /bin/sh -g group -G adm,root gem
```

（3）查看 useradd 命令的默认设置：

```
# useradd -D
GROUP=100
HOME=/home
INACTIVE=-1
EXPIRE=
SHELL=/bin/bash
SKEL=/etc/skel
```

默认设置保存在/etc/default/useradd 文件中。

6.1.2　userdel：删除用户

作用：userdel 命令用来删除用户。

用法：userdel [选项] 登录

主要选项：

- -h, --help：显示帮助信息并退出。
- -r, --remove：删除主目录和邮件池。
- -R, --root CHROOT_DIR：chroot 到的目录。

- -Z, --selinux-user：为用户删除所有 SELinux 用户映射。
- -r：把用户的主目录一起删除。
- -f：强制删除用户，即使用户当前已登录。

📖 应用实例

删除用户的命令如下：
```
# userdel -r cjh
```
此命令在删除用户 cjh 在系统文件（/etc/passwd、/etc/shadow、/etc/group）中的记录的同时会删除用户的主目录。请不要轻易用-r 选项；该选项在删除用户的同时会删除用户所有文件和目录。如果用户目录下有重要的文件，一定要在删除前备份。

6.1.3 usermod：修改已有用户的信息

作用：usermod 命令用来修改已有用户的信息，即更改用户的相关属性，如用户 ID、主目录、用户组、登录 shell 等。

用法：usermod [选项] 登录

主要选项：

- -c, --comment：GECOS 字段的新值。
- -d, --home HOME_DIR：用户的新主目录。
- -e, --expiredate EXPIRE_DATE：设定账户的过期日期为 EXPIRE_DATE。
- -f, --inactive INACTIVE：过期 INACTIVE 天后，设定密码为失效状态。
- -g, --gid GROUP：强制使用 GROUP 为新主组。
- -G, --groups GROUPS：新的附加组列表 GROUPS。
- -a, --append GROUP：将用户追加至-G 选项中提到的附加组列表中，并且其他组列表中不删除此用户。
- -h, --help：显示帮助信息并退出。
- -l, --login LOGIN：新的登录名称。
- -L, --lock：锁定用户账号。
- -m, --move-home：将主目录内容移至新位置（仅与-d 选项一起使用）。
- -o, --non-unique：允许使用重复的（非唯一的）UID。
- -p, --password PASSWORD：将加密的密码设为新密码。
- -R, --root CHROOT_DIR：chroot 到的目录。
- -s, --shell SHELL：该用户账号的新的登录 shell。
- -u, --uid UID：用户账号的新 UID。
- -U, --unlock：解锁用户账号。
- -Z, --selinux-user SEUSER：用户账户的新 SELinux 用户映射。

应用实例

将用户 cjh 的登录 shell 修改为 tcsh，主目录修改为/home/cjh，用户组修改为 developer：
```
# usermod -s /bin/ tcsh -d /home/cjh -g developer cjh
```

6.1.4 passwd：设置密码

作用：passwd 命令用来修改账户的登录密码。

用法：passwd[选项]<账户名称>

主要选项：

- -k, --keep-tokens：保持身份验证令牌不过期。
- -d, --delete：删除已命名账号的密码（只有 root 用户才能进行此操作）。
- -l, --lock：锁定指定账户的密码（仅限 root 用户）。
- -u, --unlock：解锁指定账户的密码（仅限 root 用户）。
- -e, --expire：终止指定账户的密码（仅限 root 用户）。
- -f, --force：强制执行操作。
- -x, --maximum=DAYS：密码的最长有效时限（只有 root 用户才能进行此操作）。
- -n, --minimum=DAYS：密码的最短有效时限（只有 root 用户才能进行此操作）。
- -w, --warning=DAYS：在密码过期前多少天开始提醒用户（只有 root 用户才能进行此操作）。
- -i, --inactive=DAYS：在密码过期后多少天该账号会被禁用（只有 root 用户才能进行此操作）。
- -S, --status：报告已命名账号的密码状态（只有 root 用户才能进行此操作）。
- --stdin：从标准输入读取令牌（只有 root 用户才能进行此操作）。

应用实例

（1）修改用户密码。

如果当前用户是 cjh，则可以使用如下命令修改该用户自己的密码：
```
$ passwd
Old password:******
New password:*******
Re-enter new password:*******
```
如果当前用户是 root 账户，则可以使用如下命令指定任何用户的密码：
```
# passwd cjh
New password:*******
Re-enter new password:*******
```

说明

当普通用户修改自己的密码时，passwd 命令会先询问原密码，验证后再要求用户输入两次新密码，如果两次输入的密码一致，则将这个密码指定给用户；而 root 账户在为用户指定密码时，不需要知道原密码。为了系统安全，用户应该选择比较复杂的密码，如使用长度为 8 位的包含大写字母、小写字母和数字，并且与姓名、生日无关的密码。

（2）为用户指定空密码。

如下命令可将用户 cjh 的密码删除，在用户 cjh 下次登录时，系统将不再询问密码：

```
# passwd -d cjh
```

（3）临时锁定一个用户登录。

有时需要让一个用户暂时不能登录，此时可使用如下命令实现（只有 root 账户才可以使用这个选项）：

```
# passwd -l cjh
```

（4）解锁用户账号。

恢复被锁定用户的登录权限，可使用如下命令实现（只有 root 账户才可以使用这个选项）：

```
# passwd -u cjh
```

6.1.5　groupadd：添加组

作用：groupadd 命令用于将新组添加到系统中。

用法：groupadd [选项] 组

使用权限：root 账户。

主要选项：

- -f, --force：如果组已经存在，则成功退出，而且如果 GID 已经存在，则取消-g。
- -g, --gid GID：为新组使用 GID。
- -h, --help：显示帮助信息并退出。
- -K, --key KEY=VALUE：不使用/etc/login.defs 中的默认值。
- -o, --non-unique：允许创建有重复 GID 的组。
- -p, --password PASSWORD：为新组使用经过加密的密码。
- -r, --system：创建一个系统账户。
- -R, --root CHROOT_DIR：chroot 到的目录。

应用实例

建立一个新组，并设置组 ID：

```
# groupadd -g  744 cjh
```

此时在/etc/passwd 文件中产生了一个组 ID（GID）为 744 的项目。

6.1.6 groupdel：删除组账户

作用：groupdel 命令用来删除组账户。

用法：groupdel 组账户名

🔍 **说明**

groupdel 命令无选项。可以使用 groupdel 命令删除一个已有的组账户，但是该账户不能作为所有组被其他用户引用。

📖 **应用实例**

用户 ab 将组账户 bjh 作为其私有组时，不能直接删除组账户 bjh，需要先删除用户 ab，再删除组账户 bjh，命令如下：

```
# userdel -r ab
# groupdel bjh
```

6.1.7 groupmod：修改组

作用：groupmod 命令用来修改用户组的属性。

用法：groupmod [选项] 组

主要选项：

- -g, --gid GID：将组 ID 改为 GID。
- -h, --help：显示帮助信息并退出。
- -n, --new-name NEW_GROUP：修改组名为 NEW_GROUP。
- -o, --non-unique：允许使用重复的 GID。
- -p, --password PASSWORD：将密码更改为（加密过的）PASSWORD。
- -R, --root CHROOT_DIR：chroot 到的目录。

📖 **应用实例**

将组 group1 的组标识号修改为 102，命令如下：

```
# groupmod -g 102 group1
```

6.1.8 vipw：编辑/etc/passwd 文件

作用：使用 vipw 命令可以直接编辑/etc/passwd 文件。

用法：vipw [选项]

主要选项：

- -g, --group：编辑 group 数据库。
- -h, --help：显示帮助信息并退出。

- -p, --passwd：编辑 passwd 数据库。
- -q, --quiet：安静模式。
- -R, --root CHROOT_DIR：chroot 到的目录。
- -s, --shadow：编辑 shadow 或 gshadow 数据库。

🔍 说明

vipw 命令允许 root 账户编辑系统密码文件/etc/passwd。默认的编辑器是 vi，在对/etc/passwd 文件进行编辑时先锁定文件，编辑完成后再解锁，这样可以保证文件的一致性。vipw 命令的功能等同于"vi /etc/passwd"命令，但 vipw 命令的安全性更高。

6.1.9 vigr：编辑/etc/group 文件

作用：使用 vigr 命令可以直接编辑/etc/group 文件。

用法：vigr [选项]

主要选项：

- -g, --group：编辑 group 数据库。
- -h, --help：显示帮助信息并退出。
- -p, --passwd：编辑 passwd 数据库。
- -q, --quiet：安静模式。
- -R, --root CHROOT_DIR：chroot 到的目录。
- -s, --shadow：编辑 shadow 或 gshadow 数据库。

6.1.10 newgrp：转换组

作用：newgrp 命令用来将用户当前所在的组转换到指定的组账户，用户必须属于该组才能执行该命令。

用法：newgrp 要转换的用户组账户名

🔍 说明

如果一个用户同时属于多个用户组，那么用户可以在用户组之间来回切换，以便获取其他用户组的权限。用户可以在登录后，使用 newgrp 命令切换到其他用户组，该命令的参数就是目的用户组。

📖 应用实例

```
# newgrp root
```

上述命令可将当前用户切换到 root 用户组，前提条件是 root 用户组是该用户的主组或附加组。

6.1.11 groups：显示组

作用：groups 命令用来显示指定用户所属组，如果没有指定用户，则显示当前用户所属组。用户组数据库发生变更可能导致输出结果出现差异。

用法：groups[选项] [用户名]

主要选项：

- --help：在线帮助。
- --version：显示版本信息。

🔍 说明

groups 命令相当于执行 "id-Gn" 命令。

📖 应用实例

```
# groups root
root : root bin daemon sys adm disk wheel
```

根据该命令输出结果可知 root 用户属于 7 个组，分别为 root、bin、daemon、sys、adm、disk 和 wheel。

6.1.12 gpasswd：添加组

作用：gpasswd 命令用来将用户添加到组。

用法：gpasswd [选项] 组

主要选项：

- -a, --add USER：向组中添加用户 USER。
- -d, --delete USER：从组中删除用户。
- -h, --help：显示帮助信息并退出。
- -Q, --root CHROOT_DIR：chroot 到的目录。
- -r, --remove-password：移除组的密码。
- -R, --restrict：对其成员限制访问组。
- -M, --members USER,...：设置组的成员列表。
- -A, --administrators ADMIN,...：设置组的管理员列表。

除非使用 -A 或 -M 选项，否则这些选项不能结合使用。

📖 应用实例

（1）设定 user1 用户为 user 组管理员，命令如下：

```
# gpasswd -A user1 user
```

（2）取消 user1 用户的 user 组管理员设置，命令如下：

```
# gpasswd -A user
```

6.1.13 who：显示登录用户

作用：who 命令用来显示系统中有哪些用户登录及其修改信息。
用法：who [选项]... [文件 | 参数 1 参数 2]
主要选项：

- -a, --all：相当于-b、-d、--login、-p、-r、-t、-T、-u 选项的组合。
- -b, --boot：系统上次的启动时间。
- -d, --dead：显示已死亡的进程。
- -H, --heading：输出头部的标题列。
- -l，--login：显示系统登录进程。
- --lookup：尝试通过 DNS 查验主机名。
- -m：只面对和标准输入有直接交互的主机和用户。
- -p, --process：显示由 init 进程衍生的活动进程。
- -q, --count：列出所有已登录用户的登录名与用户数量。
- -r, --runlevel：显示当前的运行级别。
- -s, --short：只显示名称、线路和时间（默认）。
- -T, -w, --mesg：用 "+" "-" "?" 标注用户消息状态。
- -u, --users：列出已登录的用户。
- --message：等于-T 选项。
- --writable：等于-T 选项。
- --help：显示帮助信息并退出。
- --version：显示版本信息并退出。

📖 说明

who 命令能简单、迅速地显示登录系统的用户现状。

📖 应用实例

显示登录用户名称，命令如下：

```
# who
goodcjh2  tty1      2008-08-08 07:04
root      pts/1     2008-08-08 09:31 (192.168.40.11)
```

6.1.14 id：显示用户信息

作用：id 命令用来显示用户当前的 GID、UID、用户所属的组列表。
用法：id [选项]... [用户名称]
主要选项：

- -g：显示用户所属组的 ID。

- -G：显示用户所属附加组的 ID。
- -n：显示用户、所属组或附加组的名称。
- -r：显示实际 ID。
- -u：显示用户 ID。
- -Z, --context：为 SELinux 用户映射使用上下文。

📖 **应用实例**

显示当前登录用户的情况，命令如下：

```
# id
uid=0(root)gid=0(root)groups=0(root),1(bin),2(daemon),3(sys),4(adm),6(disk),
10(wheel)
```

6.1.15　su：切换身份

作用：su 命令用来让用户暂时切换登录身份。
用法：su [选项] [-] [USER [参数]...]
主要选项：

- -m, -p, --preserve-environment：不重置环境变量。
- -g, --group <组>：指定主组。
- -G, --supp-group <组>：指定辅助组。
- -, -l, --login：使 shell 成为登录 shell。
- -c, --command <命令>：使用-c 向 shell 传递一条命令。
- --session-command <命令>：使用-c 向 shell 传递一条命令而不创建新会话。
- -f, --fast：向 shell 传递-f 选项（csh 或 tcsh）。
- -s, --shell <shell>：若/etc/shells 允许，则运行 shell。
- -h, --help：显示帮助信息并退出。
- -V, --version：输出版本信息并退出。

🔍 **说明**

将有效用户 ID 和组 ID 更改为 USER 的 ID。单个 "-" 可视为 "-l"。如果未指定 USER，将假定为 root。

📖 **应用实例**

将 root 账户转变成一般用户，由于 root 账户对系统拥有绝对的管理权限，所以在使用 su 命令时，不需要输入密码，命令如下：

```
# su -c /root/bin/w3bak webadmin root
```

该命令使登录身份从 root 账户切换为一般使用者 webadmin，并执行/root/bin/w3bak 这个 shell 脚本，然后恢复 root 账户。

6.1.16 chsh：设置 shell

作用：chsh 命令用来更改使用者的 shell 设定。

使用权限：所有使用者。

用法：chsh [选项] [用户名]

主要选项：

- -s, --shell <shell>：指定登录 shell。
- -l, --list-shells：打印 shell 列表并退出。
- -u, --help：显示帮助信息并退出。
- -v, --version：输出版本信息并退出。
- username：用户名称。

🔍 说明

每个用户在登录系统时，都会拥有预设的 shell 环境，chsh 命令可更改其预设值。若不指定任何参数与用户名，那么 chsh 将会以应答的方式进行设置。

📖 应用实例

Red Hat Linux 默认的 shell 是 bash，可以使用 chsh 命令来更换 shell 类型。先输入账户密码，然后输入新 shell 类型，如果操作正确，那么系统将会显示 "shell change"。

```
# Changing fihanging shell for cao
Password:
New shell [/bin/bash]:   /bin/tcsh
```

在上述代码中，[ ]中的内容是目前使用的 shell。普通用户只能修改自己的 shell，root 账户可以修改全体用户的 shell。

可以使用 "chsh -l" 命令，查询系统提供哪些 shell 具体如下：

```
# chsh -l
/bin/sh
/bin/bash
/sbin/nologin
/usr/bin/sh
/usr/bin/bash
/usr/sbin/nologin
/bin/tcsh
/bin/csh
```

6.1.17 ac：显示用户在线时间的统计信息

作用：ac 命令是基于当前/var/log/wtmp 文件中的登录和退出时间输出一个关于连接时间（单位为 h）的报告。

用法：ac[选项]

主要选项：

- -d, --daily-totals：所有用户每天连接系统的时间。
- -p, --individual-totals：统计每个用户连接系统的时间，并在最后追加一个所有用户连接系统时间的累计值。
- [用户列表]：输出用户列表中包含的所有用户的连接时间的总和值。用户列表由空格分隔，不允许有通配符。
- -f, --file filename：从指定文件（不是系统的/var/log/wtmp 文件）中读取记账信息。
- -complain：当/var/log/wtmp 文件存在问题时，输出一个适当的错误信息。
- --reboots：记录计算机重新引导（reboot）至登录的时间。
- --supplants：记录用户注销后重新登录系统的时间。
- --timewarps：@WTMP_FILE_LOC 文件中的记录有时会突然跳回以前时间，但没有相应的时钟更改记录。这种情况发生时，不可能知道用户登录了多长时间。如果想要统计从登录到时间扭曲之间的时间，那么就应使用此选项。
- -a, --all-days：如果在输出日总计时间时使用了此参数，则输出每天的记录，且不忽略没有登录活动的间隔日。如果不使用此选项，那么在这些间隔日期间自然增长的时间将被列在有登录活动的日期的下面。
- --tw-leniency num：设置时间扭曲的宽限为 num 秒。/var/log/wtmp 文件中的记录可能轻微地乱了次序（最显著的情况是，当两个登录前后紧接着发生时，日志文件可能先进行了记录），其默认值为 60。
- --tw-suspicious num：设置时间扭曲的不信任值为 num 秒。如果/var/log/wtmp 文件中的两个记录超出了 num 值，那么@WTMP_FILE_LOC 文件中一定存在问题（或者你的机器已经一年没有使用了）。
- -y, --print-year：在显示日期时输出年份。
- -z, --print-zeros：即使某一类别的总计（除了全部总计）是零，仍输出此总计。
- --debug：输出冗余的内部（调试）信息。
- -V, --version：在标准输出上输出版本号并退出。
- -h, --help：在标准输出上输出使用方法并退出。

📖 应用实例

（1）显示所有用户的登录时间：

```
# ac -p
        cjh                                    2.97
        root                                  57.61
        total                                 60.59
```

（2）显示用户 cjh 的所有登录时间（包括年份）：

```
# ac -d -y -p cjh
        cjh                                    2.08
```

```
Mar 25 2010      total                    2.08
                 cjh                      0.89
Today            total                    0.89
```

6.1.18 lastlog：显示最后登录用户的用户名、登录端口和登录时间

作用：lastlog 命令用于显示最后登录用户的用户名、登录端口和登录时间。

用法：lastlog [选项]

主要选项：

- -b, --before DAYS：仅打印早于 DAYS 的最近登录记录。
- -h, --help：显示帮助信息并退出。
- -R, --root CHROOT_DIR：chroot 到的目录。
- -t, --time DAYS：仅打印晚于 DAYS 的最近登录记录。
- -u, --user LOGIN：打印 LOGIN 用户的最近登录记录。

📖 应用实例

显示最后登录用户的用户名、登录端口和登录时间：

```
# lastlog
用户名          端口       来自                最后登录时间
root           pts/2      192.168.118.1    五 3月 26 11:12:16 +0800 2014
bin                                          **从未登录过**
daemon                                       **从未登录过**
adm                                          **从未登录过**
lp                                           **从未登录过**
sync                                         **从未登录过**
shutdown                                     **从未登录过**
halt                                         **从未登录过**
mail                                         **从未登录过**
news                                         **从未登录过**
sabayon                                      **从未登录过**
pegasus                                      **从未登录过**
cjh            pts/2      192.168.118.132  五 3月 26 09:50:50 +0800 2014
cjh1                                         **从未登录过**
```

6.1.19 logname：显示当前用户登录的名称

作用：logname 命令用于显示当前用户登录的名称。

用法：logname [选项]

主要选项：

- --help：显示帮助信息并退出。
- --version：输出版本信息并退出。

📖 应用实例

显示当前登录用户的名称：
```
# logname
root
```

6.1.20 users：显示当前登录系统的用户

作用：users 命令用于显示当前登录系统的用户。

用法：users [选项][文件]

主要选项：

- --help：显示帮助信息并退出。
- --version：输出版本信息并退出。

📖 应用实例

显示当前登录到系统的用户：
```
# users
root root root
```

6.1.21 lastb：显示登录系统失败用户的相关信息

作用：列出登录系统失败用户的相关信息，并将记录的登录失败的用户名单全部显示出来。

用法：lastb [-adRx][-f <记录文件>][-n <显示列数>][账号名称...][终端机编号...]

主要选项：

- -a：把从何处登录系统的主机名称或 IP 地址显示在最后一行。
- -d：将 IP 地址转换成主机名称。
- -f<记录文件>：指定记录文件。
- -n<显示列数>,-<显示列数>：设置列出名单的显示列数。
- -R：不显示登录系统的主机名称或 IP 地址。
- -x：显示系统关机、重启、执行等级改变等信息。

🔍 说明

单独执行 lastb 命令，它会读取/var/log 目录下的名称为"btmp"的文件，并把该文件内容列出。

📖 应用实例

（1）显示最近 5 个登录失败的记录，命令如下：
```
# lastb -n 5
```

```
            pts/2         192.168.118.132    Fri Mar 26 10:09 - 10:09   (00:00)
            pts/2         192.168.118.132    Fri Mar 26 10:09 - 10:09   (00:00)
            pts/2         192.168.118.132    Fri Mar 26 10:09 - 10:09   (00:00)
cjh         pts/2         192.168.118.132    Fri Mar 26 10:09 - 10:09   (00:00)
w           pts/2         192.168.118.132    Fri Mar 26 09:34 - 09:34   (00:00)
btmp begins Thu Mar 25 20:33:50 2010
```

（2）显示 2014 年 4 月 1 日前的最近 3 个登录失败记录，命令如下：

```
# lastb -t 20140401000000 -n 3
            pts/2         192.168.118.132    Fri Mar 26 10:09 - 10:09   (00:00)
            pts/2         192.168.118.132    Fri Mar 26 10:09 - 10:09   (00:00)
            pts/2         192.168.118.132    Fri Mar 26 10:09 - 10:09   (00:00)

btmp begins Thu Mar 25 20:33:50 2010
root        ssh:notty     192.168.118.1      Thu Mar 25 23:43 - 23:43   (00:00)
root        ssh:notty     192.168.118.1      Thu Mar 25 20:33 - 20:33   (00:00)

btmp begins Thu Mar 25 20:33:50 2010
```

6.2 使用图形化工具管理用户

6.2.1 桌面用户管理工具

与 Red Hat Enterprise Linux 7.0 相比，Red Hat Enterprise Linux 8.0 没有用户和组配置工具（system-config-users），只在 GNOME 桌面的设置界面中有一个简单的用户管理接口，在桌面环境下执行"设置"→"详细信息"→"用户"命令即可打开。设置用户信息的工作界面如图 6-1 所示。

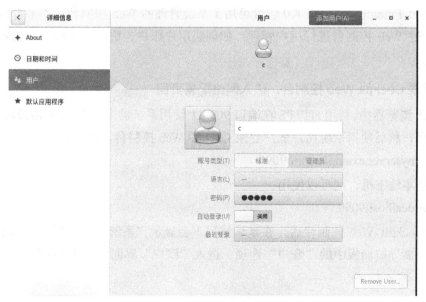

图 6-1 设置用户信息的工作界面

与用户和组配置工具相比,Red Hat Enterprise Linux 8.0 用户管理工具只能完成简单的添加用户、删除用户的操作,并不能进行一些高级的用户管理操作,如设置用户组、删除用户组等。"添加用户"界面如图 6-2 所示。

图 6-2 "添加用户"界面

6.2.2 使用 Cockpit 进行用户管理

Red Hat Enterprise Linux 8.0 包含可用于系统管理的 Web 控制台。本节介绍如何使用 Cockpit 通过 Web 控制台进行用户管理,如创建用户账户、更改其参数、锁定账户、终止用户会话。

1. 登录 Cockpit Web 控制台,进入网络配置页面

在 Web 浏览器中,利用 HTTPS 在端口 9090 上使用系统的主机名或 IP 地址转到 Cockpit Web 控制台,然后使用系统用户账户登录 Cockpit Web 控制台。例如:

https://myserver.example.com:9090

如果要登录本地主机,则可以使用:

https://localhost:9090

登录 Cockpit Web 控制台后,在默认情况下会显示"系统信息"页面。单击"系统信息"页面左侧导航面板中的"账户"选项,进入"账户"界面,如图 6-3 所示。

第 6 章 Linux 用户管理

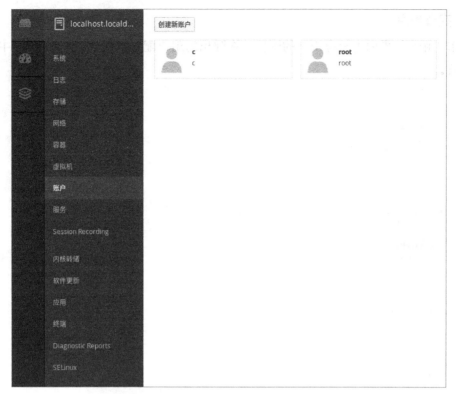

图 6-3 "账户"界面

2．创建新账户

单击"账户"界面中的"**创建新账户**"按钮，弹出"创建新账户"对话框（见图 6-4），在该对话框中输入全名、用户名、密码。其中，密码长度至少为 8 个字符，否则，将无法继续创建账户。如果安全方面有需要，请勾选"**锁定账户**"复选框，锁定的账户暂时将无法使用。

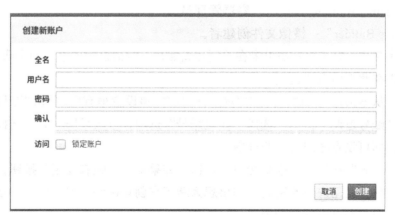

图 6-4 "创建新账户"对话框

填写完相应信息后，单击"**创建**"按钮，新用户将被添加到"账户"界面中的用户列表中。

3. 配置用户

单击"账户"界面中相应用户的图标,在弹出的用户配置界面中(见图 6-5)中对用户进行配置。

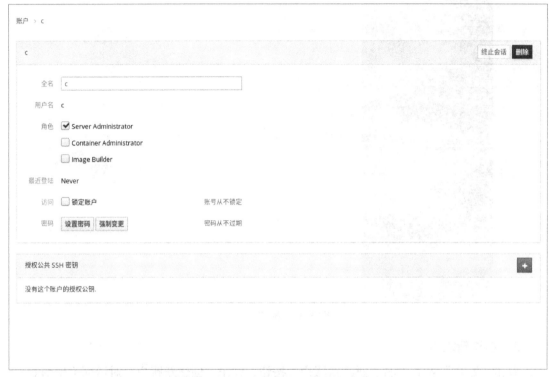

图 6-5 用户配置界面

- "Server Administrator":授予用户管理员角色,被授予此角色的用户,必须注销然后重新登录,才能使更改生效。
- "Container Administrator":容器管理员。
- "Image Builder":镜像文件创建者。
- "锁定账户"复选框:如果未在"创建新账户"对话框中勾选"**锁定账户**"复选框,也可以在此页面设置选项。
- "账号从不锁定":如果要创建临时用户账户,该设置很有用。单击"**账号从不锁定**",打开"**账号过期**"窗口,选择"**锁定账号**"选项,进入日历界面,选择账户的到期日期,即可设置账户的到期日期。
- "设置密码"按钮与"强制变更"按钮:如果单击"强制变更"按钮,那么在下次登录时将强制用户更改密码。如果想为新用户创建密码,但希望用户在登录时设置个人密码,则可进行此设置。
- "密码从不过期":在默认情况下,新创建的用户的密码设置为永不过期。如果要限制密码的有效期,则可单击"**永不过期密码**",打开"**密码过期**"窗口,选择"强制变更"选项，就可以在指定密码保持有效的天数（如果超过此天数，那么用户必须更改密码）。
- "授权公共 SSH 密钥"按钮：可以通过远程计算机添加公共 SSH 密钥，以进行无密码身份验证，该操作等效于 ssh-copy-id 命令。首先，单击"授权公共 SSH 密钥"按钮（+）；然后，从远程计算机复制公钥并将其粘贴到对应文本框中。
- "终止会话"按钮与"删除"按钮："终止会话"按钮和"删除"按钮。单击"终止会话"按钮，将立即断开用户连接。单击"删除"按钮将删除该用户，并选择是否将该账户的文件删除。

6.3 Linux 用户安全管理

6.3.1 配置密码时效

要指定用户密码的有效期，请在/etc/login.defs 文件中编辑以下设置：
- PASS_MAX_DAYS：必须更改密码的最大天数，默认值为 99 999 天。
- PASS_MIN_DAYS：允许两次密码更改间隔的最短天数，默认值为 0 天。
- PASS_WARN_AGE：密码过期前给出的警告天数，默认值为 7 天。

使用 **usermod** 命令可更改账户在锁定之前可以处于不活动状态的时间。例如，将闲置时间设置为 40 天的命令如下：

```
# usermod -f 40 username
```

6.3.2 Linux 用户配置 sudo 权限（visudo）

1．sudo 的工作过程

- 当用户执行 sudo 时，系统会主动寻找/etc/sudoers 文件，并判断该用户是否具有执行 sudo 的权限。
- 确认用户具有可执行 sudo 的权限后，让用户输入密码，以进行确认。
- 若密码输入成功，则开始执行 sudo 后续的命令。
- root 账户执行 sudo 时不需要输入密码（ eudoers 文件中配置有 root ALL=(ALL) ALL ）。
- 不需要输入密码即可切换至与执行者身份相同的身份。

2．visudo 简介

visudo 使用 vi 命令打开/etc/sudoers 文件，在保存退出时，visudo 会检查内部语法，避免用户输入错误信息，且 visudo 需要 root 权限。

3. visudo 配置过程

（1）把 root 权限发放给用户 cent，命令如下：

```
# visudo
# 添加一行
cent    ALL=(ALL)       ALL
$ sudo /usr/bin/cat /etc/shadow
```

（2）配置一些不能通过 sudo 执行的命令（如重启、关机等），命令如下：

```
# visudo
# 在第 49 行下添加
Cmnd_Alias SHUTDOWN = /usr/sbin/halt, /usr/sbin/shutdown, \
/usr/sbin/poweroff, /usr/sbin/reboot, /usr/sbin/init, /usr/bin/systemctl
cent    ALL=(ALL)       ALL, !SHUTDOWN

# groupadd usermgr
# usermod -G usermgr jack
```

（3）将 root 账户的部分权限传递到用户的 sudo，命令如下：

```
# visudo
```

添加如下内容到最后一行，使各用户拥有部分 root 账户的权限，命令如下：

```
# visudo
cent ALL=(ALL) /usr/sbin/visudo
fedora ALL=(ALL) /usr/sbin/useradd, /usr/sbin/userdel, /usr/sbin/usermod, /usr/bin/passwd
ubuntu ALL=(ALL) /bin/vi
```

6.3.3 禁止非 wheel 用户使用 SU 命令

一般来说，普通用户通过执行"su -"命令，并输入正确的 root 密码，即可登录 root 账户，对系统进行管理员级别的配置。但是，为了进一步加强系统的安全性，有必要建立一个管理员组，只允许这个组的用户通过执行"su -"命令登录为 root 账户，其他组的用户即使执行了"su -"命令并输入了正确的 root 密码，也无法登录为 root 账户。在 UNIX 和 Linux 操作系统中，这个组的名称通常为 wheel。

添加一个用户 cjh1，并将其加入管理员组：

```
# useradd cjh1
# passwd cjh1
# usermod -G wheel cjh1
```

修改配置文件：

```
# vi /etc/pam.d/su
# %PAM-1.0
auth            sufficient      pam_rootok.so
# Uncomment the following line to implicitly trust users in the "wheel" group.
# auth          sufficient      pam_wheel.so trust use_uid
# Uncomment the following line to require a user to be in the "wheel" group.
# uncomment the following line
```

```
auth        required     pam_wheel.so use_uid
auth        substack     system-auth
auth        include      postlogin
account     sufficient   pam_succeed_if.so uid = 0 use_uid quiet
account     include      system-auth
password    include      system-auth
session     include      system-auth
session     include      postlogin
session     optional     pam_xauth.so
```

保存文件并退出。

第 7 章

Linux 日常系统运维管理

7.1 Linux 引导过程

了解 Linux 引导过程可以帮助你解决系统引导过程中出现的问题。系统引导过程涉及多个文件，这些文件存在错误是系统引导过程中出现问题常见的原因。根据是使用 UEFI 来处理系统引导，还是使用旧版 BIOS 来处理系统引导，系统引导过程和配置会有所不同。

7.1.1 UEFI 引导

在运行 Red Hat Enterprise Linux 8.0 的基于 UEFI 的系统时，系统引导过程如下。

（1）UEFI 固件先执行开机自检（POST），然后查找并初始化包括硬盘在内的外围设备。

（2）UEFI 搜索具有特定全局唯一标识符（GUID）的 GPT 分区，该 GPT 分区将被标识为 EFI 系统分区（ESP），其中包含诸如引导加载程序之类的 EFI 应用程序。如果存在多个引导设备，则 UEFI 引导管理器会根据其定义的顺序来确定要使用的 ESP。如果不想使用默认定义，则可以使用 **efibootmgr** 工具定义其他顺序。

（3）UEFI 引导管理器检查，以确定是否启用了安全引导。如果未启用安全引导，则启动管理器在 ESP 上运行 GRUB 2 引导加载程序。否则，启动管理器会向启动加载程序请求证书，并针对存储在 UEFI 安全启动密钥数据库中的密钥对 GRUB 进行验证。为了处理证书验证过程，将环境配置为执行两阶段引导过程，且 shim.efi 将在加载 GRUB 2 引导加载程序前先加载负责认证的应用程序，如果证书有效，那么将引导加载程序运行，并依次验证配置为加载的内核。

（4）引导加载程序将 vmlinuz 内核 ISO 文件加载到内存中，并将 initramfs ISO 文件的内容提取到基于内存的临时文件系统（tmpfs）中。

(5) 内核从 initramfs 文件系统中加载访问根文件系统所需的驱动程序模块。

(6) 内核从 systemd 进程 ID 1 (PID 1) 启动进程。

(7) systemd 运行为其定义的所有添加过程。

7.1.2 BIOS 引导

在运行 Red Hat Enterprise Linux 8.0 的基于 BIOS 的系统时，系统引导过程如下。

(1) 系统的 BIOS 执行开机自检 (POST)，然后查找并初始化所有外围设备，包括硬盘。

(2) BIOS 从引导设备读取主引导记录 (MBR) 到内存中。MBR 用于存储该设备上的分区组织、分区表，以及用于错误检测的启动签名的信息。此外，MBR 包含指向引导加载程序 (GRUB 2) 的指针。引导程序可以存储在当前设备上，也可以存储在其他设备上。

(3) 引导加载程序将 vmlinuz 内核 ISO 文件加载到内存中，并将 initramfs ISO 文件的内容提取到基于内存的临时文件系统 (tmpfs) 中。

(4) 内核从 initramfs 文件系统中加载访问根文件系统所需的驱动程序模块。

(5) 内核从 systemd 进程 ID 1 (PID 1) 启动进程。

(6) systemd 运行为其定义的所有其他进程。

7.2 系统引导器 GRUB

7.2.1 GRUB 2 简介

Red Hat Enterprise Linux 8.0 将 GRUB 2 作为默认的系统引导器。虽然 GRUB 2 从名称来看是 GRUB 的升级版，但其代码已经被完全重写了。对于最终用户来讲，GRUB 2 带来了若干改进，比如：
- 自动搜索可用的内核和硬盘中的可用系统。
- 支持 NTFS 等更多分区格式。
- 支持 Windows、macOS X 等多种系统。
- 更人性化的设计，如在键入命令时 Tab 键的补全功能，当输出内容很长时输出内容将分页显示等。
- 界面的定制更加灵活。

需要注意的是，不要直接编辑 GRUB 2 配置文件。可以通过 grub2 mkconfig 命令使用 /etc/grub.d 文件中的模板脚本和从配置文件/etc/default/grub 中获取的菜单配置生成配置文件。

7.2.2 GRUB 的启动菜单界面

正确安装 Linux 操作系统后，可从硬盘引导系统进入 GRUB。GRUB 的启动菜单界面如图 7-1 所示，在该界面中可以使用的按键及其功能说明如表 7-1 所示。

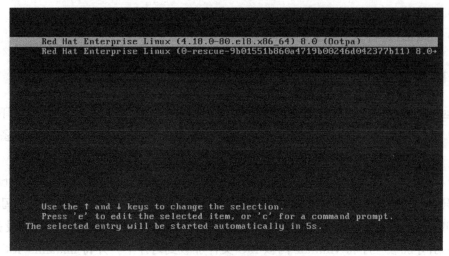

图 7-1　GRUB 的启动菜单界面

表 7-1　GRUB 的启动菜单界面中的按键及其功能说明

按　　键	功　能　说　明
↑↓	使用上、下方向键，在启动菜单项间移动
Enter	按下 Enter 键启动当前的菜单项
E	按下 E 键编辑当前的启动菜单项
C	按下 C 键进入 GRUB 的命令行方式

使用 **grubby** 命令可以查看和管理内核。

要列出系统上已安装和配置的所有内核参数，请运行如下命令：

```
# grubby --info=ALL
```

命令输出如下：

```
index=0
kernel="/boot/vmlinuz-4.18.0-80.el8.x86_64"
args="ro crashkernel=auto resume=/dev/mapper/rhel-swap rd.lvm.lv=rhel/root rd.lvm.lv=rhel/swap rhgb quiet $tuned_params"
root="/dev/mapper/rhel-root"
initrd="/boot/initramfs-4.18.0-80.el8.x86_64.img $tuned_initrd"
title="Red Hat Enterprise Linux (4.18.0-80.el8.x86_64) 8.0 (Ootpa)"
id="7de1dd2856fc451d9dd964efae305750-4.18.0-80.el8.x86_64"
index=1
kernel="/boot/vmlinuz-0-rescue-7de1dd2856fc451d9dd964efae305750"
args="ro crashkernel=auto resume=/dev/mapper/rhel-swap rd.lvm.lv=rhel/root rd.lvm.lv=rhel/swap rhgb quiet"
root="/dev/mapper/rhel-root"
initrd="/boot/initramfs-0-rescue-7de1dd2856fc451d9dd964efae305750.img"
title="Red Hat Enterprise Linux (0-rescue-7de1dd2856fc451d9dd964efae305750) 8.0 (Ootpa)"
```

```
id="7de1dd2856fc451d9dd964efae305750-0-rescue"
```

表 7-2 描述了一些常用的内核引导参数。

表 7-2　常用的内核引导参数

参 数 选 项	说　　明
0, 1, 2, 3, 4, 5, 6, or systemd.unit=runlevelN.target	指定最接近的 systemd 等效系统状态目标，以匹配旧版 sysv 运行级别，N 可以取 0～6 间的整数； systemd 映射系统状态目标以模仿旧版 sysv 初始化系统
1, s, S, single, systemd.unit=rescue.target	指定进入救援模式；系统引导至单用户模式，提示输入 root 账户密码
3 or systemd.unit=multi-user.target	指定 systemd 多用户非图形登录模式
5 or systemd.unit=graphical.target	指定 systemd 多用户图形登录模式
-b, emergency, or systemd.unit=emergency.target	指定紧急模式；系统引导至单用户模式并提示输入 root 账户密码；与救援模式相比，该模式启动的服务更少
KEYBOARDTYPE=kbtype	指定键盘类型，写入 /etc/sysconfig/keyboard 的 initramfs
KEYTABLE=kbtype	指定键盘布局，写入 /etc/sysconfig/keyboard 的 initramfs
LANG=language_territory.codeset	指定系统语言和代码集，写入 /etc/sysconfig/i18n 的 initramfs
max_loop=N	指定 /dev/loop* 可作为块设备访问文件的循环设备的数量；N 的默认值和最大值分别为 8 和 255
quiet	减少调试输出
rd_LUKS_UUID=UUID	用指定的 UUID 激活一个加密的 Linux（LUKS）分区
rd_LVM_VG=vg/lv_vol	指定要激活的 LVM 卷组和卷
rd_NO_LUKS	禁用对加密的 LUKS 分区的检测
rhgb	指定使用 Red Hat 图形引导显示来指示引导进度
rn_NO_DM	禁用设备映射器（DM）RAID 检测
rn_NO_MD	禁用多设备（MD）RAID 检测
ro root=/dev/mapper/vg-lv_root	指定以只读方式挂载根文件系统，并通过其 LVM 卷的设备路径（其中 vg 是卷组的名称）指定根文件系统
rw root=UUID=UUID	指定根（/）文件系统在引导时以可写方式安装，并通过其 UUID 指定根分区
selinux=0	禁用 SELinux
SYSFONT=font	指定控制台的字体，写入 /etc/sysconfig/i18n 的 initramfs

将特定内核配置为默认启动内核，请运行如下命令：

```
# grubby --set-default /boot/vmlinuz-4.18.0-80.el8.x86_64
```

grubby 命令也可以用来更新内核配置条目，以添加或删除内核引导参数，具体如下：

```
# grubby --remove-args="rhgb quiet" 
--args=rd_LUKS_UUID=luks-39fec799-6a6c-4ac1-ac7c-1d68f2e6b1a4 \
    --update-kernel /boot/vmlinuz-4.18.0-80.el8.x86_64
```

7.2.3 引导前修改内核引导参数

用户可以在引导前修改内核引导参数，步骤如下：

（1）当 GRUB 引导菜单出现在引导过程的开始时，请通过上、下方向键选中所需内核，然后按下空格键。

（2）按下 E 键编辑内核的引导配置。

（3）使用上、下方向键及左、右方向键将光标移到以 Linux 开头的命令行的末尾。

（4）修改启动参数。可以添加诸如 systemd.target=runlevel1.target 的参数，以指示系统引导至 shell 提示符。

（5）按下 Ctrl + X 组合键进行引导系统。

7.2.4 修改 GRUB 2 启动参数

修改 GRUB 2 引导参数，以在每次重新引导时默认应用这些参数，步骤如下。

（1）编辑/etc/default/grub 文件并修改 GRUB_CMDLINE_LINUX 定义中的参数：

```
GRUB_CMDLINE_LINUX="vconsole.font=latarcyrheb-sun16 vconsole.keymap=uk
crashkernel=auto  rd.LVM.lv=ol/swap rd.LVM.lv=ol/root biosdevname=0
rhgb quiet "
```

在 quiet 后面加入如下命令：

```
systemd.unit=runlevel3.target
```

修改完成后的命令如下：

```
GRUB_CMDLINE_LINUX="vconsole.font=latarcyrheb-sun16 vconsole.keymap=uk
crashkernel=auto  rd.LVM.lv=ol/swap rd.LVM.lv=ol/root biosdevname=0
rhgb quiet systemd.unit=runlevel3.target"
```

上述命令中的黑体字是后添加的，其目的是使系统在默认情况下引导至多用户非图形模式。

（2）重建/boot/grub2/grub.cfg 文件，具体命令如下：

```
# grub2-mkconfig -o /boot/grub2/grub.cfg
```

该更改对所有配置的内核的后续系统重新引导均有效。

7.3 Linux 服务管理工具 systemd

Red Hat Enterprise Linux 8.0 使用的系统和服务管理工具是 systemd。systemd 进程是系统引导后启动的第一个进程，也是系统关闭时运行的最后一个进程。systemd 控制引导的最后阶段并为使用系统做准备。通过同时加载服务，systemd 还可以加快启动速度。

7.3.1 systemd 简介

近年来,Linux 系统的 init 进程经历了两次重大的演进,传统的 sysvinit 逐渐淡出历史舞台,新的 upstart 和 systemd 各有特点,systemd 从 Red Hat Enterprise Linux 7.0 开始被使用。

systemd 用 target(目标)替代了运行级别的概念,提供了更大的灵活性,比如可以继承一个已有的目标,并添加其他服务来创建自己的目标。表 7-3 中列举了 sysvinit 运行级别和 systemd 目标的对应关系。

表 7-3　sysvinit 运行级别和 systemd 目标的对应关系

sysvinit 运行级别	systemd 目标	备 注
0	runlevel0.target poweroff.target	关闭系统
1, s, single	runlevel1.target rescue.target	单用户模式
2, 4	runlevel2.target runlevel4.target multi-user.target	用户定义/域特定运行级别,默认等同于 3
3	runlevel3.target multi-user.target	多用户,非图形化,用户可以通过多个控制台或网络登录
5	runlevel5.target graphical.target	多用户,图形化,通常为所有运行级别为 3 的服务外加图形化登录
6	runlevel6.target reboot.target	重启系统
emergency	emergency.target	急救模式(Emergency shell)

7.3.2 系统管理员需要掌握的命令

systemd 的主要命令行工具是 systemctl。大多数 Linux 系统管理员非常熟悉系统服务和 init 系统管理工具,如 service、chkconfig 和 telinit 命令,systemd 也能完成同样的管理任务,只是命令行工具 systemctl 的语法与之前的 service、chkconfig 和 telinit 有所不同而已。

1. systemctl 的基本用法

- systemctl:列出所有已加载的单元及其状态(单元是任务/服务的术语)。
- systemctl list-units:列出所有单元。
- systemctl start [NAME...]:启动(激活)一个或多个单元。
- systemctl stop [NAME...]:停止(停用)一个或多个单元。
- systemctl disable [NAME...]:禁用一个或多个单元文件。
- systemctl list-unit-files:显示所有已安装的单元文件及其状态。

- systemctl --failed：显示启动过程中哪些单元出现故障。
- systemctl --type=mount：类型过滤器，类型可以是服务、挂载点、设备、套接字和启动目标。
- systemctl enable debug-shell.service：启动 TTY 9 上的 shell，用于调试。

如果用户想更方便地处理单元，还可以使用软件包 systemd-ui，该软件包可以通过执行 systemadm 命令来启动。

切换运行级别、重启和关闭也可由 systemctl 来处理：

- systemctl isolate graphical.target：切换到运行级别 5，X 服务器在运行级别 5 运行。
- systemctl isolate multi-user.target：切换到运行级别 3 和 TTY，不带 X 图形界面。
- systemctl reboot：关闭和重启系统。
- systemctl poweroff：关闭系统。

上述所有命令都可以用普通用户权限执行。

2. 实例

显示所有已经安装的服务的命令如下：

```
# systemctl  list-unit-files -t service -all
```

显示所有已安装的服务命令输出界面如图 7-2 所示。

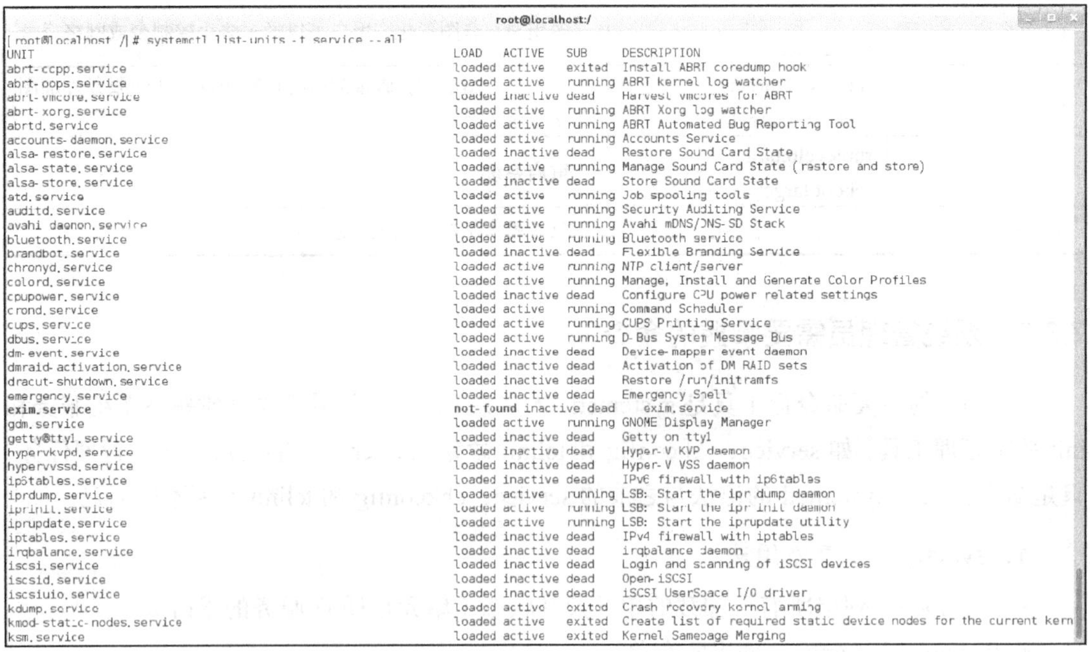

```
root@localhost:/
[root@localhost /]# systemctl list-units -t service --all
UNIT                          LOAD      ACTIVE   SUB     DESCRIPTION
abrt-ccpp.service             loaded    active   exited  Install ABRT coredump hook
abrt-oops.service             loaded    active   running ABRT kernel log watcher
abrt-vmcore.service           loaded    inactive dead    Harvest vmcores for ABRT
abrt-xorg.service             loaded    active   running ABRT Xorg log watcher
abrtd.service                 loaded    active   running ABRT Automated Bug Reporting Tool
accounts-daemon.service       loaded    active   running Accounts Service
alsa-restore.service          loaded    inactive dead    Restore Sound Card State
alsa-state.service            loaded    active   running Manage Sound Card State (restore and store)
alsa-store.service            loaded    inactive dead    Store Sound Card State
atd.service                   loaded    active   running Job spooling tools
auditd.service                loaded    active   running Security Auditing Service
avahi daemon.service          loaded    active   running Avahi mDNS/DNS-SD Stack
bluetooth.service             loaded    active   running Bluetooth service
brandbot.service              loaded    inactive dead    Flexible Branding Service
chronyd.service               loaded    active   running NTP client/server
colord.service                loaded    active   running Manage, Install and Generate Color Profiles
cpupower.service              loaded    inactive dead    Configure CPU power related settings
crond.service                 loaded    active   running Command Scheduler
cups.service                  loaded    active   running CUPS Printing Service
dbus.service                  loaded    active   running D-Bus System Message Bus
dm-event.service              loaded    inactive dead    Device-mapper event daemon
dmraid-activation.service     loaded    inactive dead    Activation of DM RAID sets
dracut-shutdown.service       loaded    inactive dead    Restore /run/initramfs
emergency.service             loaded    inactive dead    Emergency Shell
exim.service                  not-found inactive dead    exim.service
gdm.service                   loaded    active   running GNOME Display Manager
getty@tty1.service            loaded    inactive dead    Getty on tty1
hypervkvpd.service            loaded    inactive dead    Hyper-V KVP daemon
hypervvssd.service            loaded    inactive dead    Hyper-V VSS daemon
ip6tables.service             loaded    inactive dead    IPv6 firewall with ip6tables
iprdump.service               loaded    active   running LSB: Start the ipr dump daemon
iprinit.service               loaded    active   running LSB: Start the ipr init daemon
iprupdate.service             loaded    active   running LSB: Start the iprupdate utility
iptables.service              loaded    inactive dead    IPv4 firewall with iptables
irqbalance.service            loaded    inactive dead    irqbalance daemon
iscsi.service                 loaded    inactive dead    Login and scanning of iSCSI devices
iscsid.service                loaded    inactive dead    Open-iSCSI
iscsiuio.service              loaded    inactive dead    iSCSI UserSpace I/O driver
kdump.service                 loaded    active   exited  Crash recovery kernel arming
kmod-static-nodes.service     loaded    active   exited  Create list of required static device nodes for the current kern
ksm.service                   loaded    active   exited  Kernel Samepage Merging
```

图 7-2　显示所有已安装的服务命令输出界面

图 7-2 所示输出界面中的内容有 5 列。

- UNIT：显示服务名称。
- LOAD：显示该服务是否已经加载。如果没有加载，则显示为红色的 not-found。

- ACTIVE：显示高级单元是否已经激活，如果没有激活，则显示为红色的 inactive。
- SUB：显示低级单元是否已经激活，如果没有激活，则显示为红色的 dead。
- DESCRIPTION：显示服务功能说明。

显示 httpd 服务的详细信息：

```
# systemctl status httpd.service
```

启动服务：

```
systemctl enable service_name.service
```

例如：

```
systemctl enable httpd.service
```

停止服务：

```
systemctl disable service_name.service
```

例如：

```
systemctl disable httpd.service
```

显示服务的相互依赖情况：

```
# systemctl list-dependencies nfs-server.service
```

在开机时启用服务：

```
# systemctl enable foo.service
```

在开机时禁用服务：

```
# systemctl disable foo.service
```

检查服务是否已开机启用：

```
# systemctl is-enabled foo.service; echo $?
```

若该命令返回值为 0，则表示已开机启用；若该命令返回值为 1，则表示没有开机启用。在 Fedora 17 中，除了返回值，相应的"enable"或"disable"也会显示到标准输出上。

修改了 httpd.service 后，通过如下命令就能让系统使用新的设置：

```
# systemctl daemon-reload
# systemctl restart httpd.service
```

检查服务的运行情况：

```
# systemctl status crond.service
crond.service - Command Scheduler
Loaded: loaded (/usr/lib/systemd/system/crond.service; enabled)
Active: active (running) since Mon, 02 Jul 2014 18:43:54 +0900; 42min ago
Main PID: 3500 (crond)
CGroup: name=systemd:/system/crond.service
└ 3500 /usr/sbin/crond -n
Jul 02 18:43:55 dragon.nrt.redhat.com /usr/sbin/crond[3500]: (CRON) INFO
(running with inotify support)
Jul 02 18:43:55 dragon.nrt.redhat.com /usr/sbin/crond[3500]: (CRON) INFO
(@reboot jobs will be run at computer's startup.)
```

检查资源使用情况，包括 CPU、内存、I/O：

```
# systemd-cgtop
```

检查资源使用情况命令的输出界面如图 7-3 所示。

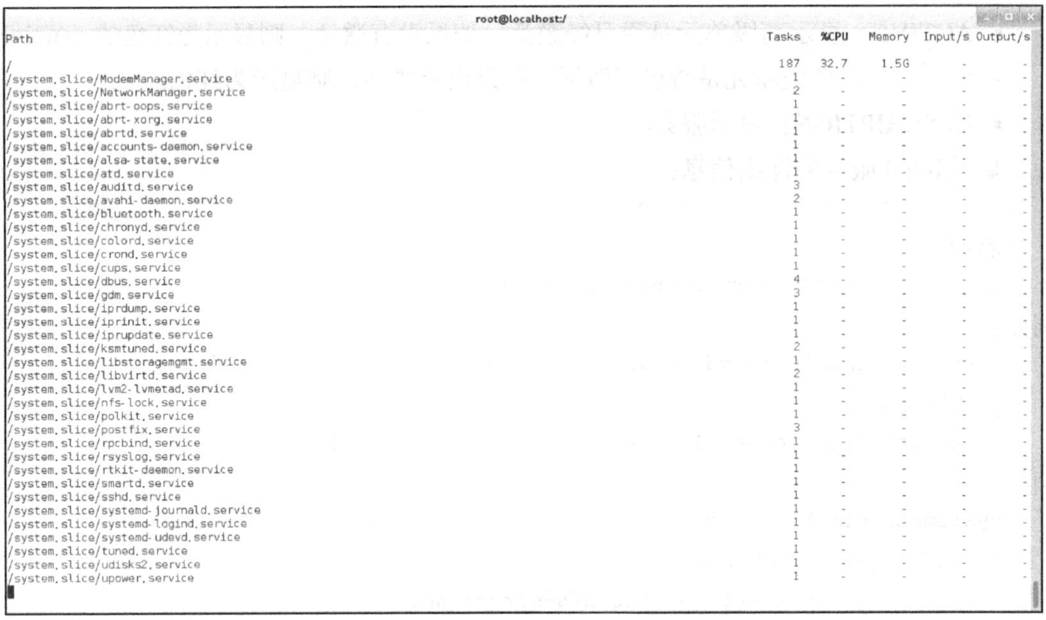

图 7-3　检查资源使用情况命令的输出界面

说明

systemd-cgtop 是一个类似于 top 的程序管理工具，可以显示每个控制组群中服务的资源使用情况，而非每个程序，使我们能更轻松地看出某个服务占用了多少内存、CPU 等。

使用如下命令，以树形递归形式显示选中的 Linux 控制组群结构层次：

```
# systemd-cgls
```

以树形递归形式显示选中的 Linux 控制组群结构层次命令的输出界面如图 7-4 所示。

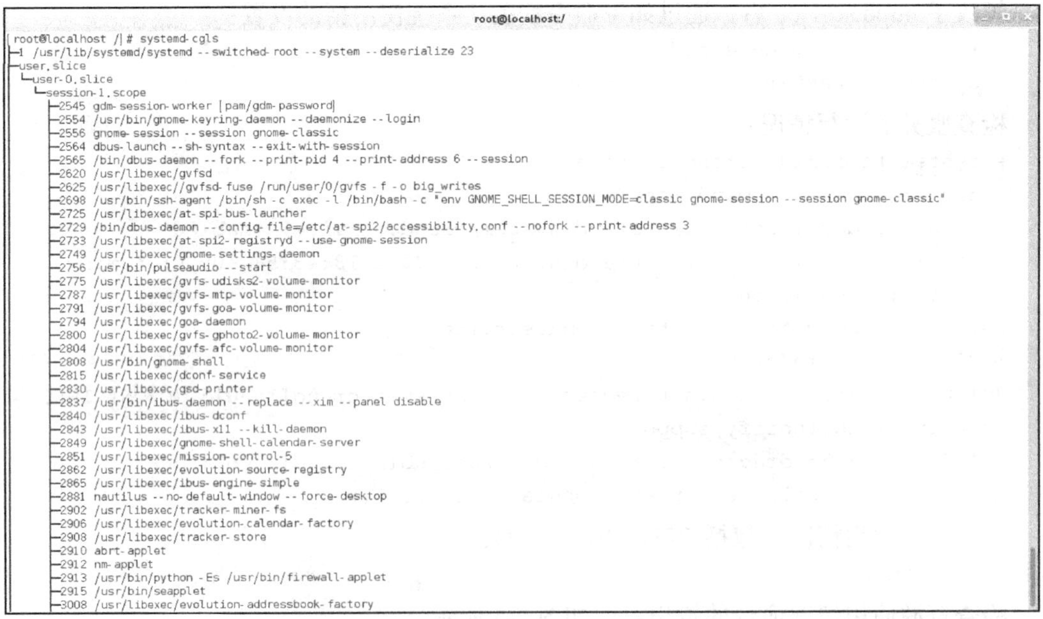

图 7-4　以树形递归形式显示选中的 Linux 控制组群结构层次命令的输出界面

显示服务间的依赖关系:
```
# systemctl list-dependencies
```
另外,使用 systemd 还可以实现高效地分析和优化引导过程,几个常用命令如下。

显示内核和用户空间上一次引导花费的时间:
```
# systemd-analyze
Startup finished in 3.652s (kernel) + 14.858s (initrd) + 1min 30.079s (userspace) = 1min 48.590s
```

显示每个服务启动花费的时间方面的详细信息:
```
# systemd-analyze blame
```

如需知道启动过程更详细的信息,则可用如下命令创建一个用图表展示启动过程的 svg 文件:
```
# systemd-analyze plot > plot.svg
```

杀死一个服务进程:
```
# systemctl kill httpd
```

输出运行失败的服务:
```
# systemctl -failed
```

不再加载防火墙服务:
```
# systemctl mask firewalld.service
ln -s '/dev/null' '/etc/systemd/system/firewalld.service'
```

重新加载防火墙服务:
```
# systemctl unmask firewalld.service
rm '/etc/systemd/system/firewalld.service'
```

7.3.3 控制对系统资源的访问

使用 **systemctl** 命令控制 cgroup 对系统资源的访问:
```
# systemctl [--runtime] set-property httpd CPUShares=512 MemoryLimit=1G
```

上述命令中,CPUShares 控制 cgroup 对 CPU 资源的访问,由于其默认值为 1024,所以将其赋值为 512 可使 cgroup 中的进程对 CPU 的访问时间减少一半;MemoryLimit 控制 cgroup 可以使用的最大内存量。

systemctl 命令无须指定.service 服务名称的扩展名。

如果指定--**runtime** 选项,则设置在系统重新引导后将不会保留。

在[Service]中的服务配置文件中的标题下更改服务的资源设置文件/usr/lib/systemd/system 后,systemd 将重新加载其配置文件,然后重新启动服务:
```
# systemctl daemon-reload
# systemctl restart service
```

可以在范围内运行常规命令,并使用 **systemctl** 命令来控制这些临时 cgroup 对系统资源的访问。在范围内运行常规命令,请使用 **systemd-run** 命令:
```
# systemd-run --scope --unit=group_name [--slice=slice_name]
```

如果不想在默认 systemd 切片下创建组,则可以指定另一个切片或新切片的名称。例如运行 mymon.scope 下的 myslice.slice：

```
# systemd-run --scope --unit=mymon --slice=myslice mymonitor
```

该命令将以 mymon.scope 单元运行 mymon.scope 下的 myslice.slice。如果未指定 --scope 选项，则控制组不是作为作用域而是作为服务创建的。可以使用 systemctl 来控制 cgroup 对系统资源的访问范围，但是必须指定 .scope 扩展名，比如：

```
# systemctl --runtime set-property mymon.scope CPUShares=256
```

7.3.4 自定义创建 systemd 服务

1. systemd 下的 unit 文件

unit 文件专门用来为 systemd 控制资源，这些资源包括服务(service)、套接字(socket)、设备(device)、挂载点(mount point)、自动挂载点(automount point)、交换文件或分区(a swap file or partition)。所有 unit 文件都应该配置[Unit]或者[Install]段。因为通用的信息在[Unit]和[Install]段中进行描述，所以每一个 unit 都应该有一个指定类型段，如[Service]段对应后台服务类型 unit。

2. 创建自己的 systemd 服务

弄清了 unit 文件各项的意义，我们可以尝试编写自己的 systemd 服务，与以前用 sysv 来编写服务相比，该过程比较简单。unit 文件有着简洁的特点，这是以前臃肿的脚本不能比的。本例尝试写一个名为 cjhstartup.service 的服务，整个服务很简单：在开机时将服务启动花费的时间写到一个文件中。通过这个小小的例子可以说明整个服务的创建过程。

（1）创建名为 cjhstartup.sh 的文件，并将文件存放在 /usr/local/bin 目录下（确保其可执行）：

```
#!/usr/bin/bash
########################################################################
#
# mystartup.sh
#
# This shell program is for testing a startup like rc.local using systemd.
# By David Both
# Licensed under GPL V2
#
########################################################################
#
# This program should be placed in /usr/local/bin


########################################################################
#
# This is a test entry

echo `date +%F" "%T` "Startup worked" >> /tmp/cjhstartup.log
```

(2)创建系统服务。

本例中创建的 systemd 服务单元是一个标准的服务单元文件。让 cjhstartup.sh 文件在启动时用来运行脚本文件。

创建一个新文件/usr/local/lib/systemd/system/cjhstartup.service,并在该文件中并添加如下内容:

```
####################################################################
# mystartup.service
#
# This service unit is for testing my systemd startup service
# By David Both
# Licensed under GPL V2
#
####################################################################
# This program should be placed in /usr/local/lib/systemd/system/.
# Create a symlink to it from the /etc/systemd/system directory.
####################################################################

[Unit]

Description=Runs /usr/local/bin/cjhstartup.sh


[Service]

ExecStart=/usr/local/bin/cjhstartup.sh


[Install]

WantedBy=multi-user.target
```

将上面的文件复制到系统中的/usr/lib/systemd/system/*目录下。

(3)执行命令将 cjhstartup.service 注册到系统当中:

```
# systemctl enable cjhstartup.service
```

输出如下:

```
ln -s'/usr/lib/systemd/system/cjhstartup.service ' ' /etc/systemd/system/multi-user.target.wants/ cjhstartup.service'
```

输出结果表明,注册过程实际上就是将服务链接到/etc/systemd/system/目录下的过程。

至此,服务创建完成。重新启动系统,会发现/tmp/date 文件已经生成,服务在开机时启动成功。本例中的 cjhstartup.sh 文件可以替换成任意可执行文件,以实现不同功能。

7.4 旧版本遗留的服务管理工具

除 systemd 外，还有一些旧版本遗留的服务管理工具，主要包括：chkconfig、ntsysv 和 xinetd，下面进行简单介绍。

7.4.1 chkconfig

chkconfig 可以用来激活和解除服务。"chkconfig-list"命令用来显示系统服务列表，以及这些服务在运行级别 0～6 中被启动还是停止的信息。chkconfig 还可用来设置某一服务在某一指定运行级别内被启动还是停止，其格式如下：

```
chkconfig [--add][--del][--list][系统服务]
chkconfig [--level <等级代号>][系统服务][on/off/reset]
```

chkconfig 是 Red Hat 公司遵循 GPL 规则开发的程序，它可用来查询操作系统在每个执行等级会执行哪些系统服务，其中包括各类常驻服务，主要参数如下。

- --add：增加所指定的系统服务，由 chkconfig 工具管理，同时在系统启动的叙述文件内增加相关数据。
- --del：删除所指定的系统服务，不再由 chkconfig 工具管理，同时删除系统启动的叙述文件内的相关数据。
- --level<等级代号>：指定系统服务要在哪一个执行等级启动或停止。

查看服务列表的命令如下：

```
# chkconfig -list
```

注意：

该命令的输出结果只显示 sysv 服务，并不包含原生 systemd 服务。sysv 配置数据可能被原生 systemd 配置覆盖。

关闭 netconsole 服务的命令如下：

```
# chkconfig netconsole off
```

7.4.2 ntsysv

ntsysv 为启动服务或停止服务提供了简洁的界面。用户可以使用 ntsysv 来启动或关闭由 xinetd 管理的服务，也可以使用 ntsysv 来配置运行级别。按照默认设置，只有当前运行级别会被配置。要配置不同的运行级别，可使用"--level"选项来指定一个或多个运行级别。例如，使用"ntsysv --level 345"命令配置运行级别 3、4、5。ntsysv 工作界面如图 7-5 所示，使用上、下方向键来查看列表；使用空格键或"确定"按钮和"取消"按钮来选择或取消选择服务；使用 Tab 键在服务列表和"确定"按钮、"取消"按钮间进行切换；"*"表示该服务被设为启动；使用 F1 键查看服务的描述。

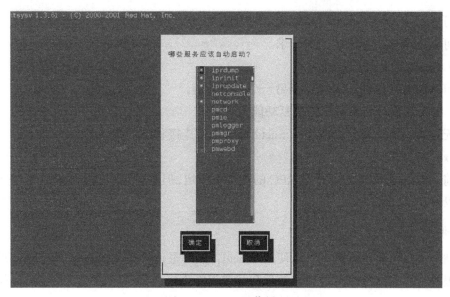

图 7-5 ntsysv 工作界面

7.4.3 xinetd

1．什么是 xinetd

xinetd 是新一代网络守护进程服务程序，又名超级 Internet 服务器（Extended Internet Daemon），经常用来管理多种轻量级 Internet 服务。xinetd 提供了类似于 inetd+tcp_wrapper 的功能，但是 xinetd 的功能更强大、更安全。

2．xinetd 的优缺点

1）xinetd 的优点

（1）xinetd 具有强大的存取控制功能。
- 内置对恶意用户和善意用户差别待遇的设定。
- 支持 Libwrap，其效能比 tcpd 更好。
- 可以限制连接等级、基于主机的连接数和基于服务的连接数。
- 可以设置特定的连接时间。
- 可以将某个服务设置到特定的主机以提供服务。

（2）xinetd 能有效防止 DoS 攻击。
- 可以限制连接等级。
- 可以限制一个主机的最大连接数，防止某个主机独占某个服务。
- 可以限制日志文件的大小，防止磁盘空间被填满。

（3）xinetd 具有强大的日志功能。
- 可以通过 syslog 为每个服务设定日志等级。
- 不使用 syslog，也可以为每个服务建立日志文件。

- 可以记录请求的起止时间以决定对方的访问时间。
- 可以记录试图非法访问的请求。

（4）xinetd 具有转向功能。

- 可以将客户端的请求转发至另一个主机处理。

（5）xinetd 具有与客户端的交互功能。

- 无论客户端请求是否成功，xinetd 都有告知连接状态的提示。

2）xinetd 的缺点

当前，xinetd 最大的缺点是对 RPC 的支持不稳定，但是可以启动 protmap，使它与 xinetd 共存，以解决该问题。

3. 使用 xinetd 启动守护进程

原则上，任何系统服务都可以使用 xinetd，然而最适合使用 xinetd 的应该是那些常用的网络服务，而且这些服务的请求数目和频繁程度不应太高，如 DNS 和 Apache 就不适合采用这种方式，而 SSH、TFTP 等就适合使用 xinetd。

应用实例

配置 sshtftp 服务，先使用如下命令安装相关软件包：

```
# yum install xinetd openssh
```

xinetd 带有一个默认配置文件/etc/xinetd.conf，以及/etc/xinetd.d/目录中的一些简洁示例，在默认情况下配置均已禁用。使用 vi 或 nano 命令，创建一个/etc/xinetd.d/ssh 文件，该文件包括以下内容：

```
# vi /etc/xinetd.d/ssh
service ssh
{
 disable      = no
 socket_type  = stream
 protocol     = tcp
 port         = 22
 wait         = no
 user         = root
 server       = /usr/sbin/sshd
 server_args  = -i
}
```

如果已经运行 systemd，则运行下面命令：

```
# systemctl stop sshd
# systemctl disable sshd
```

首先需要将 sshd 服务停止，否则 xinetd 无法绑定到 TCP 端口 22；然后启动 xinetd 服务：

```
# systemctl start xinetd
# systemctl enable xinetd
```

下面可以在/etc/xinetd.d/ssh 配置文件中添加如下内容：

```
[...]
server = /usr/sbin/sshd
server_args = -i
only_from   = 192.168.0.0
}
```

使用上面的设置，用户只能从网段 192.168.*访问 SSH 服务器。通过如下命令重新启动 xinetd 才能使此配置更改生效：

```
# systemctl restart xinetd
```

7.5 管理内核模块

下面介绍如何加载、卸载和修改内核模块。内核模块可提供设备驱动程序，这些驱动程序使内核能够访问新硬件、支持不同的文件系统类型及其扩展功能。用户可以根据需要动态加载和卸载模块。Linux 支持可加载的内核模块（LKM）。

1．使用 lsmod 命令

利用 **lsmod** 命令可以列出当前加载的内核模块，图 7-6 是 **lsmod** 命令输出界面。

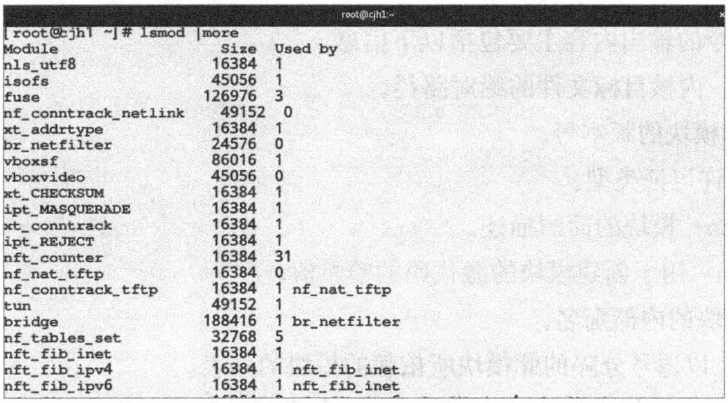

图 7-6　lsmod 命令输出界面

由图 7-6 可知，**lsmod** 命令输出的内容包括：模块名称、模块的内存量，使用该模块的进程数，以及该模块所依赖的其他模块的名称。例如，**nf_conntrack_tftp** 模块依赖于 **nf_nat_tftp** 模块。

2．使用 modinfo 命令

可以使用 **modinfo** 命令显示有关模块的详细信息，该命令的主要参数有：

- -a 或--author：显示模块开发人员。
- -d 或--description：显示模块的说明。
- -h 或--help：显示 modinfo 的参数使用方法。
- -p 或--parameters：显示模块所支持的参数。

- -V 或--version：显示版本信息。

下面以 **ahci** 模块为例来进行说明：

```
# modinfo ahci
filename:       /lib/modules/4.18.0-80.11.2.el8_0.x86_64/kernel/drivers/ata/ahci.ko.xz
version:        3.0
license:        GPL
description:    AHCI SATA low-level driver
author:         Jeff Garzik
rhelversion:    8.0
srcversion:     ED5CAC3D995177C98254565
alias:          pci:v*d*sv*sd*bc01sc06i01*
alias:          pci:v00001C44d00008000sv*sd*bc*sc*i*
alias:          pci:v0000144Dd0000A800sv*sd*bc*sc*i*
depends:        libahci,libata
intree:         Y
name:           ahci
vermagic:       4.18.0-80.11.2.el8_0.x86_64 SMP mod_unload modversions
sig_id:         PKCS#7
signer:         CentOS Linux kernel signing key
sig_key:        73:7C:63:41:58:CE:4E:B6:6F:32:AF:C9:EA:58:B5:FA:3B:FE:25:23
sig_hashalgo:   sha256
...
```

modinfo 命令的输出内容主要包括以下信息。

- filename：内核目标文件的绝对路径。
- version：模块的版本号。
- license：许可证类型。
- description：模块的简短描述。
- srcversion：用于创建模块的源代码的哈希值。
- alias：模块的内部别名。
- depends：以逗号分隔的此模块所依赖的模块的列表。
- vermagic：用于编译模块的内核版本，在加载模块时会根据当前内核对其进行检查。

3．使用 modprobe 命令

modprobe 命令用于自动处理可载入模块。利用 modprobe 命令可载入指定的模块，或是载入一组依赖的模块。modprobe 会根据 depmod 所产生的依赖关系，决定载入哪些模块。若在载入过程中发生错误，那么 modprobe 命令将卸载整组模块。

modprobe 命令格式：modprobe(选项) (参数)

modprobe 命令的主要选项：

- -a 或--all：载入全部模块。
- -c 或--show-conf：显示所有模块的设置信息。
- -d 或--debug：使用排错模式。

- -l 或--list：显示可用的模块。
- -r 或--remove：模块闲置不用时，自动卸载模块。
- -t 或--type：指定模块类型。

通过如下几个例子，对 modules 进行说明。

查看 modules 的配置文件：

```
# modprobe -c
```

通过上述命令可输出 modules 的配置文件，如模块的 alias 别名。

列出内核中所有已经挂载或者未挂载的模块：

```
# modprobe -l
```

通过上述命令查看所有模块，然后根据需要来挂载。

挂载 NFS 模块：

```
# modprobe nfs
```

挂载模块后，可通过 lsmod 命令查看已经挂载的模块。模块名是不能带有后缀的，通过 modprobe -l 命令所看到的模块，都是带有.ko 或.o 后缀的。

移除已经挂载的模块：

```
# modprobe -r 模块名
```

7.6 其他系统设置

7.6.1 设置时区

显示时区列表：

```
# timedatectl list-timezones
Asia/Aden
Asia/Almaty
Asia/Amman
Asia/Anadyr
Asia/Aqtau
Asia/Aqtobe
Asia/Ashgabat
...
Pacific/Rarotonga
Pacific/Saipan
Pacific/Tahiti
Pacific/Tarawa
Pacific/Tongatapu
Pacific/Wake
Pacific/Wallis
```

设置当前时区：

```
# timedatectl set-timezone Asia/Shanghai
```

设置当前的年、月、日：

```
# timedatectl set-time YYYY-MM-DD
```
例如：
```
# timedatectl set-time 2014:12:03
```
设置当前的时、分、秒：
```
# timedatectl set-time HH:MM:SS
```
例如：
```
# timedatectl set-time 11:22:33
```
将硬件时钟配置为地方时间：
```
# timedatectl set-local-rtc true
```
将时区调整为 UTC：
```
# timedatectl set-local-rtc false
```

7.6.2 修改主机名称

临时修改主机名称（重启后恢复原来的主机名称）：
```
# hostname dlp.server.world
```
永久修改主机名称：
```
# hostnamectl set-hostname dlp.server.world
```
查看修改结果：
```
# hostnamectl
   Static hostname: dlp.server.world
         Icon name: computer-vm
           Chassis: vm
        Machine ID: 98a49a78fc9ad91f1b99304c75b94c31
           Boot ID: 09b95ce0bc7f4179b1e8a011ed314c6b
    Virtualization: kvm
  Operating System: CentOS Linux 7 (Core)
       CPE OS Name: cpe:/o:centos:centos:7
            Kernel: Linux 3.10.0-123.4.2.el7.x86_64
      Architecture: x86_64
```

7.6.3 本地化设置（locale）

在 Linux 操作系统中 locale 用来定义用户使用的语言。由于 locale 还定义了用户使用的字符集，所以当语言中含有非 ASCIIA 字符时，正确设定 locale 就显得非常重要了。

显示当前的设置：
```
# localectl status
   System Locale: LANG=en_US.UTF-8
       VC Keymap: us
      X11 Layout: n/a
```
显示所有设置列表：
```
$ localectl list-locales
en_AG
```

```
en_AG.utf8
en_AU
en_AU.iso88591
en_AU.utf8
en_BW
en_BW.iso88591
en_BW.utf8

output truncated
```

系统默认 locale 记录在/etc/locale.conf 文件中。

通过如下命令将系统语言配置为中文：

```
# localectl set-locale LANG="zh_CN.utf8"
```

7.6.4 设置键盘布局

显示所有键盘布局列表：

```
# localectl list-keymaps
```

设置要使用的键盘布局：

```
# localectl set-keymap en_GB
```

设置 x11 的键盘布局：

```
# localectl set-x11-keymap en_GB
```

7.6.5 禁用 Ctrl+Alt+Del 组合键

Ctrl + Alt + Del 是重新启动 Linux 服务器的按键组合。必须禁用此组合键，以免服务器意外重启。从 Red Hat Enterprise Linux 7.0 开始，/etc/inittab 文件不再处理 Ctrl + Alt + Del 组合键的操作。这里可以使用 systemd 来禁用 Ctrl + Alt + Del 组合键，命令如下：

```
# systemctl mask ctrl-alt-del.target
```

验证：在显示系统控制台时，按 Ctrl + Alt + Del 组合键，系统不重新启动。

第 8 章

Linux 日志管理

8.1 日志管理简介

8.1.1 为什么关注日志系统

如果能够做好日志，那么在网络故障出现时用户就可以通过查看日志来了解故障发生前的一些情况，从而推测故障出现的原因。

例如，某企业内部网络突然出现了一个奇怪的现象——每天中午无法正常收发 E-mail。为找出原因，该企业连续几天在中午监测网络流量并记录，然后查看网络日志发现中午的网络流量居然是平时最大值的 10 多倍，并使用 Sniffer 监听到一台计算机在源源不断地向外广播大量数据包。经检查发现该计算机的用户在播放器软件中误设置了 DVB 数字视频广播，即向整个局域网用户进行视频广播，进而导致了网络阻塞。

日志系统在整个信息基础设施中担任着感觉器官的职责，一个完善且工作良好的体系需要在正确的地点部署日志采集工具，日志采集工具汇总的日志信息体现了体系的全貌。

一个企业的网络管理员每天有接近一半的工作时间是花费在处理信息方面的，而这可能只是例行的日志阅读工作。他们往往还需要花费一些时间来深入分析这些信息，以发现系统中不合理或不安全的地方。

在普通用户层面，日志文件可以帮助用户了解系统的组成部分、具体用途，以及正在发生的事件。查看日志是了解软件运行情况的最佳方法。

在专业用户层面，日志文件可以提供一份有用的系统基础活动报告。只有熟悉系统在正常运行时的表现，才能更加容易和迅速地识别不正常的活动。

从信息安防工作的角度来讲，能不能把攻击服务器或网络的活动与正常活动区别开是极其关键的。只有掌握了良好的日志管理和使用技巧，才有可能在入侵者冲破信息安全防线前识别出它们，才有可能在发生最坏情况后制止其再次发生。没有良好的日志工作，就不可能有让人放心的安全。把日志信息总量控制在一个适当水平，往往需要修改某些配置。比如，在某些场合可能只需要把最关键的信息记录到日志文件中；而在另外一些场合却可能需要把日志信息的详细程度提高到调试级别。

8.1.2 Linux 日志管理策略

Linux 系统管理员应该建议企业专门建立一套与日志工作有关的规章制度，Linux 日志管理策略至少应该解决以下几方面问题。

- 建立日志集中管理机制：集中管理日志的主要好处有两点，一是更便于收集、整理、分析和使用日志信息；二是可以防止敏感信息意外丢失或者被人们蓄意篡改或删除。
- 日志文件的备份：日志文件是重要的数据，需要备份和归档。如果企业需要备份的内容多到需要分批分组，则应该定义一个专门的分组来备份应用程序和操作系统的日志文件。
- 日志文件的保护：一定要严格限制无关人员访问操作系统的日志文件，这些文件往往包含各种口令和其他敏感信息。
- 日志文件的保存期：把日志文件压缩为文件永久地保存并非不现实，压缩后的日志文件占用的空间要比未压缩的日志文件占用的空间小很多。

8.2 Linux 日志管理工具

8.2.1 Linux 日志管理工具简介

Linux 操作系统提供了异常日志，并且可配置细节。这些日志都以明文形式保存，用户不需要使用特殊的工具就可以对其进行搜索和阅读。还可以通过编写脚本来扫描这些日志，并基于其内容自动执行某些功能。Linux 日志保存在/var/log 目录中，其中包括多个由系统维护的日志文件，其他服务和程序也可能会将其日志放在该目录中。大多数日志只有 root 账户才可以读，不过修改文件的访问权限可允许其他用户可读。

在 Linux 操作系统中，有如下 3 个主要的日志子系统。

（1）连接时间日志：由多个程序执行，把记录写入/var/log/wtmp 和/var/run/utmp 中。利用 login 等程序更新 wtmp 和 utmp 文件，从而使系统管理员能够跟踪谁在何时登录系统。

（2）进程统计：由系统内核执行，当一个进程终止时为每个进程往进程统计文件（pacct 或 acct）中写一个记录。进程统计的目的是为系统中的基本服务提供命令使用统计。

（3）错误日志：由 rsyslogd 守护程序执行，各种系统守护进程、用户程序和内核通过 rsyslogd 守护程序向文件/var/log/messages 报告值得注意的事件。另外，由多个 UNIX 程序创建日志，如 HTTP 和 FTP 这种提供网络服务的服务器也保持详细的日志。

常用的日志文件如表 8-1 所示。

表 8-1 常用的日志文件

日 志 文 件	说　明
access-log	记录 HTTP/Web 的传输
acct/pacct	记录用户命令
boot.log	记录 Linux 系统开机自检过程显示的信息
lastlog	记录最近几次成功登录事件和最后一次没有成功登录事件
messages	在 rsyslog 中记录信息（有的链接到 rsyslog 文件）
sudolog	记录 sudo 发出的命令
sulog	记录使用的 su 命令
rsyslog	在 rsyslog 中记录信息
utmp	记录当前登录的每个用户信息
wtmp	用户每次登录系统和退出系统时间的永久记录
xferlog	记录 FTP 会话信息
maillog	记录每一个发送到系统或从系统发出的电子邮件的活动，可以用来查看用户使用哪个系统发送工具或者把数据发送到哪个系统的信息

8.2.2　日志管理软件包 psacct 简介

　　管理员可以使用 psacct 软件包提供的工具监视所有用户执行的命令，包括 CPU 运行时间和内存占用，实现进程记账功能。psacct 软件包提供了几个进程活动监视工具，包括 ac、lastcomm、accton 和 sa。其中，accton 用于打开或关闭进程记账功能，它是运行 lastcomm 和 sa 命令的前提；accton 命令相当于一个开关，运行一次将打开进程记账功能，再运行一次将关闭进程记账功能。安全配置审计工具是一个用户对各类系统、设备做安全配置检查的自动化工具，能够智能化识别各类安全设置，分析安全状态，并给出多种配置审计分析报告，目前已经支持多种操作系统及网络设备。Linux 系统中的 psacct 程序可以根据安全需求进行修改。另外，利用系统工具对各类账号的操作权限进行限制，能够有效保证用户无法进行超越其账号权限的操作，确保系统安全。Linux 提供了一个 init 脚本以执行 accton 命令，用户可以使用如下命令打开或关闭进程记账功能：

```
# service psacct start
# service psacct stop
```

　　为避免进程记账日志文件过大，通常在使用进程记账功能时才打开进程记账日志，不用时就将其关闭。

　　lastcomm 命令和 sa 命令默认从进程记账文件/var/account/pacct 中读取数据，此文件为二进制文件。同时 Linux 系统提供了/etc/logrotate.d/psacct 脚本，用 cron 实现进程记账文件的滚动。ac 命令从/var/log/wtmp 文件中读取数据，/var/log/wtmp 文件也为二进制文件。

8.2.3　lastcomm 命令

　　lastcomm 命令用于从/var/account/pacct 文件中搜索并显示以前执行过的命令信息。命令格式如下：

```
lastcomm [ Command ] [ Username ] [ Terminal ]
```
lastcomm 命令中的参数说明如下。
- Command：指定命令。
- Username：指定用户执行的命令。
- Terminal：指定由终端发出的命令。

当三者易发生混淆时，可以使用如下的命令格式：
```
lastcomm [ --command name ] [ --user name ] [ --tty name ]
```
在默认情况下，各个参数间是"或"的关系，可以使用--strict-match 参数实现参数表的精确匹配，即各个参数间是"与"的关系。

主要选项说明如下。
- -strict-match：精确匹配每一列。
- --user name：只显示指定用户的命令记录。
- --command name：只显示指定命令的记录。
- --tty name：只显示在指定终端上运行的命令。
- -f filename：指定一个命令记录文件来代替默认文件——acct。
- --debug：打印其他内核信息。
- -V，--version：打印版本信息。
- -h，--help：打印摘要和系统默认统计文件（在 Linux 操作系统中，默认文件大多是 /var/log/pacct 和/var/ account/pacct）

📖 应用实例

（1）显示所有记录在/var/account/pacct 文件中执行过的命令信息：
```
# lastcomm
lastcomm            root         pts/0     0.00 secs Wed Mar 16 14:15
ls                  root         pts/0     0.00 secs Wed Mar 16 14:14
pk-command-not-     X root       pts/0     0.02 secs Wed Mar 16 14:14
bash                F  X root    pts/0     0.00 secs Wed Mar 16 14:14
dbus-daemon         F    dbus    __        0.00 secs Wed Mar 16 14:14
lastcomm            root         pts/0     0.01 secs Wed Mar 16 14:14
service             root         pts/0     0.02 secs Wed Mar 16 14:14
psacct              root         pts/0     0.05 secs Wed Mar 16 14:14
...
```

lastcomm 输出字段说明如下。
- 命令名。
- 当命令执行时记账设备收集的标志。
  - S：命令由 root 账户执行。
  - F：命令由 fork 产生，但是没有执行。
  - D：命令终止并生成一个 core（核心）文件。
  - X：命令被 SIGTERM 信号终止。

- 运行进程的用户名。
- 运行进程的终端。
- 运行进程花费的 CPU 时间。
- 开始运行进程的时间。

（2）显示 tty1 终端上的 root 用户执行的所有命令信息：

```
# lastcomm tty1 root --strict-match
bash S root tty1 0.03 secs Tue Jan 22 12:17
clear root tty1 0.00 secs Tue Jan 22 12:17
ls root tty1 0.00 secs Tue Jan 22 12:17
bash F root tty1 0.00 secs Tue Jan 22 12:17
id root tty1 0.00 secs Tue Jan 22 12:17
...
```

8.2.4 sa 命令

sa 命令用于从原始记账数据文件/var/account/pacct 中读取信息并进行信息汇总。

sa 命令的输出结果可以包含如下字段。

- calls：命令的调用次数。
- 记账设备收集的信息。
    - re：实际使用时间（单位为 min）。
    - cpu：通常简写为 cp，表示用户和系统时间之和（单位为 min）。
    - k：平均 CPU 运行时间（单元大小为 1KB）。
    - u：用户 CPU 运行时间（单位为 min）。
    - s：系统 CPU 运行时间（单位为 min）。
- command：调用的命令。

运行不带任何参数的 sa 命令，将输出 calls、re、cpu、k 和 command 字段，以 cpu 字段排序，并将只用过一次的命令放在其他类别中显示。

sa 命令格式如下：

```
sa ［选项］……［文件］……
```

sa 命令的主要选项如下。

- -a：打印所有命令的名称（包括那些带有不可打印字符的命令名称）。
- -b：显示 I/O 和传递速率的统计信息。
- -c：输出进程信息。
- -d：将输出按平均磁盘 I/O 操作数进行分类。
- -D：将输出按总的磁盘 I/O 操作数进行分类和打印。
- -f：不要强制进行交互式阈值压缩。此选项必须与-v 选项一起使用。
- -I：仅读取原始数据，不读取摘要文件。
- -j：打印每个调用的秒数，而不是每个类别的总的分钟数。
- -k：将输出按平均 CPU 时间进行分类。

- -K：将输出按 CPU 存储量整数进行分类和打印。
- -l：将系统时间和用户时间分离。
- -m：打印每个用户的进程数和使用 CPU 分钟数。
- -n：按调用数对输出进行分类。
- -r：将分类的顺序倒置。
- -s：将记账文件合并到摘要文件中。
- -t：打印每个命令的用时与用户和系统的时间和之比。
- -u：暂挂所有其他标志并且打印每个命令的用户数字标识和命令名。

说明

如果不指定任何选项运行 sa 命令，摘要报告将包含每个命令的调用次数，以及 re、cpu、avio 和 K 字段。

应用实例

（1）打印每个用户的进程数和 CPU 分钟数：
```
# sa -m /var/account/pacct
               44    13054.38re    0.02cp    0avio    763k
root           43    13054.38re    0.02cp    0avio    710k
dbus            1     0.00re       0.00cp    0avio    3066k
```
（2）同时显示百分比字段：
```
# sa -c
```
（3）将 CPU 时间字段拆分为系统时间和用户时间两个字段显示：
```
# sa -l
```
（4）同时显示实际使用时间与 CPU 总时间之比：
```
# sa -t
```
（5）按实际使用时间排序：
```
# sa --sort-real-time
```
（6）按平均 CPU 时间排序：
```
# sa -k
```

8.2.5　ac 命令

ac 命令可根据 Linux 当前/var/log/wtmp 文件中的登录和退出时间记录来报告用户的连接的时间默认是以小时为单位，如果不使用标识，则报告的是总时间。/var/log/wtmp 文件由 init 和 login 维护。ac 和 login 均不生成/var/log/wtmp 文件。若记账文件不存在，则不做记账工作。

一般情况下/var/log/wtmp 文件很快就会变得非常大，所以在默认情况下/etc/logrotate.conf 文件中配置了 ac 的日志滚动功能，配置片段如下：
```
/var/log/wtmp {
```

```
monthly                      # 指定日志滚动周期为每月
create 0664 root utmp        # 使用指定的文件模式创建新的日志文件
rotate 1                     # 只保留一个滚动日志备份，即只保留/var/log/wtmp.1
}
```

ac 命令格式如下：

```
ac [选项]
```

ac 命令常用选项说明如下。

- -d：输出用户每天登录的总时间。
- -p：输出每个用户总登录时间，并在最后追加一个所有用户的总计登录时间。
- -a：输出每天的记录，而不忽略没有登录活动的日子。
- -y：在显示日期时输出年份。
- -z：显示值为 0 的类别总计（除了全部总计），默认禁止输出值为 0 的总计。
- userlist：显示指定用户的连接时间。多个用户之间用空格间隔，不允许有通配符。

📖 应用实例

```
# 显示所有用户的总计登录时间
$ ac
total 66.53

# 显示用户 crq 的总计登录时间
$ ac crq
total 0.04

# 显示用户 crq 和 osmond 的总计登录时间
$ ac crq osmond
total 26.19

# 显示每个用户的总计登录时间
$ ac -p
crq 0.06
osmond 26.15
root 40.38
total 66.58

# 每天输出一个所有用户的总计登录时间
$ ac -d
Jan 21 total 30.82
Today total 35.76
```

8.2.6 accton 命令

accton 命令的作用和用法如下。

作用：accton 命令用于打开进程统计功能，如果不带任何参数，即关闭进程统计功能。

用法：accton [-V | --version] [-h | --help] [filename]

accton 命令的主要选项如下。

- -V，--version：显示 ac 版本并退出。
- -h，--help：打印命令摘要，并显示系统默认的 accton 文件。
- ac：显示登录账号的简要信息。
- accton：打开或关闭进程账号记录功能。
- last：显示曾经登录过的用户。
- lastcomm：显示已执行的命令。
- sa：显示进程账号记录信息的摘要。
- dump-utmp：输出 utmp 文件内容。
- dump-acct：输出 acct 或 pacct 文件内容。

说明

acct 是一个工具包，包含针对用户连接系统时间、进程执行情况等进行统计的工具。它可以记录用户登录信息、用户所执行的程序、程序执行情况等。

应用实例

打开或关闭进程统计功能的方法如下。

在 Linux 系统中使用 accton 命令启动进程统计功能，必须用 root 账户来运行。accton 命令的形式为 accton file，file 必须事先存在。

先使用 touch 命令创建 pacct 文件：

```
# touch /var/log/pacct
```

然后运行：

```
# accton /var/log/pacct
```

accton 一旦被激活，就可以使用 lastcomm 命令监测系统中任意时刻所执行的命令了。若要关闭统计功能，则可以使用不带任何参数的 accton 命令：

```
# accton
```

8.2.7 其他日志管理实用工具

任何文本工具都可以用来处理日志文件，下面是一些有用的工具。

1．dmesg

使用 dmesg 命令可以快速查看最后一次系统引导的引导日志，该引导日志中有很多内容，所以用户往往希望将其通过管道传输到一个阅读器中：

```
dmesg | more
```

运行上述命令将以分页方式显示引导信息。

2. tail

tail 命令用于显示文本文件的最后几行。使用-f 选项，当日志增加新内容时，tail 命令将继续显示新的输出：

```
tail -f /var/log/messages
```

运行上述命令，将显示/var/log/messages 文件的最后 10 行，然后继续监控该文件并输出新的信息。要停止该命令，按 Ctrl+C 组合键即可。

3. more

more 的工作方式与其在 DOS 版本中的工作方式相同，可以将 more 命令指向一个文件，或者通过 more 命令以管道输出信息，以分页方式来查看信息。例如，以分页方式显示 XFree86 启动日志文件内容的命令如下：

```
more/var/log/XFree86.0.log
```

按 Q 键或者 Ctrl+C 组合键，停止查看文件。

4. less

less 是一个文本阅读器，允许在文件中滚动浏览并检索信息：

```
less/var/log/messages
```

运行上述命令将显示/var/log/messages 文件的内容，按 Q 键，停止查看文件；按 H 键，获得 less 的使用帮助。

5. logger

logger 命令允许用户将自己的消息发送到日志工具中，在脚本中可以查看关于执行和有关错误的消息。

由于 Linux 操作系统中的日志文件以明文形式记录，所以不需要特殊的工具来解释，任何文本阅读器都可以显示 Linux 日志文件。例如，Mozilla 浏览器可以显示日志文件，并提供搜索功能。Linux 操作系统查看文本文件的 more 控制台工具可以以分页方式显示文件。less 命令将在只读阅读器中显示文件，这个阅读器具有双向滚动和搜索功能。

6. 其他命令

wtmp 文件和 utmp 文件都是二进制文件，它们不能被 tail 之类的命令剪贴或合并（可以使用 cat 命令直接查看），用户需要使用 who、w、users、last 和 lastlog 命令来读取这两个文件包含的信息。

1）who 命令

who 命令用于查询 utmp 文件并报告当前登录系统的每个用户，其默认输出包括用户名、终端类型、登录日期及远程主机。例如，键入 who 命令后按 Enter 键，将显示如下内容：

```
chyang  pts/0  Aug 18 15:06
ynguo   pts/2  Aug 18 15:32
ynguo   pts/3  Aug 18 13:55
lewis   pts/4  Aug 18 13:35
```

```
ynguo    pts/7 Aug 18 14:12
ylou     pts/8 Aug 18 14:15
```
如果指定了 wtmp 文件名,则 who 命令将报告自 wtmp 文件创建或删改以来的每一次登录。

2) w 命令

w 命令用于查询 utmp 文件并显示当前系统中每个用户及其运行的进程信息。例如,键入 w 命令后按 Enter 键,将显示如下内容:
```
3:36pm up 1 day, 22:34, 6 users, load average: 0.23, 0.29, 0.27
USER TTY FROM LOGIN@ IDLE JCPU PCPU WHAT
chyang pts/0 202.38.68.242 3:06pm 2:04 0.08s 0.04s -bash
ynguo pts/2 202.38.79.47 3:32pm 0.00s 0.14s 0.05 w
lewis pts/3 202.38.64.233 1:55pm 30:39 0.27s 0.22s -bash
lewis pts/4 202.38.64.233 1:35pm 6.00s 4.03s 0.01s sh /home/users/
ynguo pts/7 simba.nic.ustc.e 2:12pm 0.00s 0.47s 0.24s telnet mail
ylou pts/8 202.38.64.235 2:15pm 1:09m 0.10s 0.04s -bash
```

3) users 命令

users 命令用于用一行打印当前登录的用户,每个用户名对应一个登录会话。如果一个用户有多个登录会话,则其用户名将显示与登录会话个数相同的次数。例如,键入 users 命令后按 Enter 键,将显示如下内容:
```
chyang lewis lewis ylou ynguo ynguo
```

4) last 命令

last 命令往回搜索 wtmp 文件来显示文件自第一次创建以来登录过的用户。例如:
```
# last
chyang pts/9 202.38.68.242 Tue Aug 1 08:34 - 11:23 (02:49)
cfan pts/6 202.38.64.224 Tue Aug 1 08:33 - 08:48 (00:14)
chyang pts/4 202.38.68.242 Tue Aug 1 08:32 - 12:13 (03:40)
lewis pts/3 202.38.64.233 Tue Aug 1 08:06 - 11:09 (03:03)
lewis pts/2 202.38.64.233 Tue Aug 1 07:56 - 11:09 (03:12)
```
如果指定了用户,那么 last 只报告该用户的近期活动。例如,键入 last ynguo 命令后按 Enter 键,将显示如下内容:
```
ynguo pts/4 simba.nic.ustc.e Fri Aug 4 16:50 - 08:20 (15:30)
ynguo pts/4 simba.nic.ustc.e Thu Aug 3 23:55 - 04:40 (04:44)
ynguo pts/11 simba.nic.ustc.e Thu Aug 3 20:45 - 22:02 (01:16)
ynguo pts/0 simba.nic.ustc.e Thu Aug 3 03:17 - 05:42 (02:25)
ynguo pts/0 simba.nic.ustc.e Wed Aug 2 01:04 - 03:16 1+02:12)
ynguo pts/0 simba.nic.ustc.e Wed Aug 2 00:43 - 00:54 (00:11)
ynguo pts/9 simba.nic.ustc.e Thu Aug 1 20:30 - 21:26 (00:55)
```

5) lastlog 命令

lastlog 文件每次在有用户登录时被 Linux 系统查询,可以使用 lastlog 命令检查某特定用户上次登录系统的时间,并格式化输出上次登录日志/var/log/lastlog 的内容,该输出内容根据 UID 排序显示登录名、端口号(tty)和上次登录时间。如果一个用户从未登录过系统,那么 lastlog 将显示**Never logged**。例如:

```
# lastlog
rong    5 202.38.64.187  Fri Aug 18 15:57:01 +0800 2000
dbb     **Never logged in**
xinchen **Never logged in**
pb9511  **Never logged in**
xchen   0 202.38.64.190  Sun Aug 13 10:01:22 +0800 2000
```

注意

需要以 root 身份运行该命令。

另外，可添加一些参数。例如，"last -u 102"命令可报告 UID 为 102 的用户，"last -t 7"命令用于查询最近 7 天的报告。

8.3 Linux 日志管理技巧

8.3.1 使用 logrotate 工具

根据系统中发生的事件的数量和设定的应用程序的日志信息详细程度，日志文件可能会在很短的时间内就变得非常大。logrotate 工具可以安排好日志文件的轮转工作，Linux 的各种最新版本都默认在 root 账户的 crontab 计划任务表中安排它每天运行一次。该工具支持日志文件的自动轮转、压缩、删除，以及通过电子邮件发送各种系统日志文件或应用程序日志文件，其默认配置文件为/etc/logrotate.conf。若配置文件中的定义发生冲突，本地定义将覆盖全局定义，而后面的定义将覆盖前面的定义。logrotate 工具允许在命令行给出任意数目的配置文件，在配置文件中可以用 include 命令调用其他配置文件。因为配置文件和配置项的先后顺序将影响最终配置结果，所以在制订日志轮转方案时一定要考虑先后顺序。应用程序日志文件的 logrotate 轮转配置文件集中存放在/etc/logrotate.d/目录下。如果已经建立了中央日志服务器，则配置 logrotate 工具将删除本地日志文件，而不是轮转使用它们，为此可用一个等于 rotate 时间的 maxage 设置来完成。在激活这个选项之前，确保本地日志被发往中央日志服务器。因为 logrotate 工具通常作为一项每日一次的 cron 计划任务来运行，所以它在一天之内不会修改日志文件，除非日志文件的长度超过了预定的限度或者让 logrotate 工具每天运行一次以上。如果因为测试或其他原因强行让该工具执行某种操作，则可以使用"logrotate -f"或"logrotate --force"命令。

8.3.2 手动搜索日志文件

利用 grep 命令可以在日志文件中搜索各种可疑线索，其用法很简单，即在命令行中输入如下命令：

```
grep "what to look for" file to look in
```

例如：

```
grep "failed" /var/log/messages
```

该 grep 命令将把/var/log/messages 文件中包含单词"failed"的文本行全部找出。在默认情况下，该命令区分大小写。需要根据具体情况使用 grep 命令及其"-i"选项来进行对大小写不敏感的搜索。如果知道搜索的事件或活动（如用户试图使用 su 命令切换为 root 用户），则可以执行一次这样的操作，然后在日志文件中查看结果。执行失败的 su 命令将在日志文件中留下如下记录：

```
apr  1 11:11:54 chim su: failed su (to root) rreck on /dev/pts/1
```

如果需要查找所有 su 命令执行失败的记录，则应该使用如下命令：

```
# grep "failed su" /var/log/messages
```

使用错误的口令尝试一次远程登录，SSH 登录失败事件应该在日志文件中留下如下记录：

```
apr  1 11:24:17 chim sshd[1934]: failed password for rreck
from ::ffff:192.168.1.99 port 32942 ssh2
```

如果需要查找失败的远程登录活动，则可以用如下命令查找全部远程登录失败事件：

```
grep "failed password" /var/log/messages
```

上述两个示例中的活动是非法的，值得注意的是，它们是黑客攻击的一种标志。如果 grep 命令只在日志文件中找到了几个这样的零零散散的失败事件，则很可能是有人忘记了口令或者输入口令时出现了错误；反之，如果这样的失败事件较多，则很可能是有人在试图闯入系统，应该立刻采取措施在网络级拒绝其访问。

8.3.3 使用 logwatch 工具搜索日志文件

由 KirkBauer 用 Perl 语言编写的 logwatch 程序也是一种常用的日志文件搜索工具，Red Hat 发行版在很早以前就将其作为一个组成部分了。logwatch 程序的配置文件为/etc/log.d/conf/ logwatch.conf，该程序还用到/etc/log.d/子目录下的几个下级子目录。logwatch 工具的可配置选项包括输出信息的详细程度、搜索结果是通过电子邮件发送还是显示到屏幕上，以及"Today""Yesterday""All"等有限的几种日期范围选择。如果使用的是 Red Hat Enterprise Linux 7.0，因为在/etc/cron.daily/logwatch 文件中有一个软链接，所以 logwatch 将默认地每天运行一次。默认配置的 logwatch 将在/var/log/子目录中检查昨天的系统日志并把结果通过电子邮件发送给 root 用户。可以使用如下命令查看其输出报告样板：

```
/etc/cron.daily/00-logwatch-print-rangeall
```

开头部分是其当前使用的配置设置，然后依次是 PAM 活动、连接、SSH 和硬盘空间等段落。在报告的末尾，logwatch 会简要总结这一天的日志检查结果，这为系统管理员提供了很大方便。

8.3.4 使用 journal

1．简介

journal 是 systemd 的一个组成部分，负责查看和管理日志文件，可以代替传统的 syslog

守护进程，包括 rsyslogd。journal 支持多种日志格式。日志信息被写入二进制文件中，系统管理员可以使用 journalctl 命令阅读文件。要获得文件中的信息，Linux 系统管理员需要进行一些实践。journal 是 systemd 的一个组件，由 journald 处理，journal 可以捕获系统日志信息、内核日志信息、来自原始 RAM 磁盘的信息、早期启动信息，以及所有服务中写入 STDOUT 和 STDERR 数据流的信息。journald 快速改变着服务器处理日志信息与管理员访问日志信息的方式。在 systemd 和 journald 的世界中没有日志文件的位置。journald 日志被写入二进制文件，在 Red Hat Enterprise Linux 7.0 上它位于/run/log/journal 中，不能使用页面打开。使用 journalctl 查看内容，将显示所有登录到服务器的信息。journal 和 rsyslogd 的关系示意图如图 8-1 所示。

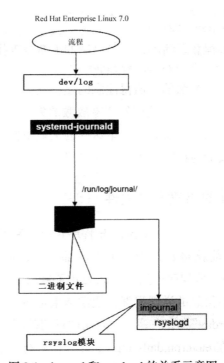

图 8-1　journal 和 rsyslogd 的关系示意图

传统的 syslog 在几十年的发展中局限变得越来越多，系统日志工具 journal 成为一个替代者，journal 会收集以下 3 方面的信息作为日志。

- 通过 libc 的 syslog()函数输出的信息。
- 核心通过 printk()函数输出的信息。
- 系统服务向 STDOUT/STDERR 输出的信息。

2．journalctl 命令

journalctl 命令格式：journalctl [选项] [MATCHES...]

journalctl 命令的主要选项如下。

- --system：只显示系统日志。

- --user：只显示当前用户的用户日志。
- --since= DATE：开始显示比指定日期新的日志。
- --until= DATE：停止显示比指定日期旧的日志。
- -b --boot：显示引导开始的日志。
- -k --dmesg：从当前引导开始显示内核消息日志。
- -u --unit=UNIT：仅显示指定单元的数据。
- --user-unit=UNIT：只能从指定的用户会话单元中显示数据。
- -p --priority=RANGE：显示指定的优先级范围内唯一的数据。
- -f --follow：实时输出日志。
- -n --lines[=INTEGER]：显示指定行数的日志。
- --no-tail：显示所有行。
- -r --reverse：最先显示最新条目。
- -o --output= STRING：更改日志输出模式（包括短、精确、短单调、冗长等模式）。
- -x --catalog：添加信息的解释。
- -a --all：显示日志行的所有字段。
- -q --quiet：不显示错误和报警信息。
- -D --directory：显示指定目录下的日志文件。
- --file：显示日志文件路径。

journalctl 命令的主要子命令如下。

- -h --help：显示帮助文本。
- --version：显示软件包版本。
- --new-id128：生成一个新的 128 位 ID。
- --header：显示日志表头信息。
- --disk-usage：显示所有日志文件的磁盘使用率情况。
- --verify：检查日志文件的内部一致性。
- --verify-key：指定 FSS 验证密钥以验证操作。

3．使用方法

开启新日志系统非常简单，建个目录后重启即可：

```
$ sudo mkdir -p /var/log/journal
$ reboot
```

然后使用 su 命令进入 root 账户，把用户名称添加到 adm 组，这样才能看到所有日志内容：

```
# usermod -a -G adm cjh
```

重新登录，就能通过 journalctl 命令看到所有日志了。

启动服务：

```
# systemctl restart systemd-journald
```

4. 常用命令实例

查看特定命令的日志：

```
$ journalctl _COMM=sshd
```

sshd 命令的输出界面如图 8-2 所示。

```
root@localhost:~
-- Logs begin at Wed 2014-08-20 16:45:46 CST, end at Thu 2014-08-21 22:58:16 CST. --
Aug 21 19:49:34 localhost.localdomain sshd[1611]: Server listening on 0.0.0.0 port 22.
Aug 21 19:49:34 localhost.localdomain sshd[1611]: Server listening on :: port 22.
Aug 21 19:50:42 localhost.localdomain sshd[2128]: pam_unix(sshd:auth): authentication failure; logname= uid=0 eu
Aug 21 19:50:42 localhost.localdomain sshd[2128]: pam_succeed_if(sshd:auth): requirement "uid >= 1000" not met b
Aug 21 19:50:45 localhost.localdomain sshd[2128]: Failed password for root from 192.168.0.1 port 2180 ssh2
Aug 21 19:50:46 localhost.localdomain sshd[2128]: Accepted password for root from 192.168.0.1 port 2180 ssh2
Aug 21 19:50:47 localhost.localdomain sshd[2128]: pam_unix(sshd:session): session opened for user root by (uid=0
Aug 21 20:05:41 localhost.localdomain sshd[3775]: pam_unix(sshd:auth): authentication failure; logname= uid=0 eu
Aug 21 20:05:41 localhost.localdomain sshd[3775]: pam_succeed_if(sshd:auth): requirement "uid >= 1000" not met b
Aug 21 20:05:43 localhost.localdomain sshd[3775]: Failed password for root from 192.168.0.1 port 2026 ssh2
Aug 21 20:05:44 localhost.localdomain sshd[3775]: Accepted password for root from 192.168.0.1 port 2026 ssh2
Aug 21 20:05:44 localhost.localdomain sshd[3775]: pam_unix(sshd:session): session opened for user root by (uid=0
Aug 21 20:48:20 localhost.localdomain sshd[7235]: Accepted password for root from 192.168.0.1 port 3183 ssh2
Aug 21 20:48:21 localhost.localdomain sshd[7235]: pam_unix(sshd:session): session opened for user root by (uid=0
Aug 21 20:50:29 localhost.localdomain sshd[7315]: Accepted password for root from 192.168.0.1 port 1132 ssh2
Aug 21 20:50:29 localhost.localdomain sshd[7315]: pam_unix(sshd:session): session opened for user root by (uid=0
Aug 21 20:55:46 localhost.localdomain sshd[8373]: Accepted password for root from 192.168.0.1 port 1851 ssh2
Aug 21 20:55:46 localhost.localdomain sshd[8373]: pam_unix(sshd:session): session opened for user root by (uid=0
Aug 21 20:57:00 localhost.localdomain sshd[3775]: pam_unix(sshd:session): session closed for user root
Aug 21 21:15:57 localhost.localdomain sshd[9343]: Accepted password for root from 192.168.0.1 port 1280 ssh2
Aug 21 21:15:58 localhost.localdomain sshd[9343]: pam_unix(sshd:session): session opened for user root by (uid=0
Aug 21 21:41:11 localhost.localdomain sshd[10740]: Accepted password for root from 192.168.0.1 port 3058 ssh2
Aug 21 21:41:12 localhost.localdomain sshd[10740]: pam_unix(sshd:session): session opened for user root by (uid=
Aug 21 21:41:12 localhost.localdomain sshd[10740]: subsystem request for sftp by user root
Aug 21 21:43:07 localhost.localdomain sshd[10740]: pam_unix(sshd:session): session closed for user root
Aug 21 22:02:43 localhost.localdomain sshd[2128]: pam_unix(sshd:session): session closed for user root
Aug 21 22:13:27 localhost.localdomain sshd[1611]: Received signal 15; terminating.
Aug 21 22:13:28 localhost.localdomain sshd[12352]: Server listening on 0.0.0.0 port 22.
Aug 21 22:13:28 localhost.localdomain sshd[12352]: Server listening on :: port 22.
Aug 21 22:48:50 localhost.localdomain sshd[7235]: pam_unix(sshd:session): session closed for user root
Aug 21 22:51:45 localhost.localdomain sshd[13784]: Accepted password for root from 192.168.0.1 port 2143 ssh2
Aug 21 22:51:45 localhost.localdomain sshd[13784]: pam_unix(sshd:session): session opened for user root by (uid=
Aug 21 22:52:08 localhost.localdomain sshd[7315]: pam_unix(sshd:session): session closed for user root
Aug 21 22:55:38 localhost.localdomain sshd[14251]: Accepted password for root from 192.168.0.1 port 2153 ssh2
Aug 21 22:55:38 localhost.localdomain sshd[14251]: pam_unix(sshd:session): session opened for user root by (uid=
lines 1-36
```

图 8-2　sshd 命令的输出界面

查看 sshd 命令更详细的情况：

```
$ journalctl /usr/sbin/sshd -o verbose
```

查看日志的 30 行：

```
$ journalctl-n  30
```

查看特定命令在指定时间内的日志：

```
# journalctl _COMM=sudo --since "10:00" --until "11:00"
```

设置过滤条件，只显示错误信息：

```
# journalctl -p err
```

只显示错误信息的界面如图 8-3 所示。

第 8 章　Linux 日志管理

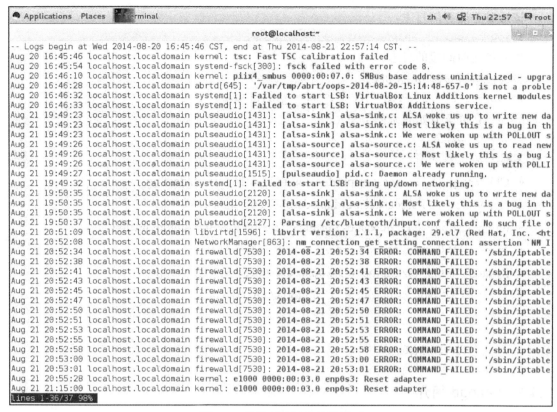

图 8-3　只显示错误信息的界面

 说明

红色字体说明出现故障。

动态跟踪最新信息：
journalctl -f

显示特定程序的所有消息：
journalctl /usr/lib/systemd/systemd

显示特定进程的所有消息：
journalctl _PID=1

显示指定单元的所有消息：
journalctl -u netcfg

显示优先级为 2 的日志：
journalctl -p 2 --since=today

日志等级包括 emerg（最高的紧急程度状态）、alert（紧急状态）和 crit（重要信息）；与 syslog 优先级 emerg（0）、alert（1）、crit（2）、err（3）、warning（4）、notice（5）、info（6）和 debug（7）相似。

读取最后一次启动以来的 boot 日志：
journalctl --boot

读取某个服务的日志：
```
# journalctl -u apache.service
```
显示指定时间段的日志。

查看昨晚登录的 httpd 进程：
```
# journalctl -u httpd since=00:00 --until=8:00
```
只显示自昨天开始登录的信息：
```
# Journalctl --since=yesterday
```
其他日志工具如下：
- Chklastlog：FTP://coast.cs.purdue.edu/pub/tools/unix/chklastlog/
- Chkwtmp：FTP://coast.cs.purdue.edu/pub/tools/unix/chkwtmp/
- dump_lastlog：FTP://coast.cs.purdue.edu/pub/tools/unix/dump_lastlog.Z
- spar：FTP://coast.cs.purdue.edu/pub/tools/unix/TAMU/
- Swatch：http://www.lomar.org/komar/alek/pres/swatch/cover.html
- Zap：FTP://caost.cs.purdue.edu/pub/tools/unix/zap.tar.gz

8.4 配置 rsyslogd

8.4.1 rsylogd 简介

rsyslogd 是一个 syslogd 的多线程增强版。rsyslogd 守护程序通过它的配置文件 /etc/rsyslog.conf 来理解/proc 文件系统的 kmsg 接口，并使用这些接口获取内核日志消息。需要注意的是，在内部，所有日志级别都是通过/proc/kmsg 写入的，这样所传输的日志级别不是由内核决定的，而是由 rsyslogd 本身决定的。然后这些内核日志会存储在 /var/log/kern.log 文件（及其他配置的文件）中。在/var/log 中有许多日志文件，包括一般消息和系统相调用信息（/var/log/messages 文件）、系统启动日志（/var/log/boot.log 文件）、认证日志（/var/log/auth.log 文件）等。/etc/rsyslog.conf 文件存储 rsyslogd 的配置信息。这个文件中的每一行都包含一个或多个由空格分隔的选择器（selector）及一个动作（action）。选择器用来定义消息的来源和类型，动作用来指定 rsyslogd 如何处理消息。下面我们在两个计算机上安装 rsyslogd 软件包，IP 地址分配如下：

- **rsyslog 服务器**　　　IP 地址：192.168.0.12
- **客户端**　　　　　　IP 地址：192.168.0.11

8.4.2 安装配置服务器端

使用如下命令安装配置服务器端：
```
$ sudo yum install rsyslog
```
接下来，要修改 rsyslog 配置文件中的一些设置。

打开配置文件：
```
# vim /etc/rsyslog.conf
```
取消以下两行命令的注释符，以允许通过 UDP 协议接收日志：
```
module(load="imudp")
input(type="imudp" port="514")
```
如果希望启用 TCP 协议接收日志，请取消以下两行注释：
```
module(load="imtcp")
input(type="imtcp" port="514")
```
保存并退出配置文件。

要从客户端接收日志，我们需要在防火墙上打开 rsyslog 默认端口 514：
```
# sudo firewall-cmd --add-port=514/tcp --zone=public --permanent
# sudo firewall-cmd --reload
```
设置 SELinux：
```
# semanage port -a -t syslogd_port_t -p udp 541
```
或者：
```
# semanage port -a -t syslogd_port_t -p tcp 514
```
接下来，重新启动 rsyslog 服务器：
```
$ sudo systemctl restart rsyslog
$ sudo systemctl enable rsyslog
```
使用 netstat 命令，确认 rsyslog 服务器正在侦听端口 514：
```
$ sudo netstat -pnltu
```

8.4.3　客户端配置

与配置 rsyslog 服务器一样，打开 rsyslog 配置文件：
```
$ sudo vim /etc/rsyslog.conf
```
添加如下两行命令：
```
*.*  @192.168.0.12:514        # Use @ for UDP protocol
*.*  @@192.168.0.11:514       # Use @@ for TCP protocol
```
保存并退出配置文件。

同样需要在防火墙上打开 rsyslog 默认端口 514：
```
# sudo firewall-cmd --add-port=514/tcp --zone=public --permanent
# sudo firewall-cmd --reload
```
接下来，重新启动 rsyslog 服务器：
```
$ sudo systemctl restart rsyslog
$ sudo systemctl enable rsyslog
```

8.4.4　测试日志系统

成功配置了 rsyslog 服务器和客户端系统后，就可以验证配置是否能按预期工作了。

在客户端系统上，运行以下命令：
```
## logger "Hello ! This is test log"
```

然后在 rsyslog 服务器上检查 Linux 系统日志，以查看 rsyslog 服务器是否记录了测试事件：

```
# tail -f /var/log/messages |grep test
June 15 12:32:01 goodcjh: Hello ! This is test log
```

在客户端系统上运行命令的输出显示在 rsyslog 服务器的日志中，这意味着 rsyslog 服务器正在接收来自客户端系统的日志。

第 9 章

Linux 文件系统管理

9.1 Linux 文件系统介绍

9.1.1 文件系统定义

文件系统是对一个存储设备上的数据和元数据进行组织的机制。Linux 支持多种文件系统和媒体，其文件系统接口是分层的体系结构，分层结构可以将用户接口层、文件系统实现和操作存储设备的驱动程序分隔开，还可以将文件系统看作一个协议。网络协议（如 IP）规定了互联网上传输的数据流的意义，同样文件系统会给出特定存储媒体上的数据的意义。

9.1.2 Linux 文件系统的体系结构

大多数文件系统代码在内核中（用户空间文件系统除外），图 9-1 显示了用户空间和内核空间中与文件系统相关的主要组件之间的关系。

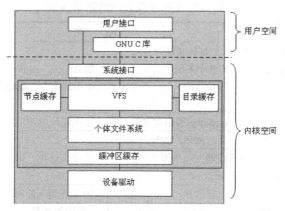

图 9-1 用户空间和内核空间中与文件系统相关的主要组件之间的关系

用户空间包含一些用户接口和 C 库（glibc），为文件系统调用（打开、读、写和关闭）提供用户接口。系统接口的作用类似于交换器，它将系统调用从用户空间发送到内核空间中的适当端点。

VFS 是底层文件系统的主要接口。VFS 先导出一组接口，然后将它们抽象到各个文件系统（各个文件系统的行为可能有很大差异）。节点缓存和目录缓存是两个针对文件系统对象的缓存，用于缓存最近使用过的文件系统对象。文件系统用于导出一组通用接口，供 VFS 使用。缓冲区缓存用于缓存文件系统和相关块设备之间的请求，如对底层设备驱动程序的读/写请求会通过缓冲区缓存来传递。VFS 允许在缓冲区进行访问请求，从而减少访问物理设备的次数，加快访问速度。例如，可以使用 sync 命令将缓冲区缓存中的请求发送到存储媒体（迫使所有未写的数据发送到设备驱动程序，进而发送到存储设备）。

相关术语如下。

挂载：在 Linux 中将一个文件系统与一个存储设备关联起来的过程称为挂载（mount）。使用 mount 命令可将一个文件系统附着到当前文件系统层次结构中（根）。在执行挂载时，要提供文件系统类型、文件系统和挂载点。

块设备：以块（如磁盘扇区）为单位收发数据的设备，具有缓冲和随机访问（不必顺序读取块，可以在任何时候访问任何块）等特性，包括硬盘、CD-ROM 和 RAM 盘。与块设备相对的是字符设备，字符设备没有可以进行物理寻址的媒体。字符设备包括串行端口和磁带设备，只能逐字符地读取这些设备中的数据。

9.1.3　Linux 文件系统结构

Linux 文件系统采用阶层式树状目录结构，最上层是"/"，然后在下边创建其他目录（见表 9-1）。因为 Linux 文件系统允许厂商和个人进行修改，很容易发生目录不统一的情况，所以其制定了一套规范文件目录的命名及存放标准的文件，即 FHS（Filesystem Hierarchy Standard），包括 Red Hat 在内的发行者都要遵循这个标准。

表 9-1　Linux 安装时的默认目录

默认目录	说　　明
/	Linux 系统根目录，是最高级的目录
/bin	binary 的缩写，是最小系统所需要的命令，如 ls、cp、mkdir 等，功能和/usr/bin 类似，该目录中的文件都是可执行的，是普通用户可以使用的命令，基础系统需要的最基础的命令就放在其中
/boot	包含 vmlinuz、initrd.img 等启动文件，在一般情况下，GRUB 引导管理器位于这个目录中
/dev	接口设备文件目录，如用户的硬盘 had
/etc	系统配置文件所在地，一些服务器的配置文件也在这里，如用户账号及密码配置文件
/home	普通用户的主目录
/lib	库文件存放目录，包含执行/bin 和/sbin 目录的二进制文件时所需的共享函数库 library
/mnt	各项装置的文件系统加载点，如/mnt/cdrom（光驱的加载点）
/opt	有些软件包会被安装在这里，即自定义软件包，供较大且固定的应用程序存储文件

续表

默认目录	说　　明
/proc	系统运行时的进程（正在运行中的程序）信息及内核信息（如 CPU、硬盘分区、内存信息等）存放在该目录下。/proc 目录是伪装为文件系统 proc 的挂载目录，proc 并不是真正的文件系统
/root	管理员的主目录
/sbin	大多数涉及系统管理的命令的存放地，也是 root 账户的可执行命令的存放地，普通用户无权限执行该目录下的命令
/tmp	存放临时文件的目录
/usr	系统存放程序的目录，如命令、帮助文件等。该目录下有很多文件和目录。当我们安装一个官方提供的 Linux 发行版的软件包时，大多会安装在这里。/usr 目录下包括帮助目录 /usr/share/man 或 /usr/share/doce
/var	该目录下的内容是经常变动的，我们可以将目录名理解为 vary 的缩写，/var 目录下的 /var/log 是用来存放系统日志的目录；/var/www 是定义 Apache HTTP 服务器站点存放的目录；/var/lib 是用来存放一些库文件的目录
/sys	包含设备、内核模块、文件系统和其他内核组件信息的目录
/srv	包含服务数据的目录

用户可以使用如下命令获得 Linux 文件层次结构的说明：

```
$ man hier
```

使用如下命令查看默认的文件系统布局：

```
# tree -d -L 2 /
```

9.1.4　/etc/sysconfig 目录和文件简介

/etc/sysconfig 目录下包含控制系统配置的文件和命令，其中一些重要的文件和命令如下。

atd：指定 atd 守护程序的其他命令行参数。

authselect：指定是否可以使用各种身份验证机制和选项。

autofs：定义用于自动安装设备和控制自动安装器操作的自定义选项。

crond：在启动时将参数传递给守护程序。

firewalld：在启动时将参数传递给防火墙守护程序。

grub：指定 GRUB 2 引导程序的默认设置。此文件是 /etc/default/grub 的符号链接。

init：控制系统在引导过程中的显示方式和功能。

keyboard：指定键盘。

modules（目录）：包含内核在引导时运行的以加载其他模块的脚本。modules 目录中的脚本必须具有扩展名.modules，并且必须具有 755 可执行权限。

named：named 在启动时将参数传递给名称服务守护程序。named 守护程序是域名系统（DNS）服务器的守护进程，该服务器维护一个表，该表将主机名与网络上的 IP 地址相关联的表。

nfs：控制远程过程调用（rpc）服务用于 NFS v2 和 NFS v3 的端口。该文件允许为 NFS v2 和 NFS v3 设置防火墙规则，NFS v4 的防火墙配置不需要编辑此文件。

ntpd：在启动时将配置参数传递给网络时间协议（ntp）守护程序。

samba：配置参数传递给了 smbd，nmbd 和 winbindd 守护进程在引导时支持文件共享连接的 Windows 客户端。

selinux：控制系统上 SELinux 的状态。此文件是/etc/selinux/config 的符号链接。

snapper：定义 Btrfs 文件系统和精简配置的 LVM 卷的列表，其内容可以由 snapper 实用程序记录为快照。

sysstat：为系统活动数据收集器实用程序（如 sadc）配置日志记录参数。

/proc（虚拟文件系统目录）：/proc 目录中的文件包含有关系统硬件和系统上正在运行的进程的信息，通过写入具有写许可权的某些文件可以更改内核的配置。/proc 目录下的文件是内核根据需要创建的虚拟文件，用于呈现基础数据结构和系统信息的可浏览视图。大多数虚拟文件的大小为 0B，可以使用命令 cat 等命令检查虚拟文件。例如，使用 cat /proc/cpuinfo 命令查看 CPU 硬件信息，使用 lspci 命令查看主板扩展槽安装信息。

/proc 目录中的主要文件如下所示。

pid（目录）：提供与进程 ID（pid）相关的信息。目录的所有者和组与进程的所有者和组相同。该目录下主要包括如下目录和文件：
cmdline——命令路径。
cwd——与进程当前工作目录的符号链接。

environ——环境变量。

exe——指向命令可执行文件的符号链接。

maps——将内存映射到可执行文件和库文件。

root——指向该过程的有效根目录的符号链接。

stack——内核堆栈的内容。

status——运行状态和内存使用情况。

buddyinfo：提供用于诊断内存碎片的信息。

bus（目录）：包含相关系统中可用的各种总线（如 pci 和 usb）的信息。用户可以使用 lspci、lspcmcia 和 lsusb 等命令来显示此类设备的信息。
- cgroups：提供相关系统正在使用的资源控制组的信息。
- cpuinfo：提供有关系统 CPU 的信息。
- crypto：提供所有已安装的密码的相关信息。
- devices：列出当前所有组态的字符和块设备的名称和主要设备编号。
- dma：列出当前正在使用的直接内存访问（dma）通道。

driver（目录）：包含内核使用的驱动程序的相关信息。
- filesystems：列出内核支持的文件系统类型。

fs（目录）：包含与已安装文件系统有关的信息，按文件系统类型组织。
- interrupts：记录系统启动以来每个 CPU 的每个中断请求队列（irq）的中断数。
- iomem：列出每个物理设备的系统内存映射。
- ioports：列出内核用于设备的 I/O 端口地址的范围。

irq（目录）：包含与每个 irq 有关的信息。用户可以配置每个 irq 与系统 CPU 之间的关联。
- kcore：以 core 文件格式显示系统的物理内存，用户可以使用调试器（如 crash 或 gdb）检查该文件的格式。该文件不可读。
- kmsg：记录内核生成的消息，这些消息由 dmesg 等程序获取。
- loadavg：显示过去 1min、5min 和 15min 的系统平均负载。
- locks：显示有关内核当前代表进程持有的文件锁的信息，包括锁类（flock 或 posix）、锁类型（advisory 或 mandatory）、访问类型（read 或 write）、进程 ID、主设备、次设备、索引节点号、锁定区域的边界。
- mdstat：列出与多磁盘 RAID 有关的信息。

- meminfo：详细报告系统的内存使用情况。
- modules：显示当前装入内核的模块的相关信息。
- mounts：列出所有已挂载文件系统的相关信息。

net（目录）：提供与网络协议、参数和统计相关信息。每个目录和虚拟文件都描述了系统网络配置的各个方面。

- partitions：列出主要和次要设备号、块数及系统安装的分区的名称。
- scsi/device_info：提供与支持的 SCSI 设备有关的信息。
- scsi/scsi 和 scsi/sg/*：提供与已配置的 SCSI 设备有关的信息，包括供应商、型号、通道、ID 和 lun 数据。
- self：与正在检查的过程的符号链接。
- slabinfo：提供与 slab 内存使用情况有关的详细信息。
- softirqs：显示与软件中断（softirq）有关的信息。softirq 与硬件中断（hardirq）类似，允许内核执行异步处理，这在硬件中断期间会花费很长时间。
- stat：记录与系统自启动以来有关的信息，包括 CPU 在用户模式、低优先级用户模式、系统模式、空闲、等待 I/O、处理 hardirq 事件和处理 softirq 事件上花费的总 CPU 时间。
- swaps：提供有关交换设备的信息，其中大小和使用量的单位是 KB。

sys（目录）：提供有关系统的信息，允许用户启用、禁用或修改内核功能。

/proc/sys 包含虚拟文件的子目录层次结构如下所示。
dev：设备参数。
fs：文件系统参数。
kernel：内核配置参数。
net：网络参数。

sysvipc（目录）：提供与消息（msg）、信号量（sem）和共享内存（shm）的 system v 进程间通信（ipc）资源使用情况有关的信息。

tty（目录）：提供与系统上可用和当前使用的终端设备有关的信息。

vmstat 提供与虚拟内存使用情况有关的信息。

9.1.5 /sys 虚拟文件系统

除了/proc 虚拟文件系统，内核还将信息导出到/sys 虚拟文件系统（sysfs）。诸如动态设备管理器（Udev）之类的 /sys 程序可用于访问设备和设备驱动程序信息。

/sys 目录层次结构下的一些有用的虚拟目录如下。

block：包含块设备的子目录，如/sys/block/sda。

bus：包含所有物理总线类型的子目录，如 pci、pcmcia、scsi、usb。在每种总线类型下，该 devices 目录列出了发现的设备，包括设备驱动程序。

class：包含向内核注册的每种设备类的子目录。

dev：包含 char/和 block/目录。在这两个目录下有名为<major>：<minor>的符号链接，这些符号链接指向 sysfs 虚拟文件系统的目录。

devices：包含系统中所有设备的全局设备层次结构。平台目录包含特定平台的外围设备，如设备控制器。

firmware：包含固件对象的子目录。

fs：包含文件系统对象的子目录。

kernel：包含其他内核对象的子目录

module：包含加载到内核的每个模块的子目录。用户可以通过该目录更改已加载模块的一些参数值。

power：包含控制系统电源状态的属性。

9.1.6 Linux 文件系统的组成

在 Linux 文件系统内部，一个文件系统是由逻辑块的序列组成的，每个逻辑块的大小为 512B，具体如图 9-2 所示。

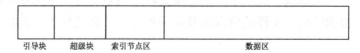

图 9-2 linux 文件系统的内部结构

引导块：Linux 文件系统开头的一个可存放一定程序的扇区，用于读入并启动操作系统。

超级块：记录文件系统的当前状态，如硬盘空间的大小和文件系统的基本信息。

索引节点区：存放文件系统的索引节点表，Linux 文件系统中每个文件和目录都占据一个索引节点。

数据区：存放文件数据和用于文件管理的其他数据。

9.1.7 文件类型

Linux 文件系统有 5 种基本文件类型：普通文件、目录文件、链接文件、设备文件和管道文件。不论什么类型的文件，Linux 系统都会赋予它一个索引节点，该索引节点包含文件所有信息，如磁盘上数据的地址和文件类型等。索引节点存储在索引节点表（inode table）中，该表在磁盘格式化时由 Linux 操作系统自动分配。

1．普通文件

普通文件是用户经常使用的文件，又分为文本文件和二进制文件。一般的文档和程序都属于普通文件。

文本文件：以文本的 ASCII 码形式存储在计算机中，是一种以"行"为基本结构的信息组织和存储方式。

二进制文件：以文本的二进制形式存储在计算机中，用户一般不能直接读懂它们，只有通过相应的软件才能将其内容显示出来。二进制文件一般是可执行程序、图形、图像、声音等。

2．目录文件

设计目录文件的主要目的是管理和组织系统中的大量文件。Linux 文件系统把目录也看作文件，称为目录文件——一种文件类型。目录是操作系统形成文件系统树状结构的一个节点单位。目录文件里包含普通文件和下一级目录，并且包含指向下属文件和子目录的指针。

3．链接文件

链接文件分为硬链接和符号链接。硬链接（hard link）是指通过索引节点进行的链接。在 Linux 文件系统中，保存在磁盘分区中的文件，不管是什么类型的，都有一个编号，该编号被称为索引节点号（inode index）。在 Linux 文件系统中，多个文件名指向同一个索引节点的情况是存在的。这种链接一般就是硬链接。硬链接的作用是允许一个文件拥有多个有效路径名，这样用户就可以建立硬链接到重要文件，以防误删，其原理是：对应该目录的索引节点有一个以上链接，只删除一个链接并不影响索引节点本身和其他的链接，只有当最后一个链接被删除后，文件的数据块及目录的链接才会被释放，这时文件才会被真正删除。

此外，利用硬链接还能实现文件共享。当一个有硬链接的文件被修改时，所有与这个文件硬链接的文件都将被修改。这样，当两个程序员共同开发一个较大的程序时，两个人可以在一个有硬链接的文件上各自编写自己的程序。同时可以共享他人的成果，从而得到事半功倍的效果，大大提高了工作效率。

Linux 文件系统中还存在另一种链接，与硬链接相对应被称为符号连接（symbilc link），即软链接，它实际上是一种特殊文件。符号链接实际上是一个文本文件，其中包含了另一个文件的位置信息。

4．设备文件

设备文件是 Linux 文件系统的一个特色。linux 文件系统把每一个 I/O 设备都看作一个文件，其处理方式与普通文件相同，这样可以使文件与设备的操作尽可能统一。对于用户来说，其使用 I/O 设备时不必了解 I/O 设备的细节。设备文件可以细分为块设备文件和字符设备文件。前者的存取是以字符块为单位的，后者的存取则是以单个字符为单位的。设备文件对应一种实际设备（终端、磁盘、打印机、网卡等）。

Linux 文件系统把硬件设备当作文件来管理。每个与 Linux 文件系统相连的实际设备（包括磁盘、终端和打印机），都必须在文件系统中表示出来（大多数设备文件都放在/dev 目录中）。

/dev/null 是一个数据接收器。实际上用户写入的数据在/dev/null 中消失了，但写入操作是成功的。并且从/dev/null 返回中读取 eof 数值（文件末尾）。

/dev/zero 是无限数量的零值字节的数据源。

/dev/random 和/dev/urandom 是伪随机字节流的数据源。

在此，值得一提的是一种特殊的设备文件——fifo（先入先出缓冲区）。fifo 看起来像普通文件，但如果向其中写入数据，该文件大小就增长；如果从其中读出数据，该文件大小就会缩减。

/dev/null 即空存储桶，是一个非常有用的特殊设备文件，也称为位桶（bit bucket），用户送入/dev/null 的任何东西都会被忽略，当用户不想看到命令的输出结果时，它是很有用的。

5．管道文件

管道是通过 I/O 接口存取的字节流，源自 UNIX，LINUX 继承了这项技术。管道文件是一种很特殊的文件，主要用于不同进程间的信息传递。当两个进程间需要进行数据或信息传递时，可以通过管道文件实现。一个大型的应用系统往往需要众多进程协作，进程间通信的重要性显而易见。管道文件通常建立在调整缓存中。

9.1.8　查看当前 Linux 支持的文件系统类型

不同版本的 Linux 支持的文件系统类型有所不同，如何知道自己使用的 Linux 发行版支持的文件系统类型呢？用 root 账户登录 Linux，执行如下命令即可：

```
# ls /sbin/mkfs.*
```

9.2 XFS 文件系统管理

9.2.1 安装相关软件包

运行如下命令安装相关软件包：

```
# yum install xfsprogs xfsdump xfsprogs-devel xfsprogs-qa-devel
```

9.2.2 使用 XFS 管理命令

在 GNU 和 Linux 中，主要使用 xfsprogs 中的一系列工具管理 XFS。

1．命令简介

mkfs.xfs：创建 XFS 文件系统。

xfs_admin：调整 XFS 文件系统的各种参数。

xfs_copy：将 XFS 文件系统的内容复制到一个或多个目标系统中（并行方式）。

xfs_db：调试或检测 XFS 文件系统（查看文件系统碎片等）。

xfs_check：检测 XFS 文件系统的完整性。

xfs_bmap：查看一个文件的块映射。

xfs_repair：尝试修复受损的 XFS 文件系统。

xfs_fsr：碎片整理。

xfs_quota：管理 XFS 文件系统的磁盘配额。

xfs_metadump：将 XFS 文件系统的元数据（meta-data）复制到一个文件中。

xfs_mdrestore：将元数据（meta-data）从一个文件中恢复到 XFS 文件系统中。

xfs_growfs：调整 XFS 文件系统大小（只能扩展）。

xfs_freeze：暂停（-f）和恢复（-u）XFS 文件系统。

2．建立 XFS 文件系统

1）格式化

用 root 账户运行如下命令可将存储设备格式化成 XFS 格式：

```
# mkfs -t xfs /dev/sdb5
```

如果 mkfs.xfs 发现存储设备中仍有之前存放的文件资料，则会拒绝进行格式化：

```
# mkfs.xfs /dev/sdb5
mkfs.xfs: /dev/sdb5 appears to contain an existing filesystem (xfs).
mkfs.xfs: use the -f option to force overwrite.
```

如果确定那些资料已没有用途，则需要为 mkfs.xfs 加上 -f 选项强迫它进行格式化：

```
# mkfs.xfs -f /dev/sdb5
meta-data    =/dev/sdb5          isize=256    agcount=4, agsize=524119 blks
             =                   sectsz=512   attr=2
data         =                   bsize=4096   blocks=2096474, imaxpct=25
             =                   sunit=0      swidth=0 blks
naming       =version 2          bsize=4096
```

```
log         =internal log    bsize=4096   blocks=2560, version=2
            =                sectsz=512   sunit=0 blks, lazy-count=0
realtime    =none            extsz=4096   blocks=0, rtextents=0
```

2）区块大小

区块是存储文件系统最小的单位，其大小对文件系统的空间运用和效用有很大影响。较大的区块可以令文件系统大小上限和文件大小上限增加，也可以加快大文件的读/写，但会浪费较多的空间，对平均文件大小较小的文件系统比较不利。区块大小只可以在格式化文件系统时设定，除非重新格式化，否则不能改变。XFS 的区块大小最小可为 512B，最大不可超过 64KB，默认为 4KB。然而，区块大小又受作业系统内核的页大小限制。在 X86 平台上，区块大小最大不可以超过 4KB。其他平台，如 IA64 可以使用较大的区块，不过过大的区块会浪费空间，所以不建议使用大于 4KB 的区块。建议在选择区块大小时留意以下几点。

如果文件系统小于 100MB 或有大量小型文件，则建议使用 512B 的区块。其余情况建议使用 4KB 的区块。比如新闻组服务器等有大量小型文件的区块，则可以使用 512B 的文件系统区块和 4KB 的目录区块（使用"-n size=大小"选项）。

简单而言，XFS 在 X86 平台上可以使用大小为 512B、1KB、2KB 和 4KB 的区块。格式化后指定区块大小需要使用"-b size=区块大小"选项：

```
# mkfs.xfs -b size=512 /dev/sdb6
```

区块大小后加上"k"表示单位为 KB（1024B），加上"s"表示单位为磁区（sector，默认为 512B，可能会因 -s 选项而改变），加上"b"表示单位为文件系统区块（默认为 4KB，可能会因 -b 选项而改变）。

XFS 容许目录使用比文件系统区块大的区块，方法是使用"-n size=区块大小"选项。例如：

```
# mkfs.xfs -b size=512 -n size=4k /dev/sdb6
```

3）日志大小

格式化 XFS 时，mkfs.xfs 会自动根据文件系统的大小划分日志的大小。若文件系统的大小等于 1TB，那么日志的大小为最大值 128MB，最小值不会小于 512KB。可以使用"-l size=日志大小"选项指定日志的大小。例如：

```
# mkfs.xfs -l size=1024b /dev/sdb6
```

日志大小可以加以下单位：

s——磁区大小（默认为 512B，可能会因-s 选项而改变）。

b——文件系统区块大小（默认为 4KB，可能会因-s 选项而改变）。

k——KB（1024B）。

m——MB（1 048 576B）。

g——GB（1 073 741 824B）。

t——TB（1 099 511 627 776B）。

p——PB（1024TB）。

e——EB（1 048 576TB）。

如果硬盘数不止一个，则可以考虑使用外部日志（external journal）把文件系统和日志存储在不同硬盘中，以增加效能。

4）文件系统标签

文件系统标签（file system label）在个别文件系统中又叫作 volume name，是文件系统中的一个小栏目，用于简述该文件系统的用途或其存储的数据。可以使用"-l 标签"选项在格式化时设定文件系统标签：

```
# mkfs.xfs -l videos /dev/sdc1
```

XFS 的文件系统标签不可以超过 12 个字符。往后可以使用"xfs_admin -l"命令修改：

```
# mkfs.xfs -l size=32m -d agcount=4 /dev/sdb5
```

"-l size=32m"用于告诉 mkfs.xfs 配置文件系统使之拥有一个 32MB 的元数据日志，这样可以通过降低文件系统处于繁忙期间元数据日志"填满"的可能性而改善性能。"-d agcount=4"用于告诉 mkfs.xfs 将创建的分配组的数目最小化，可以增强新文件系统的性能。通常 mkfs.xfs 会自动选择分配组的数目，一般情况下，它会选择比大多数用于一般用途的 Linux 工作站和服务器高一点的数目。不要让 mkfs.xfs 为文件系统选择分配组的数目，而是通过使用"-d agcount=x"选项指定一个数目。将 x 设置成一个小数目，如 4、6 或 8，以使目标块设备中每 4GB 容量至少有一个分配组。使用下面的命令创建"优化的"xfs 文件系统：

```
# mkfs.xfs -l size=32m -d agcount=4/dev/sdb5
```

3．挂载 XFS 文件系统

通过如下命令挂载 XFS 文件系统：

```
# mount -t xfs /dev/sdb5 /xfs
```

其中，/xfs 是主分区下的一个目录。

为了让系统启动后自动加载，应该在/etc/fstab 文件中添加如下内容：

```
/dev/hdb5    /xfs    defaults    1    1
```

挂载时，使用一些性能增强的 mount 选项来最大限度地发挥新文件系统的性能：

```
# mount -t /dev/sdb5    /xfs -o noatime,nodiratime,osyncisdsync
```

noatime 选项和 nodiratime 选项关闭了 atime 更新，因为用户不需要 atime 更新，并且 atime 更新除降低文件系统性能外几乎不起任何作用。osyncisdsync 选项调整 XFS 的同步/异步行为，以便它与 ext3 更一致。通过 mkfs.xfs 和 mount 调整，XFS 文件系统的性能变得更好了。

其他 mount -o 选项如下。

- allocsize：延时分配时，预分配 buffered 大小。
- sunit/swidth：使用指定的条带单元与宽度（单位为 512B）。
- swalloc：根据条带宽度的边界调整数据分配。
- discard：块设备自动回收空间。

- dmapi：使能 data management api 事件。
- inode64：创建 inode 节点位置不受限制。
- inode32：inode 节点号不超过 32bit（为了兼容）。
- largeio：大块分配。
- nolargeio：尽量小块分配。
- noalign：数据分配时不用条带大小对齐。
- noatime：读取文件时不更新访问时间。
- norecovery：挂载时不运行日志恢复（只读挂载）。
- logbufs：设置内存中的日志缓存区量。
- logbsize：设置内存中每个日志缓存区的大小。
- logdev/rtdev：指定日志设备或实时设备［XFS 文件系统可以分为 3 部分，即数据、日志、实时（可选）］。

4．调整 XFS 文件系统的各种参数

1）XFS 卷标管理

查看当前的卷标：

```
# xfs_admin -l /dev/sdb
label = ""
```

设置新的卷标：

```
# xfs_admin -l "videorecords" /dev/sdb
writing all sbs
new label = "videorecords"
```

2）uuid 管理

通用唯一标识符（uuid）是 128bit 的数字，用来唯一地标识 Internet 上的某些对象或者实体。传统上 GNU 或 Linux 在/etc/fstab 中都直接使用设备名称（如/dev/hda1 或/dev/sda5 等）指定要挂载的存储设备。然而设备名称有时会因为 BIOS 的设定而改变，从而引起混乱。所以现在部分 Linux 发行版已改用 uuid 来指定要挂载的存储设备。

查看当前所有存储设备的 uuid：

```
# blkid -s uuid
/dev/sda1: uuid="34dd521d-fb74-41cf-afc6-e786344ecd7a"
/dev/sda2: uuid="uskh3q-ghdb-zloo-kprb-o1sq-wksu-cwh0lt"
/dev/mapper/rhel-root: uuid="e7e811fd-3c45-4bcd-84cb-92c4aafccf16"
/dev/sdb: uuid="36cf1092-65e2-4acd-85fc-284b1e7b1f33"
/dev/mapper/rhel-swap: uuid="800748d6-f4ae-4bc7-90d9-e69478fd4af3"
```

查看指定存储设备的 uuid：

```
# xfs_admin -u /dev/sdb
uuid = cd4f1cc4-15d8-45f7-afa4-2ae87d1db2ed
```

生成一个新的 uuid：

```
# xfs_admin -u generate /dev/sdb
writing all sbs
```

```
new uuid = c1b9d5a2-f162-11cf-9ece-0020afc76f16
```

其中，-u 的参数为 generate，表示直接产生一个新的 uuid。

-u 的参数如果为 nil，则表示清除文件系统的 uuid：

```
# xfs_admin -u nil /dev/sda1
```

3）在 mount 命令中使用 uuid 挂载文件系统

使用 mount 命令挂载文件系统，可以使用 "-u uuid" 选项取代设备文件指定要挂载的设备。例如：

```
# mount -u 51f7e9a4-5154-4e29-a7a6-208417290b85 /mnt
```

也可以使用 "uuid=uuid" 选项取代 "-u uuid" 选项。例如：

```
# mount uuid="51f7e9a4-5154-4e29-a7a6-208417290b85" /mnt
```

在文件 /etc/fstab 中也可以使用 "uuid=uuid" 选项取代设备文件指定要挂载的设备：

```
uuid="e61f4197-5f00-4f4f-917c-290922a85339"   /        XFS    defaults    0 1
uuid="51f7e9a4-5154-4e29-a7a6-208417290b85"   /boot    XFS    defaults    0 2
```

5．在线调整 XFS 文件系统的大小

XFS 提供的 xfs_growfs 工具可以在线调整 XFS 文件系统的大小。XFS 文件系统可以向保存当前文件系统的设备上的未分配空间延伸。这个特性常与卷管理功能结合使用，因为后者可以把多个设备合并进一个逻辑卷组中，在使用硬盘分区保存 XFS 文件系统时，每个分区需要分别扩容：

```
# xfs_growfs -d 1073741824 /cjh1
# xfs_growfs -d /cjh1
```

6．暂停和恢复 XFS 文件系统

暂停 XFS 文件系统：

```
# xfs_freeze -f /cjh
```

恢复 XFS 文件系统：

```
# xfs_freeze -u /cjh
```

7．修复受损的 XFS 文件系统

与 ext4 相比 XFS 的特点是使用并行 I/O 接口，如果一个文件系统使用的硬盘比较多，而且总线允许并行，那么 XFS 有明显的性能优势。

另外，ext4 删除文件的速度比 XFS 快。由于大量采用 cache，XFS 不使用 fsck 命令，必须保证电源供应，当突然断电时 XFS 的损失比 ext4 要严重。

```
# xfs_repair -l /dev/hda13
```

> **说明**
>
> 如果无法挂载 XFS 文件系统，则可以使用 **xfs_repair -n** 命令检查文件系统的一致性。如果可以挂载文件系统但没有合适的备份，则可以使用 **xfsdump** 命令尝试备份现有文件系统数据。但是如果文件系统的元数据损坏过大，那么该命令可能会执行失败。

8. 备份和恢复

备份文件系统：
```
# xfsdump -f -f /root/dump.xfs /mnt
```
恢复文件系统：
```
# xfsrestore -f /root/dump.xfs /mnt
```

9. 碎片管理

可以使用 xfs_db 命令调试或检测 XFS 文件系统（查看文件系统碎片等）。
查看碎片情况：
```
# xfs_db -c frag -r /dev/sda1
actual 378, ideal 373, fragmentation factor 1.32%
```
整理碎片：
```
# xfs_fsr /dev/sda1
```

> 💡 **说明**
>
> 用户可以使用 **xfs_fsr** 命令对整个 **XFS** 文件系统或 **XFS** 文件系统中的单个文件进行碎片整理。由于 **XFS** 是基于扩展数据块的文件系统，通常无须对整个文件系统进行碎片整理，因此不建议这样做。
>
> 要对 XFS 文件系统中的单个文件进行碎片整理，请将该文件的名称指定为 **xfs_fsr** 的参数：
> ```
> # xfs_fsr pathname
> ```
> 如果运行不带任何选项的 **xfs_fsr** 命令，则该命令会对所有列出的当前安装的可写 **XFS** 文件系统进行碎片整理。在两个小时内，该命令依次遍历每个文件系统，尝试对前十个具有较大扩展区数的文件进行碎片整理。两个小时后，该命令将其进度记录在/var/tmp/.fsrlast_xfs 文件中。如果再次运行该命令，那么该命令将从该点恢复。

9.3 XFS 文件系统的磁盘配额管理

9.3.1 配额（quota）简介

由于 Linux 是多用户多任务操作系统，若不施行一定措施，则可能会发生单个或少数几个用户或者进程对磁盘空间进行"霸占"使用的情况。因此需要通过配额来实现用户、进程对磁盘使用的限制。需要说明的是，目前配额是 XFS 文件系统的一个内置工具，而不是一个额外的应用程序。XFS 文件系统的配额限制主要针对用户、群组或者单个目录进行磁盘使用限制。

1. 容量限制或文件数量限制（block 或 inode）

文件系统主要划分为存放属性的 inode 与实际存放数据的 block，quota 可管理文件系统,因此自然可以管理 inode 或 block。

限制 inode 用量:管理使用者可以建立的文件数量;

限制 block 用量:管理使用者磁盘容量的限制。

2. 软与硬规定

不管是 inode 还是 block,其限值都有两个,分别是 soft 与 hard。通常 hard 限值比 soft 限值高。例如,若限制 block,可以限制 hard 为 50MB,而 soft 必须小于 50MB。

hard:表示使用者的磁盘使用空间绝对不能超过这个限值;若超过 hard 限值,那么系统将自动锁定该用户的磁盘使用权。

soft:表示使用者的磁盘使用空间在低于 soft 限值时,可以正常使用;但若超过 soft 限值且低于 hard 的限值时,使用者每次登入系统时,系统就会自动发出磁盘即将爆满的警告信息,并给予用户一定的宽限时间。若使用者在宽限时间内将磁盘使用空间降低到 soft 值以下,那么宽限时间将自动停止倒数。

3. 宽限时间 (grace time)

宽限时间只有在使用者的磁盘使用量介于 soft 限值与 hard 限值之间时,才会出现并进行倒计时。当磁盘使用率达到 hard 限值时,用户的磁盘使用权会被锁住,所以为了提醒用户磁盘空间的使用情况设计了 soft 限值。

9.3.2 启用配额

在以前的 ext4 文件系统中,在系统启动后可以通过"mount -o remount"命令来重新挂载启动 quota 功能,但是在 XFS 文件系统中,quota 功能在开机启动时已经自动挂载启动了,所以在开机后无法再通过"mount -o remount"命令重新挂载启动 quota 功能,此时就需要通过修改/etc/fstab 配置文件来保证下次开机时能够自动挂载并开启 quota 功能。为 XFS 文件系统上的用户启用配额的步骤如下。

首先卸载目录:

```
# umount /home
```

然后打开/etc/fstab 配置文件,找到/home 分区所在,在 defaults 后面加入"uquota, gquota":

```
uuid=8d6c571f-67a9-4e20-9ae3-1ce756267649 /home    xfs    defaults,uquota,gquota    1 2
```

针对 quota 限制的项目主要有 3 项,如下所示。

- uquota/usrquota/quota:针对使用者账号的设定。
- gquota/grpquota:针对群组的设定。
- pquota/prjquota:针对单一目录的设定,但是不可与 grpquota 同时存在。

mount 挂载选项如下。

- gqnoenforce:启用组配额。报告使用情况,但不强制使用限制。
- gquota:启用组配额并强制使用限制。

- pqnoenforce：启用项目配额。报告使用情况，但不强制使用限制。
- quot：启用项目配额并强制使用限制。
- uqnoenforce：启用用户配额。报告使用情况，但不强制使用限制。
- uquota：启用用户配额并强制使用限制。

9.3.3 使用 xfs_quota 命令

与 ext4 文件系统配额命令（quota）不同的是，XFS 文件系统的配额命令是 xfs_quota。

1．显示配额信息

检查目前配额：

```
# xfs_quota -x -c print
```

显示有关磁盘配额的信息。列出所有带有设备和标识符的路径，报告块（-b）和 inode（-i）的文件系统使用情况：

```
# xfs_quota -x -c 'free -hb'
# xfs_quota -x -c 'free -hi'
```

2．设置配额

若要将用户 goodcjh 的配额设定为 100MB，则命令如下：

```
# xfs_quota -x -c "limit bsoft=100m bhard=100m godocjh" /home
# xfs_quota -x -c 'limit -p bsoft=5m bhard=6m test' /data
```

3．设置项目配额

前面都是针对用户或者用户组进行配额设置的，在 XFS 文件系统中也可以针对目录进行配额设置，但要注意的一点是不能同时对目录和用户组进行设置。

在启用项目配额的情况下挂载 XFS 文件系统，如为/cjh 目录启用项目配额：

```
# mount -o pquota /dev/vg0/lv0 /cjh
```

在/etc/projects 文件中为目录层次结构定义唯一的项目 ID：

```
# echo project_id:mountpoint/directory >> /etc/projects
```

例如，将目录层次结构的项目 ID 设置为 51 /cjh/testdir：

```
# echo 51:/cjh/testdir >> /etc/projects
```

在/etc/projid 文件中创建一个将项目名称映射到项目 ID 的条目：

```
# echo project_name:project_id >> /etc/projid
```

例如，将项目名称映射到 ID 为 51 的项目：

```
# echo testproj:51 >> /etc/projid
```

使用 limit 子命令对项目磁盘使用量的限制进行设置。例如，为项目设置 10GB 的硬磁盘空间限制：

```
# xfs_quota -x -c 'limit -p bhard=10g testproj' /cjh
```

4．其他 xfs_quota 命令

在实际使用中，我们可能会遇到一些突发情况，如临时关闭配额管理、删除配额设置

等暂时关闭 XFS 文件系统的配额功能，使用命令：
```
# xfs_quota -x -c "disable -up" /home
```
重启配额功能：
```
# xfs_quota -x -c "enable -up" /home
```
彻底关闭配额功能：
```
# xfs_quota -x -c "off -up" /home
```
删除项目配额设置：
```
# xfs_quota -x -c "remove -p" /home
```

第 10 章

配置 Linux 防火墙

10.1 Linux 防火墙简介

10.1.1 什么是防火墙

防火墙，是指设置在不同网络（如可信任的企业内部网和不可信的公共网）或网络安全域之间的一系列部件的组合，是不同网络或网络安全域之间的信息的唯一出入口。通过监测、限制并更改跨越防火墙的数据流，尽可能地对外部屏蔽网络内部的信息、结构和运行状况，有选择地接受外部访问。防火墙可分为两种，即硬件防火墙和软件防火墙，它们都能起到保护作用并筛选出网络上的攻击者。

10.1.2 Linux 防火墙的历史

Linux 提供了一个非常优秀的防火墙工具——Netfilter/iptables。它是免费的，并且可以在一台低配置的机器上很好地运行。Netfilter/iptables 功能强大，使用灵活，而且可以对流入和流出的信息进行细化控制。

事实上，每个主要的 Linux 版本中都有不同的防火墙软件套件，Netfilter/iptabels 应用程序被认为是 Linux 中实现包过滤功能的第 4 代应用程序。

（1）第 1.1 版本的 Linux 内核中，使用的 Alan Cox 是从 BSD UNIX 中移植过来的 Ipfw。

（2）在 2.0 版本的 Linux 内核中，Jos Vos 和一些程序员对 Ipfw 进行了扩展，并且添加了用户工具 Ipfwadm。Ipfw 是比较老的 Linux 内核版本提供的防火墙软件包，该软件包的全称是 Ipfwadm。Ipfwadm 工具软件包提供了建立规则的能力，根据这些规则来确定允许什么样的软件包进出本网络。简单地说，防火墙就是一对开关，一个开关允许软件包通过，另一个开关禁止软件包通过。现代防火墙系统一般都附加了审计跟踪、加密认证、地址伪装和 VPN 等多种功能，作为一个安全开关，防火墙可定义的安全策略有如下两种：

- 一切未被允许的都被禁止。
- 一切未被禁止的都被允许。

显然第一种策略的安全性明显高于第二种策略的安全性，但它是以牺牲灵活性和可访问资源为代价的。Ipfwadm 系统同样提供了 IP 封装，它允许用户使用 Internet 的一个公共 IP 地址空间。

（3）1999 年，Russell 和 Michael Neuling 做了一些非常重要的改进，即在该内核中添加了帮助用户控制过滤规则的 ipchains 工具形成了第一个稳定的 Linux 2.2.0 内核。Linux 2.2 内核提供的 ipchains 是通过 4 类防火墙规则列表来进行防火墙规则控制的。

（4）2001 年，2.4 版本的 Linux 内核完成，Russell 完成了名为"Netfilter"的内核框架，其防火墙软件套件都有所改进。Netfilter/iptables 被包含在 2.4 版本以后的 Linux 内核中，它可以实现防火墙、NAT（网络地址转换）和数据包的分割等功能。Netfilter 工作在 Linux 内核内部，而 iptables 则由用户定义规则集的表结构。Netfilter/iptables 是从 ipchains 和 Ipwadm（IP 防火墙管理）演化而来的。

（5）FirewallD 是由 Red Hat 的 Thomas Woerner 为 Fedora 开发的，第一次是在 Fedora 15 中使用的，目的是取代目前 system-config-firewall 的静态防火墙配置。

（6）Red Hat Enterprise Linux 8.0 的防火墙是 nftables，nftables 是一个致力于替换现有的 iptables 的项目。nftables 引入了一个新的命令行工具 nft。nft 是 iptables 及其衍生指令（ip6tables, arptables）的合集，但 nft 拥有完全不同的语法。

10.2 使用 FirewallD 构建动态防火墙

10.2.1 FirewallD 简介

FirewallD 提供了支持网络/防火墙区域定义网络链接及接口安全等级的动态防火墙管理工具。FirewallD 支持 IPv4、IPv6 防火墙设置，以及以太网桥接，并且拥有运行时配置和永久配置选项。FirewallD 支持允许服务或者应用程序直接添加防火墙规则的接口。system-config-firewall/lokkit 防火墙模型是静态的，每次修改都要求防火墙重启后才能生效。重启过程包括内核 Netfilter 防火墙模块的卸载、重新配置所需模块的装载等，模块的卸载会破坏状态防火墙的连接。FirewallD 守护进程 daemon 动态管理防火墙，不需要重启整个防火墙便可使更改生效，因此不需要重载所有内核防火墙模块。不过，FirewallD 守护进程 daemon 要求防火墙的所有变更都要通过该守护进程来实现，以确保守护进程中的状态和内核中的防火墙是一致的。另外，FirewallD 守护进程 daemon 无法解析由 iptables 和 ebtables 命令行工具添加的防火墙规则。FirewallD 的守护进程通过 D-Bus 提供当前激活的防火墙设置信息，也通过 D-Bus 接受使用 PolicyKit 认证方式做的更改。FirewallD 功能包括：

- 实现动态管理，对于规则的更改不再需要重新构建整个防火墙。
- 使用一个简单的系统托盘区图标来显示防火墙状态，方便开启和关闭防火墙。

- 提供 firewall-cmd 命令行界面进行管理及配置工作。
- 为 libvirt 提供接口及界面，将会在必需的 PolicyKit 相关权限完成的情况下实现。
- 实现 firewall-config 图形化配置工具。
- 实现系统全局及用户进程的防火墙规则配置管理。
- zone 区域支持。

FirewallD、iptables 及 nftables 的关系如图 10-1 所示。

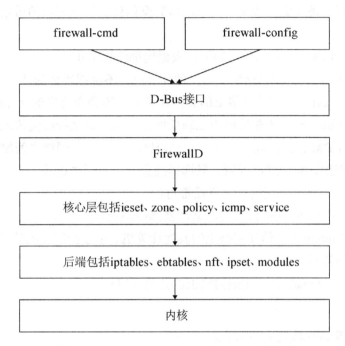

图 10-1　FirewallD、iptables 及 nftables 的关系

FirewallD 具有两层设计：核心层和位于顶部的 D-Bus 层。核心层负责配置服务、区域和后端（如 iptables、ip6tables、ebtables、ipset、nft）。图 10-1 中的 nft 就是 nftables 管理命令。FirewallD 的 D-Bus 接口是更改和创建防火墙配置的主要方法，该接口由所有 FirewallD 提供的联机工具使用，如 firewall-cmd、firewall-config 等。FirewallD 是一个同时支持 nftables 和 iptables 的前端。

10.2.2　基于命令行的 FirewallD 的基本操作

启动 FirewallD 服务：
```
# systemctl enable firewalld.service
# systemctl start firewalld.service
```

查看防火墙状态：
```
# systemctl status firewalld
```

1. 区域管理

（1）网络区域简介。

通过将网络划分成不同的区域，制定不同区域之间的访问控制策略，来控制不同区域间传送的数据流（如互联网是不可信任区域，内部网络是高度信任区域），从而避免安全策略中禁止的一些通信。防火墙能控制信息基本的任务在不同信任的区域。典型区域包括互联网（一个没有信任的区域）和一个内部网络（一个高信任的区域）。例如，公共 Wi-Fi 网络连接应该不信任，而家庭有线网络连接应该完全信任。网络环境的可信级别包括如下几种不同区域。

- 阻塞区域（block）：任何传入的网络数据包都将被阻止。
- 工作区域（work）：相信网络上的其他计算机，不会损害你的计算机。
- 家庭区域（home）：相信网络上的其他计算机，不会损害你的计算机。
- 公共区域（public）：不相信网络上的任何计算机，只选择接受传入的网络连接。
- 隔离区域（DMZ）：隔离区域也称非军事区域，是内外网络之间增加的一层网络，具有缓冲作用。对于隔离区域，只选择接受传入的网络连接。
- 信任区域（trusted）：所有网络连接都可以接受。
- 丢弃区域（drop）：任何传入的网络连接都被拒绝。
- 内部区域（internal）：信任网络上的其他计算机，不会损害你的计算机，只选择接受传入的网络连接。
- 外部区域（external）：不相信网络上的其他计算机。

> 说明
>
> FirewallD 的默认区域是公共区域。

（2）显示支持的区域列表：

```
# firewall-cmd --get-zones
block drop work internal external home dmz public trusted
```

（3）设置防火墙接口为家庭区域：

```
# firewall-cmd --set-default-zone=home
```

（4）查看当前区域：

```
# firewall-cmd --get-active-zones
```

（5）设置当前区域的接口：

```
# firewall-cmd --get-zone-of-interface=enp03s
```

（6）显示所有公共区域：

```
# firewall-cmd --zone=public --list-all
```

（7）临时修改网络接口 enp0s3 为内部区域：

```
# firewall-cmd --zone=internal --change-interface=enp03s
```

（8）永久修改网络接口 enp0s3 为内部区域：

```
# firewall-cmd --permanent --zone=internal --change-interface=enp03s
```

2．服务管理

（1）显示服务列表。

amanda、FTP、Samba 和 TFTP 等重要的服务已被 FirewallD 提供相应的服务，可以使用如下命令查看：

```
# firewall-cmd --get-services
cluster-suite pop3s bacula-client smtp ipp radius bacula ftp mdns samba
dhcpv6-client https openvpn imaps samba-client http dns telnet libvirt ssh ipsec
ipp-client amanda-client tftp-client nfs tftp libvirt-tls
```

（2）允许 SSH 服务通过：

```
# firewall-cmd --enable service=ssh
```

（3）禁止 SSH 服务通过：

```
# firewall-cmd --disable service=ssh
```

（4）临时允许 Samba 服务通过 600s：

```
# firewall-cmd --enable service=samba --timeout=600
```

（5）打开 TCP 的 8080 端口：

```
# firewall-cmd --enable ports=8080/tcp
```

（6）显示当前服务：

```
# firewall-cmd --list-services
dhcpv6-client ssh
```

（7）添加 HTTP 服务到内部区域：

```
# firewall-cmd --permanent --zone=internal --add-service=http
# firewall-cmd -reload
```

3．端口管理

（1）打开端口，如在内部区域（internal）打开 443/TCP 端口：

```
# firewall-cmd --zone=internal --add-port=443/tcp
# firewall-cmd -reload
```

（2）端口转发：

```
# firewall-cmd --zone=external --add-masquerade
# firewall-cmd --zone=external --add-forward-port=port=22:proto=tcp:toport=3777
```

上述命令的意思是，先启用伪装（masquerade），然后把外部区域（external）的 22 端口转发到 3777。

4．直接模式

使用 FirewallD 的直接模式可以完成一些工作，如打开 TCP 的 9999 端口：

```
# firewall-cmd --direct --add-rule ipv4 filter INPUT 0 -p tcp --dport 9000 -j ACCEPT
# firewall-cmd -reload
```

5．关闭服务的方法

用户也可以关闭目前还不熟悉的 FirewallD 防火墙，使用 iptables，具体命令如下：

```
# systemctl stop firewalld
# systemctl disable firewalld
# yum install iptables-services
# systemctl start iptables
# systemctl enable iptables
```

6. 通过 firewall-cmd 命令修改防火墙 SSH 访问

查看所有区域信息：

```
# firewall-cmd --list-all-zones
```

查看默认区域信息：

```
# firewall-cmd --get-default-zone
```

将接口 enp0s3 所属的区域临时修改为 internal，即运行时修改，重启后不保存：

```
# firewall-cmd --zone=internal --change-zone=p3p1
```

如果需要重启后保存对接口的修改，则需要修改接口对应的配置文件/etc/sysconfig/network-scripts/ifcfg-enp0s3，在配置文件中增加或修改如下命令行：

```
ZONE=internal
```

从公共区域中移除服务，重启后保存（若为临时修改则去掉--permanent 选项）：

```
# firewall-cmd --permanent --zone=public --remove-service=ssh
```

这样便无法从接口 enp0s3 上通过 SSH 访问了，但是可以从内网接口 enp0s3 上通过 SSH 访问。

再次查看所有区域信息：

```
# firewall-cmd --list-all-zones
```

7. 配置 IP 地址伪装

IP masquerade 是 Linux 发展中的一种网络，其最大的好处是：可以通过一个合法的 IP，把一些没有正式 IP 的机器连到网上，这使得一些计算机可以隐藏在网关（Gateway）系统后而不被发现，如通过一台 Linux 机器连接网络后把整个局域网带入网络。图 10-2 是网络结构示意图。

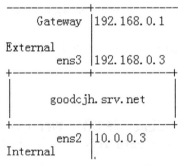

图 10-2　网络结构示意图

图 10-2 表明：网关 IP 地址为 192.168.0.1；连接外部网络的网络接口 ens3 的 IP 地址为 192.168.0.3；连接内部网络的网络接口 ens3 的 IP 地址为 10.0.0.3；域名为 goodcjh.srv.net。

（1）首先修改区域设置：
```
# 查看当前设置
# firewall-cmd --get-active-zone
public
  interfaces: ens2 ens3

# 修改
# nmcli connection modify ens2 connection.zone internal
# nmcli connection modify ens3 connection.zone external
# firewall-cmd --get-active-zone

external
  interfaces: ens3
internal
  interfaces: ens2
```

（2）设置外部网络的网络接口上的 IP 地址伪装：
```
# firewall-cmd --zone=external --add-masquerade --permanent
# firewall-cmd --reload
# 查看
# firewall-cmd --zone=external --query-masquerade
yes
```

（3）将进入外部区域 22 端口的数据包转发到本地 1211 端口：
```
# firewall-cmd --zone=external --add-forward-port=port=22:proto=tcp:toport=1211
  success
```
确认：
```
# firewall-cmd --list-all --zone=external
external (active)
  target: default
  icmp-block-inversion: no
  interfaces: ens3
  sources:
  services: ssh
  ports:
  protocols:
  masquerade: yes
  forward-ports: port=22:proto=tcp:toport=1211:toaddr=
  source-ports:
  icmp-blocks:
  rich rules:
```

（4）通过服务器将内部网络（10.0.0.3/24）的数据包转发到外部网络：
```
# firewall-cmd --zone=internal --add-masquerade --permanent
# firewall-cmd --reload
# firewall-cmd --direct --add-rule ipv4 nat POSTROUTING 0 -o ens3 -j MASQUERADE
# firewall-cmd --direct --add-rule ipv4 filter FORWARD 0 -i ens2 -o ens3 -j ACCEPT
```

```
# firewall-cmd --direct --add-rule ipv4 filter FORWARD 0 -i ens3 -o ens2 -m state
--state RELATED,ESTABLISHED -j ACCEPT
```

10.2.3 使用图形化工具

1．firewall-config 界面

firewall-config 支持防火墙的所有特性，管理员可以用它来改变系统或用户策略。用户可以通过 firewall-config 配置防火墙允许通过的服务、端口、伪装、端口转发、ICMP 过滤器，以及调整区域设置等，以使防火墙设置更自由、安全和强健。firewall-config 工作界面如图 10-3 所示。

图 10-3　firewall-config 工作界面

firewall-config 工作界面分为 4 部分，主菜单，配置选项，区域、服务、ICMP 类型、直接配置、锁定白名单选项卡，以及状态栏。

状态栏显示 4 个信息，从左到右依次是默认区域、LogDenied（是否拒绝日志记录）、应急模式、自动帮助程序、Lockdown。其中，Lockdown 与 D-Bus 接口操作 FirewallD 有关，FirewallD 可以让别的程序通过 D-Bus 接口直接操作，当 Lockdown 设置为 yes 时就可以通过配置文件 lockdown-whitelist.xml 来限制都有哪些程序可以对其进行操作，而当设置为 no

时就没有限制了,默认值为 no。

2．firewall-config 主菜单

firewall-config 主菜单包括 4 个菜单项：文件、选项、查看、帮助。其中"选项"菜单项是最主要的,它包括如下选项。

- "重载防火墙"选项：重载防火墙规则,当前的永久配置将变成新的运行时的配置。例如,现在运行的所有的配置规则如果没有在永久配置中操作,那么系统重载后会丢失。
- "更改连接区域"选项：更改网络连接的默认区域。
- "改变默认区域"选项：更改网络连接的所属区域和接口。
- "修改 LogDenied"选项：修改日志被拒绝的处理方法。
- "配置自动帮助程序指派"选项：系统是否自动显示帮助信息。
- "应急模式"复选框：丢弃所有数据包。
- "锁定"复选框：对防火墙配置进行加锁,只允许白名单上的应用程序进行改动。锁定为 FirewallD 增加了锁定本地应用或者服务配置的简单配置方式,是一种轻量级的应用程序策略。

3．配置选项

firewall-config 配置选项包括运行时和永久两种状态。

- 运行时：运行时的配置为当前使用的配置规则,并非永久有效,在重载防火墙时可以被恢复,而在系统或者服务重启或停止时,这些选项将会丢失。
- 永久：永久配置规则在系统或者服务重启时使用。永久配置存储在配置文件中,在机器重启、服务重启或重新加载时将自动恢复。

4．区域、服务、ICMP 类型、直接配置、锁定白名单选项卡

1）"区域"选项卡

"区域"选项卡是一个主要设置界面。

网络或者防火墙区域定义了连接的可信程度。FirewallD 提供了几种预定义的区域,区域配置选项和通用配置信息可以在 firewall.zone(5)手册里查到。这里的"区域"选项卡包括服务、端口、协议、伪装、端口转发等选项卡。区域可以绑定到接口和源地址。

- "服务"选项卡：定义区域中哪些服务是可信的。可信的服务可以被绑定到该区域的任意连接、接口和来源上。"服务"界面如图 10-4 所示。

图 10-4 "服务"界面

- "端口"选项卡：用来设置允许主机或者网络访问的端口范围。"端口和协议"对话框如图 10-5 所示。

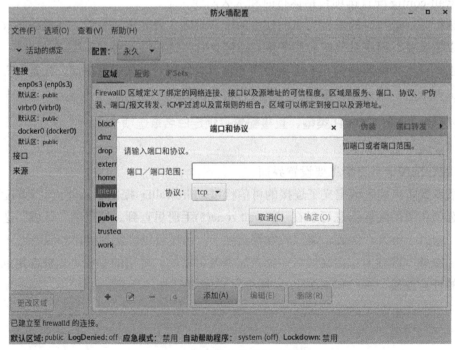

图 10-5 "端口和协议"对话框

- "伪装"选项卡：用来把私有网络地址映射到公开的 IP 地址；目前只适用于 IPv4。
"伪装"界面如图 10-6 所示。

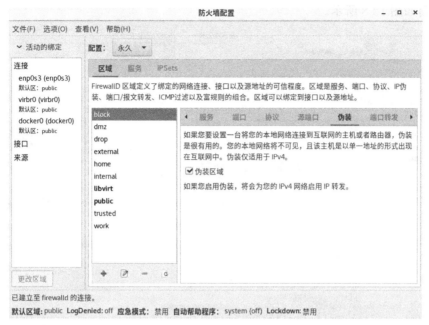

图 10-6 "伪装"界面

- "端口转发"选项卡：端口转发可以把本地端口映射到其他端口，或者把本地端口映射到其他主机。"端口转发"对话框如图 10-7 所示。

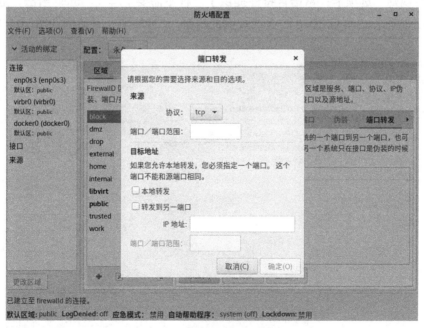

图 10-7 "端口转发"对话框

- "ICMP 过滤器"选项卡：ICMP 过滤器可以选择 Internet 控制报文协议的报文，这些报文可以是信息请求，也可以是对信息请求或错误条件的响应。"ICMP 过滤器"界面如图 10-8 所示。

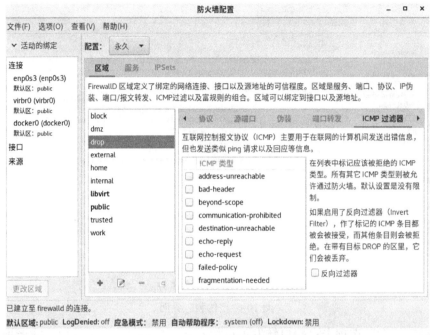

图 10-8　"ICMP 过滤器"界面

- "富规则"选项卡：富语言特性提供了一种不需要了解 iptables 语法，通过高级语言配置复杂 IPv4 和 IPv6 防火墙规则的机制。"富规则"对话框如图 10-9 所示。

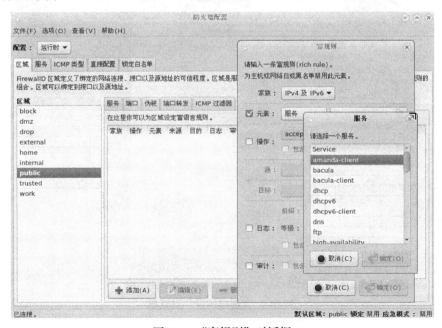

图 10-9　"富规则"对话框

- "接口"选项卡：用来添加接口获取区域。如果一个接口已经被连接占用，那么该区域将被设定为连接指定的区域。"接口"界面如图10-10所示。

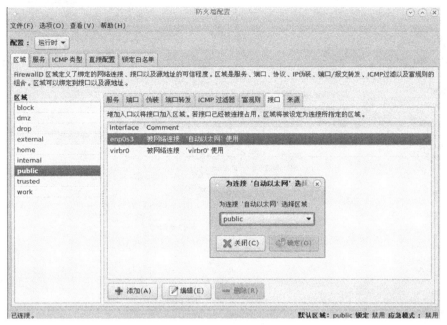

图10-10 "接口"界面

- "来源"选项卡：用来配置源地址。"来源"界面如图10-11所示。

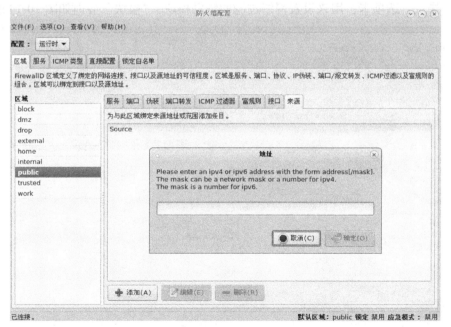

图10-11 "来源"界面

2）"服务"选项卡

"服务"选项卡包括端口、协议、模块、目标地址等选项卡。

- "端口和协议"选项卡：用来添加所有可以被主机和网络访问的额外的端口范围，也可以添加协议而不指定端口。"端口和/或协议"对话框如图 10-12 所示。

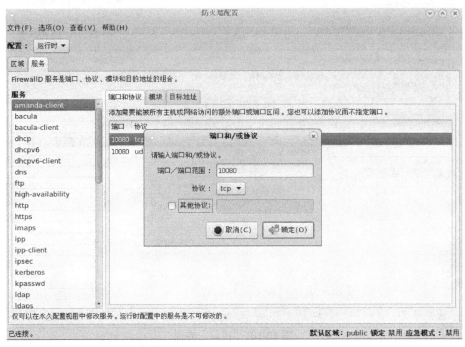

图 10-12 "端口和/或协议"对话框

- "模块"选项卡：用来设置网络过滤的辅助模块。"模块"界面如图 10-13 所示。

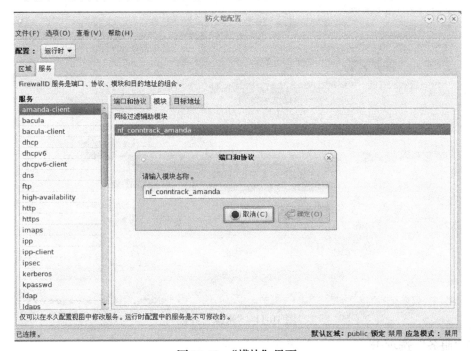

图 10-13 "模块"界面

- "目标地址"选项卡：目标地址可以是 IPv4 地址。受内核限制，端口转发功能仅可用于 IPv4。"目标地址"界面如图 10-14 所示。

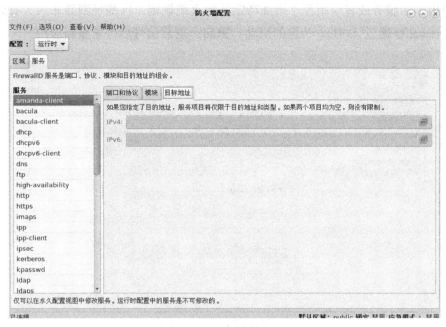

图 10-14 "目标地址"界面

3）"ICMP 类型"选项卡

FirewallD 的"ICMP 类型"选项卡下有一个"目标地址"选项卡，如图 10-15 所示，用来指定 ICMP 类型可用于 IPv4，还是 IPv6，还是二者均可。

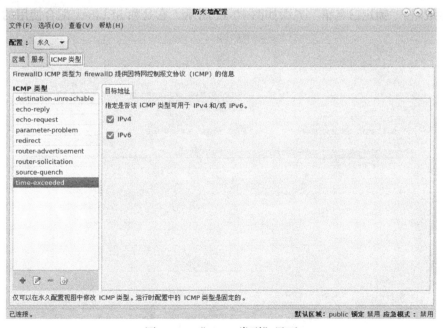

图 10-15 "ICMP 类型"界面

4)"直接配置"选项卡

"直接配置"选项卡包括链、规则和穿通 3 个选项卡，其界面如图 10-16 所示。这个选项卡主要用于为服务或者应用程序增加特定的防火墙规则。这些规则并非永久有效，并且在收到 FirewallD 通过 D-Bus 传递的启动、重启、重载信号后需要重新应用。

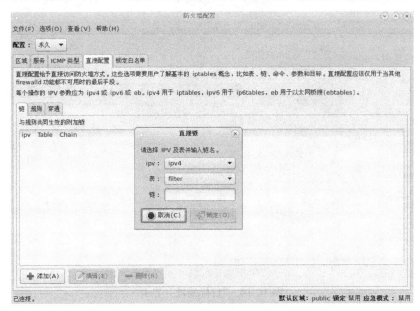

图 10-16 "直接配置"界面

5)"锁定白名单"选项卡

锁定为 FirewallD 增加了锁定本地应用或者服务配置的简单配置方式，是一种轻量级的应用程序策略。"锁定白名单"界面如图 10-17 所示，它是和 SELinux 配合使用的。

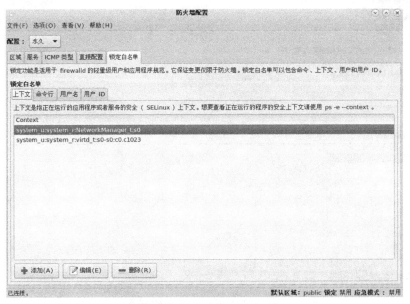

图 10-17 "锁定白名单"界面

10.3 使用 nftables

10.3.1 什么是 nftables？

安装 nftables 软件包：

```
# yum install -y nftables
# systemctl enable nftables
```

nftables 是 Red Hat Enterprise Linux 8.0 中默认的网络数据包过滤框架，取代了 iptables 框架。nftables 框架包括数据包分类功能，旨在替代现存的 iptables、ip6tables、arptables 和 ebtables。与先前版本中使用的 iptables 框架相比，nftables 框架具有更高的性能及便利性，在 Linux 内核版本高于 3.13 时可用。nftables 框架有一个新的命令行工具——ntf，它的语法与 iptables 不同；nftables 软件包含一个兼容层，让用户在新的 nftables 内核框架上运行 iptables 命令。自 Red Hat Enterprise Linux 8.0 开始将默认的 FirewallD 后端从 iptables 切换到 nftables。FirewallD 所有基本操作都将使用 nftable，而直接规则将继续使用 iptables / ebtables。

查看当前防火墙工作模式：

```
# iptables --version
iptables v1.8.2 (nf_tables)
```

命令行输出的 nf_tables 表示现在 FirewallD 后端从 iptables 切换到 nftables 了。

如果安装的是旧版本的 iptables，则命令输出如下：

```
# iptables --version
iptables v1.8.0 (legacy)
```

10.3.2 将 iptables 规则转换为 nftables 等效的工具

Red Hat Enterprise Linux 8.0 提供了 iptables-translate 和 ip6tables-translate 命令，这两个命令用于将现有的 iptables 规则和 ip6tables 规则转换为 nftables 等效命令。先将规则保存到转储文件中，然后根据要转换的表的类型使用 iptables-restore-translate 或 ip6tables-restore-translate 命令。

可以逐行使用 iptables-translate 命令转换，例如：

```
# iptables-translate -A INPUT -j CHECKSUM --checksum-fill
nft # -A INPUT -j CHECKSUM --checksum-fill
```

也可以批处理转换整个文件，操作如下。

运行如下命令，将现有规则保存到文件：

```
# iptables-save> rules.iptables
```

通过 scp 或者 sftp 把 rules.iptables 文件复制到新的计算机中，然后运行如下命令以使用 iptables 规则文件在 Red Hat Enterprise Linux 8.0 上生成 nft 规则文件：

```
# iptables-restore-translate -f rules.iptables > rules.nft
```

加载规则，确保 nftables 服务正在系统上运行：

```
# nft -f rules.nft
```

10.3.3 了解 nft 命令

nftables 主要由 3 个组件组成：内核、libnl 和 nftables 用户空间。其中内核提供了一个 netlink 配置接口及运行时规则集评估，libnl 包含了与内核通信的基本函数，nftables 用户空间可以通过 nft 命令和用户进行交互。本小结主要介绍用户空间命令 nft 的用法。

1．表操作

与 iptables 不同，nftables 中没有内置表。表的数量和名称由用户决定，但是每个表只有一个地址簇，并且只适用于该簇的数据包。nftables 的表可以指定 5 个簇中的一个，5 个簇如下。

ip：iptables。

ip6：ip6tables。

inet：iptables 和 ip6tables。

arp：arptables。

bridge：ebtables。

ip（IPv4）是默认簇，如果未指定簇，则使用该簇。要创建同时适用于 IPv4 和 IPv6 的规则，请使用 inet，以便更容易地定义规则。

- 创建表。

创建一个新的表：

```
# nft add table inet goodcjh-table
```

> 说明
>
> goodcjh-table 是表的名称。

- 列出表。

列出所有表：

```
# nft list tables
```

- 列出表中的链和规则。

列出所有规则：

```
# nft list ruleset
```

- 删除表。

删除一个表：

```
# nft delete table inet goodcjh-table
```

只能删除不包含链的表。

- 清空表

清空一个表中的所有规则：

```
# nft flush table inet goodcjh-table
```

2．链操作

链是用来保存规则的，由于 nftables 没有内置的链，和表一样，所以链也需要被显示创建。链有以下两种类型。

常规链：不需要指定钩子类型和优先级，可以用来做跳转，从逻辑上对规则进行分类。

基本链：数据包的入口点，需要指定钩子类型和优先级。

- 创建常规链：

```
# nft add chain inet goodcjh_table goodcjh_utility_chain
```

- 创建基本链：

```
# nft add chain inet goodcjh_table goodcjh_filter_chain { type filter hook input priority 0 \; }
```

上述命令中的反斜线（\）用来转义，这样 shell 就不会将分号解释为命令的结尾；priority 采用整数值，可以是负数，值较小的链优先处理。

- 列出链中的所有规则：

```
# nft list chain goodcjh_table goodcjh_filter_chain
```

- 删除链。

删除一个链：

```
# nft delete chain inet goodcjh_table goodcjh_utility_chain
```

要删除的链不能包含任何规则或者跳转目标。

- 清空链中的规则

清空一个链中的规则。

```
# nft flush chain inet goodcjh_table goodcjh_utility_chain
```

3. 规则（Rules）操作

有了表和链之后，就可以创建规则了，规则由命令或表达式构成，包含在链中。

- 添加规则。

添加一条规则允许 FTP 登录：

```
$ nft add rule inet goodcjh_table goodcjh_filter_chain tcp dport ftp accept
```

规则添加到哪里是可选的。如果不指定，则默认规则添加到链的末尾。add 表示将规则添加到链的末尾，如果想将规则添加到链的开头，则应使用 insert。

- 列出规则。

列出某个表中的所有规则：

```
$ nft list table inet my_table
```

列出某条链中的所有规则：

```
$ nft list chain inet my_table my_other_chain
```

- 删除规则。

单个规则只能通过其句柄删除，需要先通过如下命令找到想删除的规则句柄：

```
# nft --handle list ruleset
table inet goodcjh_table {            # handle 39
        chain goodcjh_utility_chain { # handle 2
             tcp dport ftp accept     # handle 3
        }
```

假设要删除的规则是 tcp dport FTP accept，那么它对应的句柄就是 handle 3。

然后使用句柄值删除该规则：
```
# nft deltel rule inet goodcjh_table goodcjh_filter_chain handle 3
```

4．规则文件的导入和导出

以上所有示例中的规则都是临时的，若想永久生效，我们可以将规则导出，重启后规则将自动导入，nftables 的系统服务就是这么工作的。

导出规则：
```
$ nft list ruleset > /tmp/nftables.conf
```
导入规则：
```
$ nft -f /tmp/nftables.conf
```

在 Red Hat Enterprise Linux 8.0 中，nftables.service 的规则被存储在/etc/nftables.conf 文件中，一些其他示例规则一般被存储在/etc/sysconfig/nftables.conf 文件中，但默认会被注释掉。

10.3.4 应用举例

1．基本路由防火墙

以下是基本 IPv4 防火墙的 nftables 规则示例：仅允许从 LAN 到防火墙机器的数据包进入，允许数据包从 LAN 到 WAN，从 WAN 到 LAN，用于通过 LAN 建立的连接。为了使 WAN 和 LAN 之间的转发正常工作，需要使用以下命令启用防火墙：

```
# sysctl -w net.ipv4.ip_forward = 1
# firewall
table ip filter {
# 允许防火墙机器本身发送的所有数据包进入
chain output {
    type filter hook output priority 100; policy accept;
}

# 允许 LAN 进入防火墙，禁止 WAN 进入防火墙
chain input {
    type filter hook input priority 0; policy accept;
    iifname "lan0" accept
    iifname "wan0" drop
}

# 允许从 LAN 到 WAN 的数据传输，如果 LAN 启动了连接，则允许 WAN 到 LAN 的数据传输
chain forward {
    type filter hook forward priority 0; policy drop;
    iifname "lan0" oifname "wan0" accept
    iifname "wan0" oifname "lan0" ct state related,established accept
}
}
```

2. 一个简单可用的防火墙

首先清空当前规则集：

```
# nft flush ruleset
```

添加一个表：

```
# nft add table inet filter
```

添加 input、forward 和 output 三个基本链。input 和 forward 的默认策略是 drop，output 的默认策略是 accept：

```
# nft add chain inet filter input { type filter hook input priority 0 \; policy drop \; }
# nft add chain inet filter forward { type filter hook forward priority 0 \; policy drop \; }
# nft add chain inet filter output { type filter hook output priority 0 \; policy accept \; }
```

添加两个与 TCP 和 UDP 关联的常规链：

```
# nft add chain inet filter TCP
# nft add chain inet filter UDP
```

接受 related 和 established 的流量：

```
# nft add rule inet filter input ct state related,established accept
```

接受 loopback 接口的流量：

```
# nft add rule inet filter input iif lo accept
```

丢弃无效的流量：

```
# nft add rule inet filter input ct state invalid drop
```

接受新的 echo 请求（ping）：

```
# nft add rule inet filter input ip protocol icmp icmp type echo-request ct state new accept
```

新的 UDP 流量跳转到 UDP 链：

```
# nft add rule inet filter input ip protocol udp ct state new jump UDP
```

拒绝未由其他规则处理的所有通信：

```
# nft add rule inet filter input ip protocol udp reject
# nft add rule inet filter input ip protocol tcp reject with tcp reset
# nft add rule inet filter input counter reject with icmp type prot-unreachable
```

打开 Web 服务器的 80 端口：

```
# nft add rule inet filter TCP tcp dport 80 accept
```

打开 Web 服务器 HTTPS 连接端口 443：

```
# nft add rule inet filter TCP tcp dport 443 accept
```

允许 SSH 连接端口 22：

```
# nft add rule inet filter TCP tcp dport 22 accept
```

允许传入 DNS 访问请求：

```
# nft add rule inet filter TCP tcp dport 53 accept
# nft add rule inet filter UDP udp dport 53 accept
```

第 11 章

使用 SELinux 和 Linux 安全审计工具

11.1 使用 SELinux

11.1.1 SELinux 简介

1. 术语

要了解 SELinux 架构，先来了解一些相关术语。

1）身份（identity）

SELinux 中的身份的概念与传统的 UNIX uid（user ID）不同，二者可以共存于一个系统，但却是不同的概念。在 SELinux 中身份是安全上下文的一部分，它会影响哪个域可以进入。运行 su 命令不会改变 SELinux 中的身份。

2）策略

策略就是可以设置的规则，决定了一个角色的用户可以访问什么、哪个角色可以进入哪个域，以及哪个域可以访问哪个类型等，用户可以根据想要建立的系统特点来决定设置什么样的策略。

3）域

所有进程都在域中运行，域直接决定了进程的访问。域基本上是一个进程允许做的操作列表，或者说它决定了一个进程可以对哪些类型进行操作。在 SELinux 系统中，当一个正在执行的进程想要进入特权域执行时，若这个进程的角色被设置为不允许进入特权域，那么这个进程就不能执行。常见的例子有 sysadm_t 是系统管理域，user_t 是无特权用户域，init 运行在 init_t 域，named 运行在 named_t 域。

4）类型

类型是分配给一个对象的，决定了谁可以访问这个对象。它的定义和域基本相同，不同点就是，域是对进程的应用，而类型是分配给目录、文件和套接字的。

第 11 章 使用 SELinux 和 Linux 安全审计工具

5）角色

角色决定了哪些域可以使用。可以预先将哪些域可以被哪些角色使用，定义在策略的配置文件中。如果一个策略数据库中定义了一个角色不可以使用一个域，那么它将被拒绝。

6）安全上下文

安全上下文包含所有事情属性的描述，包括文件、目录、进程、TCP Socket、身份、角色、域、类型。在 SELinux 系统中可以用 id 命令来查看当前用户的安全上下文。

7）转换

是否发生转换，主要根据安全上下文来判断。有两种主要的转换：第一种是当执行了一个被限定了类型的程序时会发生进程域的转换；第二种是在特殊的目录下创建文件时会发生文件类型的转换。

8）自主访问控制

自主访问控制（DAC）是一种允许被授权的用户（通过它们的程序如一个 shell）改变客体的访问控制属性的访问控制机制，由此明确指出其他用户是否有权访问这个客体。所有 DAC 机制都有一个共同的弱点，就是不能识别自然人与计算机程序之间最基本的区别。DAC 通常尝试模仿所有权原理，如文件所有者拥有指定文件的访问权限。

9）强制访问控制

强制访问控制（Mandatory Access Control，MAC）是"强加"给访问主体的，即系统强制主体服从访问控制策略。强制访问控制的主要特征是对所有主体及其控制的客体（如进程、文件、段、设备）实施强制访问控制。为这些主体及客体指定敏感标记，这些标记是等级分类和非等级类别的组合，是实施强制访问控制的依据。系统通过比较主体和客体的敏感标记来决定一个主体是否能够访问某个客体。强制访问控制一般与自主访问控制结合使用，并且实施一些附加的、更强的访问限制。一个主体只有通过了自主与强制性访问限制检查后，才能访问某个客体。

2．SELinux 系统示意图

SELinux 系统示意图如图 11-1 所示。首先 SELinux 提供了策略语言（Policy Language）供系统管理者来制定安全策略（Security Policy），并由核心层进行存取控制检查。SELinux 将系统核心及安全策略绑在一起，并经由系统呼叫方式检查是否有存取权限。SELinux 同时提供了范例策略（Example Policy），详细规划了安全策略应有的权限，包括服务器进程 Server Process（如 Samba Server）、客户端进程 Client Process（如 Web Browser）等，并允许使用者利用类型强制（Type Enforce，TE）及 RBAC（Role Base Access Control）方式来控制系统。通过权限的分散及强制的限制，SELinux 可以有效防止 rootkit（一种特殊的恶意软件）及未知攻击并拥有较高阶的语言表示，可以为各分层分别设定安全策略。这些安全策略由 SELinux 自动重组后，能根据设定的策略限制存取权限。

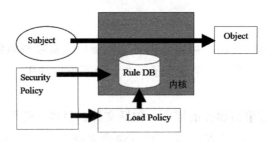

图 11-1　SELinux 系统示意图

11.1.2　与 SELinux 相关的文件

（1）SELinux 伪文件系统。/selinux/，即 SELinux 伪文件系统，包括内核子系统最常使用的各种命令。此文件系统与/proc/伪文件系统非常相似。系统管理员和用户通常不需要直接操作该文件。

（2）/etc/selinux/目录。/etc/selinux/目录是所有策略文件和主要配置文件存储位置。

11.1.3　SELinux 的使用

首先安装相关软件包：

```
# dnf install -y policycoreutils libselinux python3-libselinux selinux-policy
selinux-policy-targeted libselinux-utils mcstrans policycoreutils-python-utils
selinux-policy-mls setroubleshoot setroubleshoot-server setools-console
selinux-policy-minimum
```

在尚未熟悉 SELinux 的特性时，最重要的是知道如何开启和关闭 SELinux 机制。

1．修改 SELinux 配置文件（/etc/selinux/config）

SELinux 配置文件/etc/selinux/config 用于控制系统下次启动过程中载入哪个策略，以及系统运行在哪个模式下，用户可以使用 sestatus 命令确定当前 SELinux 的状态。配置文件的例子如下：

```
# cat /etc/selinux/config
# This file controls the state of SELinux on the system.
# SELINUX= can take one of these three values:
#     enforcing - SELinux security policy is enforced.
#     permissive - SELinux prints warnings instead of enforcing.
#     disabled - No SELinux policy is loaded.
SELINUX=disabled
# SELINUXTYPE= can take one of these two values:
#     targeted - Targeted processes are protected,
#     minimum - Modification of targeted policy. Only selected processes are
protected.
#     mls - Multi Level Security protection.
SELINUXTYPE=targeted
```

/etc/selinux/config 文件控制两个配置设置：SELinux 模式和策略类型设置。SELinux 模式（由第 7 行的 SELinux 选项确定）可以被设置为 enforcing、permissive 或 disabled。在 enforcing 模式下，策略被完整执行。enforcing 模式是 SELinux 的主要模式，在所有要求增强 Linux 安全性的操作系统上使用都应该使用该模式。

1）SELinux 模式设置

enforcing：强制启用模式，在强制启用模式中，SELinux 被启动，并强制执行所有安全策略规则。

permissive：允许模式。在允许模式中，SELinux 被启用，但安全策略规则并没有被强制执行。当安全策略规则应该拒绝访问时，访问仍然被允许，只是此时会向日志文件发送一条消息，表示该访问应该被拒绝。

disabled：禁用模式。禁用 SELinux。

2）策略类型设置

在使用策略类型时必须先安装策略类型的软件包。

targeted：保护常见的网络服务，是 SELinux 的默认值。

minimum：SELinux 最低基本策略。

mls：提供符合多级安全（MLS）机制的安全性。

2. 使用 system-config-selinux

可以通过图形化工具 system-config-selinux 来设置是否启用 SELinux，如图 11-2 所示。

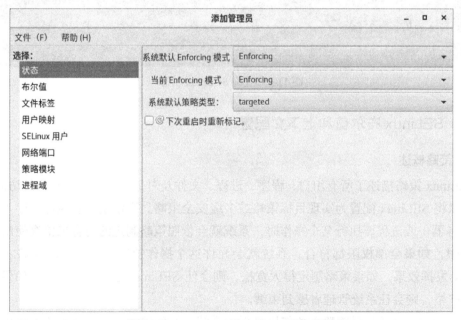

图 11-2　system-config-selinux 工作界面

system-config-selinux 是图形化的 SELinux 维护工具，可以在"状态"界面设置 SELinux 模式，具体有以下 3 种选择。

- disabled：禁用模式。

- permissive：允许模式。
- enforcing：强制启用模式。

3．手动开启/关闭/查询 SELinux 状态的方法

在 Linux 操作系统运行过程中无法使用命令关闭 SELinux，只能通过在内核启动参数或修改配置文件的方式关闭 SELinux。若只是将 SELinux 安全机制转换为允许模式，则可利用如下命令进行。

- setenforce 1：将 SELinux 设定成强制启用模式。
- setenforce 0：将 SELinux 设定成允许模式。
- sestatus：查询系统目前的 SELinux 状态，如图 11-3 所示。

图 11-3　查询 SELinux 状态

11.1.4　SELinux 布尔值和上下文配置

1．策略概述

SELinux 策略描述了所有用户、程序、进程、文件及对其执行操作的设备的访问权限。用户可以将 SELinux 配置为实现目标策略或多级安全策略。当使用者要执行程序（如启动 Web 服务器）或进程要执行某个操作时，系统就会依照策略制定的内容来检查使用者或进程的权限，如果全部权限都符合，系统就会允许这个操作执行。一个好的策略才可以让 SELinux 发挥效果，如果策略制定得太宽松，则会使 SELinux 毫无用武之地；如果策略制定得太严格，则会让系统管理者感到束缚。

targeted policy（目标策略）的作用是保护系统上的各项服务，目前 SELinux 可保护的服务有 200 多个。Red Hat Enterprise Linux 4.0 的 SELinux 的守护进程只有 dhcpd、httpd、mysqld、named、nscd、ntpd、portmap、postgres、snmpd、squid、syslogd。

将访问控制应用于有限数量的进程，这些进程最有可能成为系统攻击的目标。目标进

程在自己的 SELinux 域（称为"受限域"）中运行，该域对攻击者可能利用的文件的访问有所限制。如果 SELinux 检测到目标进程正在尝试访问受限域之外的资源，则拒绝对这些资源的访问并记录拒绝。仅特定服务在受限域中运行，一般情况下是在网络上侦听客户端请求的服务（如 **httpd**、**named** 和 **sshd**），以及 root 用来代表用户执行任务的流程（如 **passwd**）。其他进程，包括大多数用户进程，都在仅适用 DAC 机制的无限制域中运行。如果攻击破坏了无限制域中运行的进程，则 SELinux 将不再限制对系统资源和数据的访问。表 11-1 是 SELinux 域的示例。

表 11-1 SELinux 域的示例

域	描 述
init_t	systemd
httpd_t	HTTP 守护程序线程
kernel_t	内核线程
syslogd_t	journald 和 rsyslogd 记录守护程序
unconfined_t	由 Linux 用户执行的进程在无限制域中运行

目标策略可分为两种类型的属性：boolean（布尔值）及文件上下文（file context）。简单来说，boolean 属性控制进程的行为，而文件上下文属性控制进程读/写文件的权限。

2. boolean 设定

为了方便 boolean 设定，SELinux 内建了许多 boolean 参数。用户通过修改这些参数，可以直接变更一些 SELinux 的设定。常用的对 SELinux boolean 属性进行操作的命令有如下两个。

- getsebool：获取目前系统上 SELinux boolean 属性的状态。

格式如下：
```
getsebool -a [boolean]
```
"getsebool -a"可获取所有 boolean 属性状态。

- setsebool：立即变更 SELinux boolean 属性。

格式如下：
```
setsebool [ -P ] boolean value | bool1=val1 bool2=val2 ...
```
若没有附加-P 选项，则只变更目前系统的 SELinux boolean 属性，不更新设定文件的状态，重启计算机后，系统会恢复原来的属性设定。若需要永久变更 SELinux boolean 属性，就必须添加-P 选项。例如：
```
setsebool -P httpd_enable_homedirs 1
```
上述命令表示永久开启 httpd_enable_homedirs 属性，让 httpd 可以读取每个用户的主目录下的个人网页。

查看 SELinux 目标策略提供的 booleans 属性，使用如下命令：
```
# getsebool -a
```

```
httpd_builtin_scripting --> on
httpd_can_network_connect --> off
httpd_can_network_connect_db --> off
httpd_can_network_relay --> off
httpd_disable_trans --> off
httpd_enable_cgi --> on
...
```

上述清单显示出 httpd 的一些 boolean 属性，httpd_enable_cgi 可控制 httpd 是否可以执行 CGI 脚本、httpd_can_network_connect 可控制 httpd 是否可以对外进行网络联机等。

📖 应用实例

若需要单独关闭某个服务的 SELinux 机制，可直接使用"setsebool -P [program 名称]_disable_trans=1"命令。例如，若关闭 dhcpd 的 SELinux 检查机制，则可直接使用如下命令：

```
# setsebool -P dhcp_disable_trans=1
```

然后重新启动 dhcpd 服务：

```
# serice dhcpd restart
```

3. 目标策略的上下文属性设定

上下文属性用来控制系统中每个用户、进程、文件及目录的 SELinux 权限。它可用来设定每个用户、进程、文件及目录的属性，可对某个进程的某个行为进行严格的读/写限制。也就是说，文件可以针对某个身份（user）、某个程序（program）的某个行为开放读/写权限，可以做到最细致的权限调整，无须担心程序溢位（overflow）问题造成的文件数据外泄或窜改。

（1）SELinux 的上下文格式包括四部分：

SELinux user：Role：Type：Level

上述字段使用":"分隔，第一个字段为用户{SELinux user}；第二个字段为角色{Role}；第三个字段为类型{Type}；第四字段为安全级别{Level}。

SELinux user：SELinux 用户账户，补充了常规 Linux 用户账户。SELinux 将每个 Linux 用户映射到 SELinux 用户身份，该身份在 SELinux 上下文中用于用户会话。

Role：角色，充当 SELinux 进程域或文件类型与 SELinux 用户之间的抽象层。

Type：类型，定义 SELinux 文件类型或 SELinux 进程域。进程通过在各自的域中运行彼此分离。这种分离可防止进程访问其他进程使用的文件，并防止进程访问其他进程。**SELinux** 策略规则定义了进程域对文件类型和其他进程域的访问权限。

Level：级别，多级安全性（**MLS**）和多类别安全性（**MCS**）的属性。

（2）安全相关上下文属性的操作命令较多，下面简单介绍几个常用命令。

"ls -Z"和"ps -Z"命令用来查询上下文，其中，-Z 参数是专为 SELinux 增加的。

📖 应用实例

- ls -alZ：查看文件目录的上下文属性。
- id -Z：查看目前使用者身份的上下文属性。例如：
```
# id -Z
user_u:system_r:unconfined_t:SystemLow-SystemHigh
```
- ps -eZ：查看进程的上下文属性。例如：
```
# ps -eZ
```

（3）设置上下文命令。

- restorecon：改写部分目录内所有文件及目录的上下文。

重写/home 目录下所有文件系统的上下文：
```
# restorecon -v -R /home
```
- chcon：手动更改文件或目录的上下文。

📖 应用实例

（1）快速指定安全上下文给特定的目录：
```
# chcon user_u:object_r:public_content_rw_t -R /home/tea001
```

（2）更改默认文件类型。

在某些情况下，用户可能需要更改文件系统层次结构的默认文件类型。例如，将目录层次结构的默认文件/var/webcontent 的类型更改为 httpd_sys_content_t，此时可以使用 semanage 命令定义 httpd_sys_content_t 目录层次结构的文件类型：
```
# semanage fcontext -a -t httpd_sys_content_t "/var/webcontent(/.*)?"
/var/webcontent(/.*)? system_u：object_r：httpd_sys_content_t：s0
```

使用 restorecon 命令可将新文件类型应用于整个目录层次结构：
```
# restorecon -R -v /var/webcontent
```

（3）恢复默认文件类型。

恢复目录层次结构的默认文件类型/var/webcontent 为 httpd_sys_content_t。

使用 **semanage** 命令从文件中删除目录层次结构的文件类型定义 /etc/selinux/targeted/contexts/files/file_contexts.local：
```
# semanage fcontext -d "/var/webcontent(/.*)?"
```

使用 **restorecon** 命令将默认文件类型应用于整个目录层次结构。
```
# restorecon -R -v /var/webcontent
```

此外，Red Hat Enterprise Linux 系统提供了一个图形化工具——system-config-selinux，可以使用它来设置 SELinux 配置文件选项，这样就不需要直接编辑文件了。该工具的"选择"框用于设置 SELinux 选项，"策略模块"允许用户从安装好的策略中选择一个活动策略。图 11-4 所示为 Red Hat Enterprise Linux 8.0 SELinux 维护工具运行界面，其包括 8 个部分：状态、布尔值、文件标记、用户映射、SELinux 用户、网络端口、策略模块和进程域。

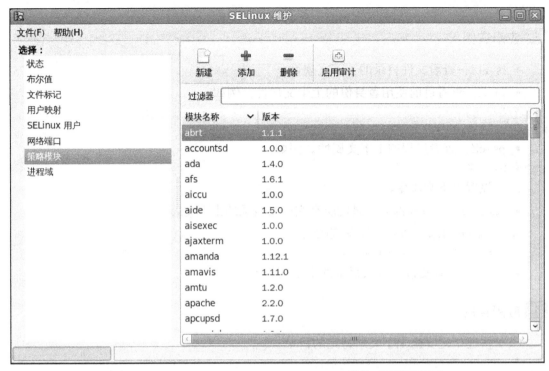

图 11-4　Red Hat Enterprise Linux 8.0 SELinux 维护工具运行界面

11.1.5　使用命令行工具管理 SELinux

1．setenforce

作用：setenforce 命令用来设置 SELinux 模式。

用法：setenforce [Enforcing | Permissive | 1 | 0]

主要选项如下。

- enforcing：设置 SELinux 为强制启用模式。
- permissive：设置 SELinux 为允许模式。
- 1：设置 SELinux 为强制启用模式。
- 0：设置 SELinux 为允许模式。

📖 应用实例

（1）设置 SELinux 为允许模式：
```
# setenforce 0
```
（2）设置 SELinux 为强制启用模式：
```
# setenforce 1
```

2．getenforce

作用：getenforce 命令用来查看 SELinux 模式。

第 11 章 使用 SELinux 和 Linux 安全审计工具

用法：getenforce

getenforce 命令无选项。

应用实例

查看当前 SELinux 模式：
```
# getenforce
Enforcing
```
上述内容显示表示 SELinux 模式为强制。

3．setsebool

作用：setsebool 命令用来设置 SELinux 布尔值。

用法：setsebool [-P] boolean value | bool1=val1 bool2=val2...

主要选项如下。

- -P：设定该项目永久套用。

应用实例

（1）设置布尔值变量 ftpd_disable_trans 为 on：
```
# setsebool ftpd_disable_trans=on( on 亦可用 1 )
```
检查设置结果：
```
# getsebool ftpd_disable_trans
ftpd_disable_trans --> on
```
（2）设置布尔值变量 ftpd_disable_trans 为 off：
```
# setsebool -P ftpd_disable_trans=off( off 亦可用 0 )
```
检查设置结果：
```
# getsebool ftpd_disable_trans
ftpd_disable_trans --> off
```

4．getsebool

作用：getsebool 命令用来查看 SELinux 布尔值。

用法：getsebool [-a] [boolean]

主要选项如下。

- -a：显示所有布尔值。
- boolean：指定要显示的布尔值名称。

应用实例

（1）显示所有布尔值：
```
# getsebool -a
NetworkManager_disable_trans --> off
allow_console_login --> off
```

```
allow_ftpd_use_nfs --> off
...
```

（2）显示 allow_execmem 布尔值：

```
# getsebool allow_execmem
allow_execmem --> on
```

5. sestatus

作用：sestatus 命令用来查看 SELinux 状态。

用法：sestatus[选项]

主要选项如下。

- -v：检查/etc/sestatus.conf 文件和进程列表。
- -b：显示当前使用的布尔值状态。

📖 应用实例

（1）查询系统 SELinux 的状态：

```
# sestatus
SELinux status:                 enabled
SELinuxfs mount:                /selinux
Current mode:                   enforcing
Mode from config file:          permissive
Policy version:                 21
Policy from config file:        targeted
```

输出说明如下。

- SELinux 状态：enabled。
- SELinuxfs 文件系统挂载点：/selinux。
- 当前模式：enforcing。
- 配置文件模式：permissive。
- 策略版本：21。
- 配置文件中的策略：targeted。

（2）显示当前使用的布尔值状态：

```
# sestatus -v
SELinux status:                 enabled
SELinuxfs mount:                /selinux
Current mode:                   enforcing
Mode from config file:          permissive
Policy version:                 24
Policy from config file:        targeted
/etc/shadow                     system_u:object_r:shadow_t
...
```

（3）显示当前所有布尔值状态：

```
# sestatus -b |more
SELinux status:                 enabled
```

```
SELinuxfs mount:              /selinux
Current mode:                 permissive
Mode from config file:        permissive
Policy version:               21
Policy from config file:      targeted
Policy booleans:
NetworkManager_disable_trans  off
...
```

6. avcstat

作用：avcstat 命令用来显示访问向量缓存（Access Vector Cache，AVC）统计信息。

用法：avcstat [选项] [规则文件]

主要选项如下。

- -c：显示累计值。
- -f status_file：指定 AVC 文件位置，默认是/selinux/avc/cache_stats。
- interva：间隔时间，单位为 s。

🔍 **说明**

avcstat 命令提供了系统启动以来的 AVC 统计信息，能按指定的时间间隔实时查看 AVC 统计信息。AVC 统计信息默认存储在/selinux/avc/cache_stats 文件中，可使用 cat/selinux/avc/cache_stats 命令查看文件内容，或者使用 avcstat 命令直接查看 AVC 统计信息。

📖 **应用实例**

使用 avcstat 命令查看当前和每隔 2s 的 AVC 统计信息：

```
# avcstat 2
  lookups    hits       misses     allocs     reclaims   frees
  5637478    5625903    11575      11809      8912       11309
  362        362        0          0          0          0
...
```

7. audit2allow

作用：audit2allow 命令用来生成策略允许规则。

用法：audit2allow [选项]

主要选项如下。

- --version：查看版本信息。
- -h,--help：显示帮助信息。
- -a,--audit：从 audit 日志中读取输入，不能与-i 选项共用。
- -d,--dmesg：从 dmesg 中读取输入，不能与--audit 选项或--input 选项共用。
- -i INPUT：指定输入来源，不能与-a 选项共用。
- -l：仅读取自上次重新加载 SELinux 以来的信息。

- -r,--requires：用于规则的一般要求。
- -M MODULE_PACKAGE：生成一个模块的规则包，不能与-o 选项及-m 选项共用。
- -m MODULE,--module=MODULE：生成模块。
- -o OUTPUT：向某个已经存在的文件中添加规则，不能与-M 选项共用。
- -R,--reference：生成 refpolicy 格式的输出。
- -v：解释已生成的输出。
- -e,--explain：详尽解释已生成的输出。
- -t TYPE：只处理与指定类型一致的消息。
- --perm-map=PERM_MAP：指定 perm 映像的文件名。
- --interface-info=INTERFACE_INFO：指定界面信息的文件名。
- --debug：将生成的模块用于-M 选项。

说明

audit2allow 是一个很重要的命令，使用 Python 编写而成，主要用来处理日志，把日志中违反策略动作的记录转换成访问向量，对开发安全策略非常有用。在 refpolicy 中，audit2allow 命令的功能得到很大扩展。

应用实例

（1）使用 audit2allow 命令生成模块策略：

```
$ cat /var/log/audit/audit.log | audit2allow -m local > local.te
```

（2）通过阅读 audit.log 日志显示产生 AVC 拒绝信息的原因：

```
# audit2allow -w -a
type=AVC msg=audit(1570958041.746:2690): avc:  denied  { read } for  pid=10467 comm="squid" name="squid.pid" dev="tmpfs" ino=157363 scontext=system_u:system_r:squid_t:s0-s0:c0.c1023 tcontext=unconfined_u:object_r:var_run_t:s0 tclass=file permissive=0
        Was caused by:
                Missing type enforcement (TE) allow rule.

        You can use audit2allow to generate a loadable module to allow this access.

    type=AVC msg=audit(1571114728.284:3735): avc:  denied  { rmdir } for  pid=26139 comm="systemd-user-ru" name="d.bhui4p5zm6dkqkfarp741dg8" dev="tmpfs" ino=92232 scontext=system_u:system_r:init_t:s0 tcontext=system_u:object_r:rpm_tmpfs_t:s0 tclass=dir permissive=1
        Was caused by:
                Missing type enforcement (TE) allow rule.

        You can use audit2allow to generate a loadable module to allow this access.
```

8. semanage

作用：semanage 命令用于把 Linux 用户名捆绑到 SELinux 用户。

用法：semanage {login|user|port|interface|fcontext|translation} -l [-n]

   semanage login -{a|d|m} [-sr] login_name
   semanage user -{a|d|m} [-LrRP] selinux_name
   semanage port -{a|d|m} [-tr] [-p protocol] port | port_range
   semanage interface -{a|d|m} [-tr] interface_spec
   semanage fcontext -{a|d|m} [-frst] file_spec
   semanage translation -{a|d|m} [-T] level

主要选项如下。

- -a,-add：添加一个 object（目标）记录名称。
- -d,-delete：删除一个 object（目标）记录名称。
- -m,-modify：修改一个 object（目标）记录名称。
- -l,-port：指定端口（TCP 或者 UDP）。
- -P,-prefix：主目录标记。
- -L,-level：SELinux 级别，默认值为 s0。
- -R,-roles：SELinux 规则。
- -s,-seuser：SELinux 用户。
- -t,-type：SELinux 类型。

📖 应用实例

（1）设置让 SELinux 停止阻止一个守护进程监听和默认端口不同的端口。

我们以 Apache 为例，并且假设在/etc/httpd/conf/httpd.conf 文件中已经设置好了监听 81 端口（HTTP 默认监听 80 端口）。

① 使用 semenage 命令搜索 SELinux 关于 Apache 的端口配置：

```
# semanage port -l | grep 80
```

② 在端口列表中增加一个 SELinux 允许 Apache 通过的端口：

```
# semanage port -a -t http_port_t 81
```

这个操作对其他的守护进程同样有效，如 Squid。假设在/etc/squid/squid.conf 文件中设置了监听其他端口，这里用 num 表示：

```
# semanage port -l | grep 3110*
# semanage port -a -t http_cache_port_t num
```

（2）查看 SELinux 用户映射关系：

```
# semanage user -l
                Labeling  MLS/      MLS/
SELinux User Prefix  MCS Level  MCS Range      SELinux Roles
root         user s0  SystemLow-SystemHigh system_r sysadm_r user_r
```

```
system_uusers0    SystemLow-SystemHigh system_r
user_u      users0    SystemLow-SystemHigh system_r sysadm_r user_r
```

9. semodule

作用：semodule 命令用来管理策略模块。

用法：semodule [选项]... MODE [MODES]...

主要选项如下。

- -R,--reload：强制重新装入策略。
- -B,--build：强制重新生成策略。
- -I,--install=MODULE_PKG：安装一个新模块。
- -u,--upgrade=MODULE_PKG：升级一个新模块。
- -r,--remove=MODULE_NAME：删除一个新模块。
- -l,--list-modules：显示所有模块。

📖 应用实例

显示所有模块：

```
# semodule -l
amavis    1.1.0
ccs       1.0.0
clamav    1.1.0
iscsid    1.0.0
postgrey          1.1.0
prelude   1.0.0
pyzor     1.1.0
qemu      1.1.2
razor     1.1.0
ricci     1.0.0
smartmon          1.1.0
spamassassin      1.9.0
virt      1.0.0
zosremote         1.0.0
```

10. chcat

作用：chcat 命令用于改变语境类别。

用法：/usr/bin/chcat CATEGORY 文件……

　　　/usr/bin/chcat -l CATEGORY 用户 ...

　　　/usr/bin/chcat [[+|-]CATEGORY],...]q File ...

　　　/usr/bin/chcat -l [[+|-]CATEGORY],...]q 用户 ...

　　　/usr/bin/chcat -d File ...

　　　/usr/bin/chcat -l -d 用户...

　　　/usr/bin/chcat -L

/usr/bin/chcat -L -l 用户...

主要选项如下。
- -d：删除类别。
- -L：显示可用类别。
- -l：对用户而不是文件进行操作。

📖 应用实例

（1）显示所有类别：
```
# chcat -L
s0
s0-s0:c0.c1023           SystemLow-SystemHigh
s0:c0.c1023              SystemHigh
```
（2）显示 root 账户类别：
```
# chcat -lL root
root: SystemHigh
```

11．restorecon

作用：restorecon 命令用来恢复文件安全语境。

用法：restorecon [-iFnrRv] [-e excludedir] [-o filename] [-f filename | pathname...]

主要选项如下。
- -i：忽略不存在的文件。
- -f infilename：infilename 文件中记录了要处理的文件。
- -e directory：排除目录。
- -R,-r：递归处理目录。
- -n：不改变文件标记。
- -o outfilename：在文件不正确的情况下，将文件列表保存到 outfilename。
- -v：将过程显示到屏幕上。
- -F：强制恢复文件安全语境。

🔍 说明

restorecon 命令和 chcon 命令类似，但 restorecon 命令是基于当前策略默认安全上下文文件设置与文件有关的客体的安全上下文的，因此，用户没有指定一个安全上下文。restorecon 命令使用安全上下文文件的条目来匹配文件名，然后应用特定的安全上下文，在某些情况下，该命令是在还原正确的安全上下文。

📖 应用实例

（1）将错误的 index.html 安全上下文改正过来：
```
# restorecon -Rv /var/www/html/index.html
```

```
Restorecon reset /var/www/html/index.html context system_u:object_r:etc_t:s0->
system_u:object_r:httpd_sys_content_t:s0
```

上面这两行命令其实是同一行，表示将 index.html 由 etc_t 改为 httpd_sys_content_t。

（2）使用 restorecon 命令检查与文件有关的客体的标记与安全上下文文件中的条目是否匹配：

```
$ mkdir public_html
$ /sbin/restorecon -nv public_html/
/sbin/restorecon reset /home/joe/public_html context
joe:object_r:user_home_dir_t->user_u:object_r:httpd_user_content_t
```

在这个例子中，使用-n 和-v 选项阻止 restorecon 真正地执行标记，只输出标记改变的信息。restorecon 命令可以用来递归标记大量的文件，-R 选项用于设置 restorecon 命令递归处理目录，重新标记所有子目录和文件。

12. chcon

作用：chcon 命令用来改变 SELinux 安全上下文。

用法：chcon [选项] CONTEXT 文件

主要选项如下。

- -R：递归改变文件和目录的安全上下文。
- --reference：从源文件向目标文件复制安全上下文。
- -h,--no-dereference：影响目标链接。
- -v,--verbose：输出对每个检查文件的诊断。
- -u,--user=USER：设置目标用户的安全上下文。
- -r,--role=ROLE：设置目标安全领域的作用。
- -t,--type=TYPE：修改安全上下文类型的配置。
- -l, --range=RANGE：设置目标安全领域的范围。
- -f：显示少量错误信息。

说明

chcon 命令是基于用户的输入为一个或多个文件设置相同的安全上下文的，是最基础的标记命令。

应用实例

```
$ mkdir public_html
$ ls -dZ public_html/
drwxrwxr-x  joe joe joe:object_r:user_home_dir_t public_html/
$ chcon -t httpd_user_content_t public_html/
$ ls -dZ public_html/
drwxrwxr-x  joe joe joe:object_r:httpd_user_content_t public_html/
```

在这个例子中，修改了新创建的目录的安全上下文，创建时自动分配的安全上下文是

joe:object_r:user_home_dir_t，被修改成了 joe:object_r:httpd_user_content_t，-t 选项用于指出文件的类型应该改变，而安全上下文的剩余部分保持不动。

13. setfiles

作用：setfiles 命令用来设置文件安全语境。

用法：setfiles [-c policy] [-d] [-l] [-n] [-e directory] [-o filename] [-q] [-s] [-v] [-vv] [-W] [-F]   spec_file pathname...

主要选项如下。

- -r rootpath：使用一个备用根路径。
- -e directory：排除目录。
- -F：强制设置文件安全语境。
- -o outfilename：在文件不正确的情况下，将文件列表保存到 outfilename。
- -s：从标准输出读取文件列表。
- -v：如果类型或角色正在发生变化，文件标记有所不同。
- -W：如果类型、角色或用户正在发生变化，没有匹配的文件将显示警告。

📖 应用实例

重新设置文件系统的标记：

```
# setfiles file_contexts/
```

file_contexts/是用户定义的文件。

14. seinfo

作用：seinfo 命令用来从配置文件 policy.conf 或二进制规则文件中提取策略的规则数量统计信息。

用法：seinfo [OPTIONS] [EXPRESSION] [POLICY ...]

主要选项如下。

- -A：列出 SELinux 的状态、规则、布尔值、身份、角色、类别等信息。
- -t：列出 SELinux 的所有类别（type）种类。
- -r：列出 SELinux 的所有角色（role）种类。
- -u：列出 SELinux 的所有身份（user）种类。
- -b：列出所有规则的种类（布尔值）。

📖 应用实例

列出 SELinux 在此策略下的统计状态：

```
# seinfo
Statistics for policy file: /sys/fs/selinux/policy
Policy Version:          31 (MLS enabled)
Target Policy:           selinux
```

```
Handle unknown classes:      allow
  Classes:              129    Permissions:         452
  Sensitivities:          1    Categories:         1024
  Types:               4934    Attributes:          251
  Users:                  8    Roles:                14
  Booleans:             327    Cond. Expr.:         376
  Allow:             112751    Neverallow:            0
  Auditallow:           162    Dontaudit:         10294
  Type_trans:        244913    Type_change:          74
  Type_member:           35    Range_trans:        6015
  Role allow:            39    Role_trans:          425
  Constraints:           71    Validatetrans:         0
  MLS Constrain:         72    MLS Val. Tran:         0
  Permissives:            0    Polcap:                5
  Defaults:               7    Typebounds:            0
  Allowxperm:             0    Neverallowxperm:       0
  Auditallowxperm:        0    Dontauditxperm:        0
  Initial SIDs:          27    Fs_use:               33
  Genfscon:             105    Portcon:             627
  Netifcon:               0    Nodecon:               0
```

列出与 httpd 有关的规则：
```
# seinfo -b | grep httpd
```

15. sealert

作用：sealert 命令是 SELinux 信息诊断客户端工具。

用法：sealert [选项]

主要选项如下。

- -II,--html_output：使用网页格式输出（与-a 或-l 搭配使用）。
- -l,--lookupid ID：检视指定 ID 的警示信息。
- -b,-browser：启动图形界面的信息诊断客户端工具。
- -h,-help：显示帮助信息。
- -a,--analyze file：分析日志文件。
- -u,-user：使用用户账户登录。
- -b,-password：设置用户口令。

🔍 说明

sealert 命令需要与 setroubleshoot 服务搭配使用，setroubleshoot 服务在启动后，会根据 audit 服务提供的信息对问题进行适当诊断，然后将诊断结果输出到/var/log/messages，该文件内会有相关输出信息供除错检视。

📖 应用实例

用如下命令启动 setroubleshoot 服务，以便使用 sealert 命令查询错误数据库，查询完毕

第 11 章 使用 SELinux 和 Linux 安全审计工具

后可以关闭 setroubleshoot 服务：
```
# service setroubleshoot start
```

观察 /var/log/messages 文件的末段，会发现 SELinux 产生的与 setroubleshoot 服务有关的信息，可以用如下命令来查看完整记录：
```
# sealert -l 8c613f95-0518-4548-bc01-574f9a152eb7
```

如果使用的是 Window X 系统，则还可以使用 **sealert -b** 命令运行 SELinux 警报浏览器，该浏览器可显示与 SELinux AVC 拒绝的信息有关的信息。要查看警报的详细信息，请单击"显示"按钮（见图 11-5）；要查看推荐的解决方案，请单击"疑难解答"按钮。

图 11-5　查看警报的详细信息

16．sesearch

作用：使用 seinfo 命令可以查询 SELinux 的策略提供多少相关规则，如果想知道查到的相关类型或者布尔值的详细规则，可使用 sesearch 命令查询。

用法：sesearch [-a] [-s 主体类型] [-t 目标类型] [-b 布尔值]

主要选项如下。

- -a：列出该类型或布尔值的所有相关信息。
- -t：其后要接类型，如 -t httpd_t。
- -b：其后要接布尔值的规则，如 -b httpd_enable_ftp_server。

📖 应用实例

（1）找出目标文件资源类型为 httpd_sys_content_t 的信息：
```
# sesearch -a -t httpd_sys_content_t
```

(2) 找出主体进程为 httpd_t 且目标文件类型为 httpd 的所有信息：
```
# sesearch -s httpd_t -t httpd_* -a
```
(3) 查看布尔值 httpd_enable_homedirs 设置了多少规则：
```
# sesearch -b httpd_enable_homedirs -a
```

11.1.6 通过 SELinux 日志文件排除故障

SELinux 的操作会体现在日志文件中，包括 /var/log/messages 文件或者 /var/log/audit/audit.log 文件。当 SELinux 拒绝某些文件或者目录被访问时，桌面的右上角会弹出拒绝通知，这就是 AVC 拒绝信息。当 Audit（Linux 用户审计服务）处于关闭状态时，AVC 拒绝信息会被记录在 /var/log/messages 文件中。/var/log/messages 文件内容比较复杂，可以使用 grep 命令过滤：

```
# grep "avc: .denied" /var/log/messages
Sep 26 19:49:38 dlp kernel: audit: type=1400 audit(1569563378.951:4): avc: denied { name_bind } for pid=1326 comm="httpd" src=83 scontext=system_u:system_r:httpd_t:s0 tcontext=system_u:object_r:reserved_port_t:s0 tclass=tcp_socket permissive=0
```

显示 /var/log/audit/audit.log 文件中的包含字符串的消息：

```
# grep denied /var/log/audit/audit.log
类型= AVC 消息=审核 (1364486257.632：26178)：AVC：拒绝{读取}
pid = 5177 comm =" httpd" name =" index.html" dev = dm-0 ino = 396075
scontext = unconfined_u：system_r：httpd_t：s0
tcontext = unconfined_u：object_r：acct_data_t：s0 tclass =文件
```

SELinux 拒绝某些文件或目录访问的主要原因如下。

- 应用程序或文件的上下文标签不正确。

解决方案可以是更改目录层次结构的默认文件类型。例如，将默认文件类型从 /var/webcontent 更改为 httpd_sys_content_t：

```
# /usr/sbin/semanage fcontext -a -t httpd_sys_content_t "/var/webcontent(/.*)?"
# /sbin/restorecon -R -v /var/webcontent
```

- 为服务配置安全策略的布尔值设置错误。

解决方案是更改布尔值。例如，打开允许浏览用户的主目录 httpd_enable_homedirs：

```
# setsebool -P httpd_enable_homedirs on
```

- 服务尝试访问安全策略不允许访问的端口。

如果服务对端口的使用有效，则解决方案是使用管理将端口添加到策略配置中。例如，允许 Apache HTTP 服务器侦听端口 8080：

```
# semanage port -a -t http_port_t -p tcp 8080
```

- 软件包的更新会导致应用程序以破坏现有安全策略的方式运行。

用户可以使用"**audit2allow -w -a**"命令查看 SELinux 拒绝某些文件或目录访问的原因。随后如果运行"**audit2allow -a -M** *module*"命令，则会创建类型强制实施文件（.te）和策略包文件（.pp）。可以将策略包文件与"**semodule -i** *module*.pp"命令一起使用，以防止错误再次发生。此过程通常旨在允许软件包更新起作用，直到有可用的修订策略为止。如果使用不当，则可能对系统造成潜在的安全漏洞。

11.1.7　SELinux 和网络服务设置

SELinux 的安全防护措施主要集中在各种网络服务的访问控制上。对于 Apache、Samba、FTP、NFS、MySQL 数据库来说，SELinux 仅仅开放了最基本的运行需求。若要实现连接外部网络、运行脚本、访问用户目录、共享文件等，必须经过一定的 SELinux 策略调整才能充分发挥网络服务器的作用，在安全和性能方面直接获取平衡。

1. Apache 与 SELinux

当启用 SELinux 时，Apache HTTP 服务器（httpd）默认在受限的 httpd_t 域中运行，并和其他受限制的网络服务分开。即使一个网络服务被攻击者破坏，攻击者的资源和可能造成的损害也是有限的。下面的示例是 SELinux 保护下的 httpd 进程：

```
$ ps -eZ | grep httpd
unconfined_u:system_r:httpd_t:s0 2850 ?        00:00:00 httpd
unconfined_u:system_r:httpd_t:s0 2852 ?        00:00:00 httpd
...
```

SELinux 上下文相关中的 httpd 进程是 system_u:system_r:httpd_t:s0。httpd 进程都运行在 httpd_t 域。只有正确设置文件类型，httpd 进程才能够访问 httpd_t 域。例如，httpd 可以读取的文件类型是 httpd_sys_content_t；httpd 可以读/写的文件类型是 httpd_sys_content_rw_t；相关布尔值必须设置为打开状态，以允许某些行为，如允许 httpd 脚本网络访问、允许 httpd 访问 NFS 和 CIFS 文件系统、允许 httpd 执行通用网关接口（CGI）脚本。

📖 应用实例

（1）运行一个静态的 Web 网页。

如果使用 mkdir 命令或 mywebsite 命令建立了一个文件夹作为 Apache HTTP 服务器的文档根目录，则可以使用如下命令查看其文件属性：

```
# ls -dZ /mywebsite
drwxr-xr-x. root root unconfined_u:object_r:default_t:s0 /mywebsite
```

按照 SELinux 策略规定和继承原则，/mywebsite 目录和其中的文件会具有 default_t 类型，包括以后创建的文件或者子目录也会继承这种类型，这样受限的 httpd 进程是不能被访问的，可以使用 chcon 命令或 restorecon 命令修改/mywebsite 的文件类型属性，确保之后建立的文件和复制的文件具有相同的 httpd_sys_content_t 类型，从而使受限的 httpd 进程能够被访问，具体命令如下：

```
# chcon -R -t httpd_sys_content_t /mywebsite
# touch /mywebsite/index.html
# ls -Z /mywebsite /website/index.html
```

```
-rw-r--r--   root root unconfined_u:object_r:httpd_sys_content_t:s0 /mywebsite/index.html
```

将/etc/httpd/conf/httpd.conf 文件修改为：

```
# DocumentRoot "/var/www/html"
DocumentRoot "/mywebsite"
```

然后重启 Apache HTTP 服务器。

如果要彻底修改/mywebsite 的文件类型属性，使设置在服务器重启后还有效，则可以使用 semanage fcontext 命令和 restorecon 命令：

```
# semanage fcontext -a -t httpd_sys_content_t "/mywebsite(/.*)?"
# restorecon -R -v /mywebsite
```

（2）共享 NFS 和 CIFS 文件系统。

在默认情况下，在 NFS 客户端挂载 NFS 文件系统时需要定义一个默认的安全上下文，这个默认的安全上下文使用 nfs_t 类型。此外，Samba 共享客户端上定义了一个默认的安全上下文，这个默认的安全上下文使用 cifs_t 类型。根据 SELinux 策略配置，Apache HTTP 服务可能无法读取 nfs_t 和 cifs_t 类型。通过设置布尔值来控制允许哪个服务访问 nfs_t 和 cifs_t 类型。

例如，使用 setsebool 命令打开 httpd_use_NFS 布尔变量后，httpd 即可访问 nfs_t 类型的 NFS 共享资源了：

```
# setsebool -P httpd_use_nfs on
```

使用 setsebool 命令打开 httpd_use_cifs 布尔变量后，httpd 即可访问 cifs_t 类型的 CIFS 共享资源：

```
# setsebool -P httpd_use_cifs on
```

（3）更改端口号。

根据策略配置，服务可能只被允许运行在特定的端口上。如果不通过改变策略来改变服务运行的端口，可能导致服务启动失败。假设要把端口号 80 修改为 12345，其方法如下。

首先使用如下命令查看 SELinux，并允许 HTTP 侦听 TCP 端口：

```
# semanage port -l | grep -w http_port_t
http_port_t                tcp      80, 443, 488, 8008, 8009, 8443
```

通过上述命令输出可以看到，在默认情况下，SELinux 允许 HTTP 侦听的 TCP 端口的端口号为 80、443、488、8008、8009 或 8443。

修改配置文件/etc/httpd/conf/httpd.conf 为：

```
# Change this to Listen on specific IP addresses as shown below to
# prevent Apache from glomming onto all bound IP addresses (0.0.0.0)
# Listen 12.34.56.78:80
Listen 10.0.0.1:12345
```

使用如下命令修改 TCP 端口号为：

```
# semanage port -a -t http_port_t -p tcp 12345
```

通过如下命令确认修改结果：

```
# semanage port -l | grep -w http_port_t
http_port_t tcp      12345, 80, 443, 488, 8008, 8009, 8443
```

2. Samba 和 SELinux

在 SELinux 环境中，Samba 服务器的 smbd 和 nmbd 守护进程都是在受限的 smbd_t 域中运行的，并且和其他受限的网络服务相互隔离。SELinux 下的 smbd 守护进程演示如下：

```
$ ps -eZ | grep smb
unconfined_u:system_r:smbd_t:s0 16420 ?        00:00:00 smbd
unconfined_u:system_r:smbd_t:s0 16422 ?        00:00:00 smbd
```

在默认情况下，smbd 只能读/写 samba_share_t 类型的文件，不能读/写 httpd_sys_content_t 类型的文件。如果希望 smbd 读/写 httpd_sys_content_t 类型的文件，则可以重新标记文件的类型。另外，还可以修改布尔值，如允许 Samba 提供 NFS 文件系统等共享资源。

应用实例

（1）共享一个新建的目录。

首先创建一个目录作为 Samba 的共享资源，然后在目录下建立一个文件检验共享是否成功：

```
# mkdir /myshare
# touch /myshare/file1
```

设置所创建目录和目录下文件的类型：

```
# semanage fcontext -a -t samba_share_t "/myshare(/.*)?"
# restorecon -R -v /myshare
```

修改 Samba 配置文件/etc/samba/smb.conf，添加共享资源定义：

```
[myshare]
comment = My share
path = /myshare
public = yes
writeable = yes
```

创建一个 Samba 用户：

```
# smbpasswd -a testuser
New SMB password: Enter a password
Retype new SMB password: Enter the same password again
Added user testuser.
```

启动 Samba 服务：

```
service smb start
```

查询可以使用的共享资源：

```
$ smbclient -U testuser -L localhost
```

使用 mount 命令挂载共享资源，并检验：

```
# mount //localhost/myshare /test/ -o user= testuser
# ls /test/
```

（2）共享一个网页。

如果要共享一个网页文件目录，如 Apache HTTP 服务器的/var/www/html，是不能使用文件类型的，可以使用 samba_export_all_ro 和 samba_export_all_rw 两个布尔值变量，步骤如下。

修改 Samba 配置文件，添加如下行：
```
[website]
comment = Sharing a website
path = /var/www/html/
public = yes
writeable = yes
```

开放 samba_export_all_ro 布尔值变量：
```
# setsebool -P samba_export_all_ro on
```

设置权限：
```
# chmod 777 /var/www/html/
```

共享目录：
```
# mount //localhost/myshare /test/ -o user= testuser
# ls /test/
```

3. vsftp 和 SELinux

在 SELinux 环境中，vsftp 服务器的 vsftpd 守护进程都是在受限的 ftpd_t 域中运行的，并且和其他受限的网络服务相互隔离。SELinux 下的 vsftpd 守护进程演示如下：
```
# ps -eZ |grep vsftpd
unconfined_u:system_r:ftpd_t:s0-s0:c0.c1023 1994 ? 00:00:00 vsftpd
```

例如，一个通过认证的本地用户不能读/写自己的主目录文件；vsftpd 不能访问 NFS 或者 CIFS 文件系统，匿名用户没有写文件的访问权限；系统管理员可以利用布尔值变量调整 SELinux 设置，定制 FTP 服务器功能。

📖 **应用实例**

（1）开放用户目录。

首先使用 root 权限修改/etc/vsftpd/vsftpd.conf 文件：
```
local-enable=YES
```

然后运行如下命令：
```
# /etc/rc.d/init.d/vsftpd start
# setsebool -P ftp_home_dir on
```

（2）本地用户可以上传/下载文件。

首先创建一个目录结构设置权限：
```
# chown user1:root /myftp/pub
# chmod 775 /myftp/pub
```

使用 semanage fcontext 和 restorecon 命令将顶级目录/myftp 的文件属性设置为 public_content_t：
```
# semanage fcontext -a -t public_content_t /myftp
# restorecon -R -v /myftp/
```

使用 semanage fcontext 和 restorecon 命令将顶级目录/myftp 的 FTP 子目录的文件属性

设置为 public_content_rw_t：
```
# semanage fcontext -a -t public_content_rw_t "/myftp/pub(/.*)?"
# restorecon -R -v /myftp/pub
```
开放布尔值变量：
```
# setsebool -P ftp_home_dir on
# setsebool -P allow_ftpd_anon_write on
```

4. NFS 和 SELinux

在 SELinux 环境中，NFS 服务器的守护进程都是在受限的 nfs_t 域中运行的，并且和其他受限的网络服务相互隔离。可以使用 nfs_export_all_ro 和 nfs_export_all_rw 等布尔值变量调整 SELinux 的策略。

例如，将本机的 NFS 共享设置为可读/写，需要开放相关的布尔值变量：
```
# setsebool -P nfs_export_all_rw 1
```
如果要将远程 NFS 的主目录共享到本机，则需要开放相关的布尔值变量：
```
# setsebool -P use_nfs_home_dirs 1
```

5. MySQL 和 SELinux

在 SELinux 环境中，MySQL 服务器的守护进程都是在受限的 mysqld_t 域中运行的，并且和其他受限的网络服务相互隔离。SELinux 下的 mysqld 进程演示如下：
```
# ps -eZ | grep mysqld
unconfined_u:system_r:mysqld_safe_t:s0 6035 pts/1 00:00:00 mysqld_safe
unconfined_u:system_r:mysqld_t:s0 6123 pts/1    00:00:00 mysqld
```

📖 应用实例

修改 MySQL 的存储数据库位置的步骤如下。

首先查看在默认情况下 MySQL 的存储数据库位置（/var/lib/mysql）的 SELinux 属性：
```
# ls -lZ /var/lib/mysql
drwx------. mysql mysql unconfined_u:object_r:mysqld_db_t:s0 mysql
```
记录 MySQL 的存储数据库位置（/var/lib/mysql）的 SELinux 属性，然后停止 MySQL，建立一个新的目录，把原来的数据库文件复制到新目录，并且设置 SELinux 属性：
```
# service mysqld stop
# mkdir -p /opt/mysql
# cp -R /var/lib/mysql/* /opt/mysql/
# chmod 755 /opt/mysql
# chown -R mysql:mysql /opt/mysql
# semanage fcontext -a -t mysqld_db_t "/opt/mysql(/.*)?":
# restorecon -R -v /opt/mysql
```
修改配置文件/etc/my.cnf，重启 MySQL：
```
# vi /etc/my.cnf
 [mysqld]
datadir=/opt/mysql
# service mysqld start
```

6. DNS 和 SELinux

SELinux 对 DNS 服务器的限制不多。SELinux 的策略文件规定不允许 named 进程写主区配置文件。如果允许 named 进程写主区配置文件，则需要开放如下布尔值变量：

```
# setsebool -P named_write_master_zones on
```

也可以使用如下命令禁止 SELinux 保护 named 守护进程：

```
# setsebool -P named_disable_trans on
```

11.2 Linux 安全审计工具

11.2.1 Linux 用户空间审计系统简介

Linux 内核具有用日志记录事件（如系统调用和文件访问）的能力。管理员通过检查这些日志，可以确定是否存在安全漏洞，如多次失败的登录尝试，或者用户对系统文件不成功的访问。因此该功能被称为 Linux 用户空间审计系统。Red Hat Linux 5.0 及其后版本可以直接使用该功能，也可以通过手动添加 Linux audit 软件来使用该功能。Linux audit 架构示意图如图 11-6 所示。

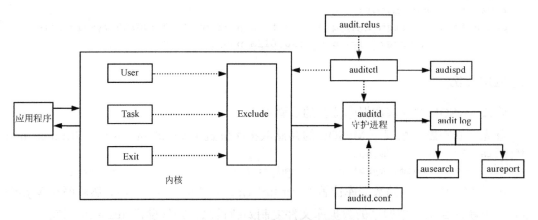

图 11-6 Linux audit 架构示意图

图 11-6 中的实线箭头代表数据流，虚线箭头代表组件之间的控制关系。Linux audit 架构在内核中包括如下几部分。

User：记录只在当前用户空间中产生的事件。

Task：跟踪应用程序的子进程（fork）；当一个任务被创建时，父进程将通过复制和克隆创建子进程时记录该事件。

Exit：当一个系统调用结束时判断是否记录该调用。

Exclude：删除不合格事件。

audit 是内核中的一个模块，内核的运行情况会记录在 audit 中，当然这个记录的规则是由 root 账户设置的。内核中的 audit 模块是由应用层的应用程序来控制的。audit 产生的数据都会传送到 auditd 守护进程中，然后由 auditd 守护进程进行其他操作。auditd.conf 是 auditd 守护进程的配置文件，用于确定 auditd 守护进程是如何启动的，以及日志文件放在哪里等。audit.rules 是 audit 的规则文件，用于确定 audit 的日志记录哪些操作。日志通过一个对 audit 进行控制的应用程序 auditctl 进行操作。root 用户可以直接调用 auditctl 进行操作。auditd 收到 audit 传来的数据后会有两种结果：一种结果是将日志保存在 audit.log 文件中，默认路径为/var/log/audit/audit.log；另一种结果是通过 audispd 分发日志。

要使用安全审计系统可采用下面的步骤：首先安装软件包；其次设置配置文件、配置常用命令，添加审计规则；再次启用 auditd 守护进程并开始进行日志记录；最后通过生成审计报表和搜索日志来周期性地分析数据。

Linux 用户空间审计系统由 auditd、audispd、auditctl、autrace、ausearch 和 aureport 等应用程序组成，下面依次对其进行说明。

- auditctl：即时控制审计守护进程的行为的工具，如添加规则等。
- auditd：负责把内核产生的信息写入硬盘，这些信息由应用程序和系统活动触发。用户空间审计系统通过 auditd 后台进程接收内核审计系统传送来的审计信息，将信息写入/var/log/audit/audit.log 文件中。
- aureport：查看和生成审计报告的工具。
- ausearch：查找审计事件的工具。
- auditspd：转发事件通知给其他应用程序，而不是将事件写入审计日志文件。
- autrace：一个用于跟踪进程的命令，类似于 strace，跟踪某一个进程，并将跟踪结果写入日志文件。

11.2.2　安装软件包并配置审计守护进程

1．安装软件包

通过如下命令安装软件包：

```
# yum install audit*.* -y
```

也可以通过源码安装软件包，源码下载地址：http://people.redhat.com/sgrubb/audit/。

2．了解 audit 配置文件

1）audit 配置文件简介

audit 安装后会生成两个配置文件:/etc/audit/auditd.conf 和/etc/audit/audit.rules。

/etc/audit/audit.conf：守护程序的默认配置文件。

/etc/audit/audit.rules：记录审计规则的文件。首次安装 audit 后，审计规则文件是空的。

2）/etc/audit/audit.conf 文件详解

/etc/audit/audit.conf 是 Linux 安全审计系统最关键文件，包括如下几个部分。

- 设置审计消息的专用日志文件。

- 确定是否循环使用日志文件。
- 如果日志文件的启动占用了太多磁盘空间则发出警告。
- 配置审计规则，记录更详细的信息。
- 激活文件和目录观察器。

下面简单设置一个/etc/audit/audit.conf：

```
# vi /etc/audit/auditd.conf
# 第 5 行设置日志文件
log_file = /var/log/audit/audit.log
# 第 11 行设置日志文件轮询的数目，介于 0~99。如果设置值小于 2，则不会循环日志
# 如果没有设置 num_logs 值，则默认为 0，意味着从来不循环日志文件
num_logs = 5
# 第 14 行设置日志文件是否使用主机名称，一般选 NONE
name_format = NONE
# 第 15 行设置日志文件大小，以 MB 表示的最大日志文件容量
# 当日志文件达到这个容量时，会执行 max_log_file _action 指定的动作
max_log_file = 6
# 第 17 行设置日志文件到达最大值后的动作，这里选择 ROTATE（轮询）
max_log_file_action = ROTATE
```

以上是笔者在 Red Hat 下的配置，其他参数可以选择默认值。

3）审计规则文件/etc/audit/audit.rules

要添加审计规则，可在/etc/audit/audit.rules 文件中运行如下命令：

```
-a <list>,<action> <options>
```

（1）监控文件系统行为（依靠文件、目录的权限属性来识别）。

规则格式：

-w 路径

-p 权限

-k 关键字

其中，-p 权限的动作分为如下 4 种。

- r：读取文件或者目录。
- w：写入文件或者目录。
- x：运行文件或者目录。
- a：改变在文件或者目录中的属性。

例如，监控/etc/passwd 文件的修改行为（写，权限修改）的命令如下：

```
-w /etc/passwd -p wa
```

将上述内容加入 audit.rules 中即可实现对该文件的监视。

（2）监控系统调用。

监控系统调用可能会引起高负荷的日志活动，这会让内核承受更大的负荷。所以要衡量哪些系统调用需要放入 audit.rules。如果审计目录，则只能对该目录本身的属性进行审计。如果想审计目录下的文件，则需要一一列出规则。

系统调用的监控：
- -a：添加一条系统调用监控规则。
- -S：后面接需要监测的系统调用的名称。

显示规则和移除规则：
- -D：删除所有规则。
- -d：删除一条规则和-a 对应。
- -W：删除一条规则和-w 对应。
- -l：列出所有规则。

监控其他系统调用：
```
-a entry,always -F arch=b64 -S clone -S fork -S vfork
-a entry,always -S umask
-a entry,always -S adjtimex -S settimeofday
```
上述内容都设置完毕后，就可以生成各种报告了。

3. 启动 auditd 守护进程

启动 auditd：
```
# service auditd start
```
如果要使 auditd 在运行时自动启动，则应以 root 账户执行如下命令：
```
# systemctl enable auditd
```
停止 auditd，可使用"service auditd stop"命令；重启 auditd，可使用"service auditd restart"命令；"service auditd reload"或者"service auditd force-reload"命令可用来重新加载 auditd 在/etc/audit/auditd.conf 文件中的配置；"service auditd rotate"命令可用来在/var/log/audit/目录中旋转日志文件；"service auditd resume"命令可用来在推迟审核事件日志之后重新开始，如存在没有足够的磁盘分区空间来保存审核日志文件的情况；"service auditd status"命令可用来显示运行状态；验证规则，可用 root 账户执行"auditctl -1"命令列出所有活动的规则和观察器。

11.2.3 用户空间审计系统的使用实例

1. auditctl 命令实例

auditctl 用于对内核中的 audit 进行控制，可以用来获取 auditd 的状态和增删 audit 的规则。

auditctl 命令格式如下：
```
auditctl [options]
```
主要选项如下：
- -e [0|1]：停止或启动内核审计功能。
- -a：将规则追加到链表。
- -S：系统调用号或名字。

- -F：规则域。
- -w：为文件系统对象<path>插入一个 watch（监视）。
- -p：设置文件权限。
- -k key：设置审计规则上的过滤关键词，关键词是不超过 32B 的任意字符串，它能唯一鉴别由 watch 产生的审计记录。
- -D：删除所有的规则和 watch。
- -s：报告状态。

📖 应用实例

查看 audit 运行状态：
```
# auditctl -s
AUDIT_STATUS: enabled=1 flag=1 pid=1585 rate_limit=0 backlog_limit=256 lost=0 backlog=0
```

通过 enabled、flag、rate_limit、backlog_limit、lost、backlog 参数可以得知 audit 运行状态是否正常。其中，enabled 值为 0 或 1，表示启用/禁用 audit 审核；flag 值为 0、1、2，表示设置失败标记的等级，0 表示不输出日志，1 表示输出 printk 日志，2 表示最高级，大量输出日志信息。flag 选项用于设置 audit 获得错误的等级，其默认值为 1，在安全环境下可以设置为 2。

运行如下命令临时禁用审核功能：
```
# auditctl -e 0
```

查看已有的 audit 规则：
```
# auditctl -l
```

添加一条 audit 规则，记录普通用户的所用 open 系统调用：
```
# auditctl -a entry,always -S open -F uid=500
```
其中，open 表示要查看某一特定用户打开的文件，在另一个终端以普通账户登录，登录后执行一个 ls 命令。

删除 audit 规则：
```
# auditctl -d entry,always -S open -F uid=500
```

如不想看到用户登录类型的消息，可以添加如下规则：
```
# auditctl -a exclude,always -F msgtype=USER_LOGIN
```
这里过滤以"消息类型"为对象的。

监视/etc/passwd 文件被读、写、执行、修改文件属性的操作记录：
```
# auditctl -w /etc/passwd -p rwax
```

查看程序所有的系统调用：
```
# auditctl -a entry,always -S all -F pid=1005
```

查看指定用户打开的文件：
```
# auditctl -a exit,always -S open -F auid=510
```

查看不成功的系统调用：

```
auditctl -a exit,always -S open -F success!=0
```
设置规则和显示规则:
```
# auditctl -a entry,always -S all -F pid=1005
# auditctl -l
LIST_RULES: entry,always pid=1005 (0x3ed) syscall=all
```
查看 audit 日志文件:
```
# cat /var/log/audit/audit.log
```

2. 使用 aureport 生成报表

可使用 aureport 命令生成审计消息的报表。为了安全起见/var/log/audit/目录和其中所有审计日志文件只对 root 账户可读，因此必须用 root 账户执行 aureport 命令。

aureport 命令格式:
```
aureport [选项]
```
主要选项如下。

- -a: 报告关于访问 AVC 的消息。
- -c: 报告关于配置修改的消息。
- -e: 报告关于事件的消息。
- -f: 报告关于文件的消息。
- -h: 报告关于主机的消息。
- -l: 报告关于登录的消息。
- -m: 报告关于账户修改的消息。
- -ma: 报告关于 MAC 件的消息。
- -p: 报告关于进程的消息。
- -s: 报告关于系统调用的消息。
- -tm: 报告关于终端的消息。

如果执行 aureport 命令时没有使用任何选项，则会显示汇总报表。

如果要显示每个日志的启动和停止时间，则可以添加-t 选项:
```
aureport -<flag> -i -t
```
如果仅显示失败事件，则使用--failure 选项（注意这个选项前面是两条短线）:
```
aureport -<flag> -i --failed
```
如果仅显示成功事件，则使用--success 选项（注意这个选项前面是两条短线）:
```
aureport -<flag> -i --success
```
如果想产生来自一个日志文件的报表而不是默认报表，则使用-if 选项:
```
aureport -<flag> -i -if /var/log/audit/audit.log.1
```

📖 **应用实例**

生成一段特定时间内的报告:
```
# aureport -ts 8:00 -te 17:30 -f -i
```
生成所有用户失败事件的总结报告:

```
# aureport -u --failed --summary -i
```
列出未被成功访问的文件：
```
# aureport -f -i --failed --summary
```
生成登录事件报告：
```
# aureport -l -i --summary
```
生成用户事件报告：
```
# aureport -u -i --summary
```
生成系统调用事件报告：
```
# aureport -s -i --summary
```
审计守护进程将关于这些事件的日志消息写到专门的日志文件中，用 aureport 命令和 ausearch 命令可以生成报表以找到失败的系统调用，从而确定谁在访问文件、访问频率、执行程序是否成功等。

举个安全管理的例子，如果使用 aureport 命令发现了如下字段信息：
```
Number of logins: 111
Number of failed logins: 111
Number of authentications: 111
Number of failed authentications:111
```
则表示系统有 111 次登录并且全部失败。一个正常用户不可能连续登录系统 111 次并且每次都失败而且连续不断，由此可推断系统可能遭到了暴力口令登录。

3．使用 ausearch 命令搜索记录

管理员可以用 ausearch 命令搜索审计记录。用 root 账户执行 ausearch 命令，当显示结果时，每个记录用 4 点虚线隔开，每个记录前均显示时间标记。

图 11-7 是 ausearch -x su 命令输出结果。

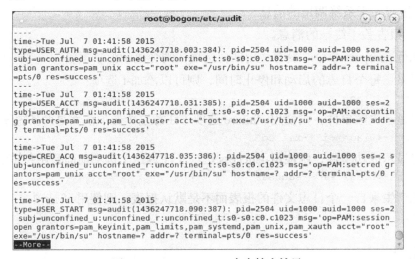

图 11-7　ausearch -x su 命令输出结果

下面对如图 11-7 所示的输出结果进行简单介绍。

- time：审计时间。

第 11 章 使用 SELinux 和 Linux 安全审计工具

- auid：审计用户 ID。
- uid 和 gid：访问文件的用户 ID 和用户组 ID。
- exe：上面命令的可执行文件路径。

使用以下命令搜索登录系统失败的信息：

```
# ausearch --messag e USER_LO G IN --success no --i nterpret
```

使用以下命令搜索所有的账户、群组、角色变更：

```
# ausearch -m ADD_USER -m DEL_USER -m ADD_GROUP -m USER_CHAUT HTOK -m D EL_GROUP -m CHGRP_ID -m ROLE_ASSIGN -m ROLE_REMOVE -i
```

使用以下命令通过用户的登录 ID（550）搜索所有由特定用户执行的记录操作：

```
# ausearch -au 550 -i
```

使用以下命令搜寻特定时间段的失败的系统调用信息：

```
# ausearch --start 02/07/2016 --end 02/21/2016 no w -m SYSCALL -sv no -i
```

如果在 audit.rules 下加了如下规则：

```
-w /etc/audit/audit.rules -p wa
```

如果没有 key 且要查找系统调用，可能要使用 grep 等 shell 工具才能过滤得到想要的内容。

如果有 key，那么就能简化上述过程，命令如下：

```
-w /etc/audit/audit.rules -p wa -k CFG_audit.rules
```

其中，-k 后面的内容是用户自己定义的。

此时要搜索特定内容就容易多了，命令如下：

```
# ausearch -k CFG_audit.rules
```

第 12 章

Linux 网络存储设置

12.1 iSCSI 设置

12.1.1 iSCSI 技术简介

2003 年 2 月 11 日,互联网工程任务组(The Internet Engineering Task Force,IETF)通过了 iSCSI(Internet Small Computer System Interface)。由 IBM、Cisco 共同发起的这项技术标准,经过 20 个版本的不断完善,终于得到了 IETF 的认可。iSCSI 标准吸引了很多厂商参与相关产品的开发,也推动了更多的用户采用 iSCSI 的解决方案。iSCSI 是通过 TCP/IP 网络传输 SCSI 命令的协议,是参照 SAM-3(SCSI Architecture Model-3)制订的。iSCSI 在 SAM-3 的体系结构中,属于传输层协议,在 TCP/IP 模型中属于应用层协议。

1. Target 与 Initiator

在 iSCSI 体系结构模式中通常有两个角色:Target 与 Initiator,下面分别对其进行介绍。

1)Target

称为 Target 的通常是存储设备(Storage Device),也就是存放数据的磁盘(以磁盘阵列居多)。在使用 iSCSI 时,在 iSCSI 存储设备上建立 LUN,提供给 iSCSI Initiator 主机来存取 iSCSI 存储设备。

> 小贴士:什么是 LUN?
>
> LUN(Logical Unit Number)是逻辑单元号。SCSI 总线上可挂接的设备数量是有限的,一般为 6 个或者 15 个。可以用 Target ID(也称为 SCSI ID)来描述这些设备,设备只要加入系统,就会有一个代号。实际上需要描述的对象是远远超过该数字的,于是引进了 LUN 的概念。也就是说,LUN 的作用是扩充 Target ID。LUN 不等于某个设备,只是个号码而已,不代表任何实体属性,在实际环境中,我们碰到的 LUN 可能是磁盘空间,也可能是磁带机,

还可能是媒体转换工具等。LUN 的神秘之处在于，它很多时候不是可见的实体，而是一些虚拟的对象。比如一个磁盘阵列柜，主机那边看作 Target，为了某些特殊需要，要将磁盘阵列柜的磁盘空间划分成若干个小的单元给主机用，于是就产生了一些逻辑驱动器，也就是比 Target 级别更低的逻辑对象，我们习惯把这些更小的磁盘资源称为 LUN0、LUN1、LUN2……。操作系统的机制使得，操作系统识别的最小存储对象级别就是 LUN，这是一个逻辑对象，所以很多时候被称为 Logical Device。

2）Initiator

Initiator 的主要功能是将计算机主机联机到 Target 进行磁盘存储。该 Initiator 可使用硬件形式，也可使用软件形式，本章介绍的 iSCSI 操作，使用的式软件形式的 Target 与 Initiator。

2．iSCSI 的报文格式

IP 网络的广泛应用，以及 iSCSI 能够在 LAN、WAN 甚至 Internet 上进行数据传送的特点，使得数据的存储不再受地域限制。iSCSI 技术的核心是在 TCP/IP 网络上传输 SCSI 协议，即使用 TCP/IP 报文和 iSCSI 报文封装 SCSI 报文，这使得 SCSI 命令和数据可以在普通的以太网上进行传输。iSCSI 的报文格式如图 12-1 所示。

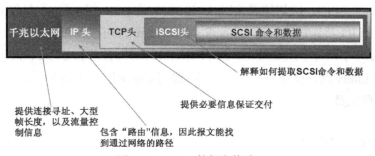

图 12-1　iSCSI 的报文格式

iSCSI 的工作过程是当 iSCSI 主机应用程序发出数据读/写请求后，操作系统会生成一个相应的 SCSI 命令，该 SCSI 命令在 iSCSI Initiator 层被封装成 iSCSI 消息包并通过 TCP/IP 传送到设备侧，设备侧的 iSCSI Target 层会解开 iSCSI 消息包，获得 SCSI 命令内容，然后将其传送给 SCSI 设备。SCSI 设备执行 SCSI 命令后的响应在经过设备侧 iSCSI Target 层时被封装成 iSCSI 响应 PDU，通过 TCP/IP 网络传送至主机的 iSCSI Initiator 层，iSCSI Initiator 会从 iSCSI 响应 PDU 里解析出 SCSI 响应，并将其传送给操作系统，操作系统再将响应传送给应用程序。

3．iSCSI 的名字规范

iSCSI 是通过 iSCSI 认证名（iSCSI Qualifier Name，IQN）来识别 iSCSI 装置的。在前端设备发起存取要求时，iSCSI 设备即可依照映射设置，响应存取要求。

用于识别 iSCSI 装置的 IQN 的命名有一定的规则可循，每个厂商都有一定的形式，如 IBM 为 iqn.1992-08.com.ibm:xxxxxx；Ciscio 为 iqn.1987-05.com.cisco:xxxxxx。

在 iSCSI 协议中，Initiator 和 Target 是通过名字进行通信的，因此，每个 iSCSI 节点（Initiator）必须拥有一个 iSCSI 名字。

iSCSI 协议定义了 IQN，其格式如下：

```
iqn+年月+.+域名的颠倒+:+设备的具体名称
```

颠倒域名是为了避免可能出现的冲突。

iSCSI 地址格式如下：

```
iqn.yyyy-mm.<reversed domain name>[:identifier]
```

其中，"yyyy-mm" 是一个日期，在这个日期前域名是有效的，同时标志符是可以自由选择的。

4. Linux 上主要的 iSCSI Target 实现

Linux 上主要的 iSCSI Target 实现如下：

- Linux SCSI Target——STGT。
- Linux-IO Target——LIO。
- SCST——Generic SCSI Subsystem for Linux。

以 Linux 2.6.38 为分界线，此前的标准是 Linux SCSI Target——STGT，之后的标准是 Linux-IO Target——LIO。确切地说，Linus Torvalds 在 2011 年 1 月 15 日将 LIO 加入 Linux 2.6.38 内核中。LIO 及其管理工具 targetcli 是由 Detera 公司开发和维护的。

SCST 更像一个编外小众实现，主要由 Fusion-io 维护。目前 Red Hat Enterprise Linux 7.0、CentOS/Oracle Linux 默认使用的是 LIO 标准，使用 targetcli，一个用 Python 写成的交互 shell 工具，作为管理工具。

12.1.2　Linux iSCSI 配置

1. 在 Linux 下安装并启动 iSCSI Target

以 Red Hat Enterprise Linux 8.0 为例，Linux iSCSI Target IP 地址为 10.0.0.30，主机名称为 www.cjh.net；Linux Initiator（操作系统是 CentOS 8）IP 地址为 10.0.0.31，主机名称为 www.cjh1.net；Windows Initiator IP 地址为 10.0.0.32。

（1）安装 iSCSI 服务：

```
# yum -y install targetcli
```

（2）建立一个目录并将其设置为 SCSI 设备：

```
# mkdir /iscsi_disks
```

（3）使用 targetcli 命令行工具设置 Target：

```
[root@cjh ~]# targetcli
targetcli shell version 2.1.fb49
Copyright 2011-2013 by Datera, Inc and others.
For help on commands, type 'help'.

/> cd backstores/fileio
```

```
# 建立一个磁盘 ISO 文件 disk01.img, 大小为 20GB
/backstores/fileio> create disk01 /iscsi_disks/disk01.img 20G
Created fileio disk01 with size 21474836480
/backstores/fileio> cd /iscsi

# 建立一个 Target
/iscsi> create iqn.2019-07.cjh.net:storage.target00
Created target iqn.2019-07.cjh.net:storage.target00.
Created TPG 1.
/iscsi> cd iqn.2019-07.cjh.net:storage.target00/tpg1/portals

# 设置 IP 地址
/iscsi/iqn.20.../tpg1/portals> create 10.0.0.30
Using default IP port 3260
Created network portal 10.0.0.30:3260.
/iscsi/iqn.20.../tpg1/portals> cd ../luns

# 设置 LUN 设备
/iscsi/iqn.20...t00/tpg1/luns> create /backstores/fileio/disk01
Created LUN 0.
/iscsi/iqn.20...t00/tpg1/luns> cd ../acls

# 设置 ACL 访问控制
/iscsi/iqn.20...t00/tpg1/acls> create iqn.2019-07.cjh.net:www.cjh1.net
Created Node ACL for iqn.2019-07.cjh.net:www.cjh1.net
Created mapped LUN 0.
/iscsi/iqn.20...t00/tpg1/acls> cd iqn.2019-07.cjh.net:www.cjh1.net

# 设置用户认证的用户名和密码
/iscsi/iqn.20....server.world> set auth userid=username
Parameter userid is now 'username'.
/iscsi/iqn.20....server.world> set auth password=password
Parameter password is now 'password'.
/iscsi/iqn.20....server.world> exit
Global pref auto_save_on_exit=true
Last 10 configs saved in /etc/target/backup.
Configuration saved to /etc/target/saveconfig.json
```

targetcli 是配置工具，通过 configfs 与内核通信。一般情况下，常用 targetcli 管理 Target。targetcli 可以直接建立和管理不同 backstone 类型的逻辑卷和不同的导出方式，如建立 ramdisk 并且通过 iSCSI 导出。

（4）设置防火墙：

```
# firewall-cmd --add-service=iscsi-target --permanent
# firewall-cmd --reload
```

（5）启动 iSCSI Target 服务：

```
# systemctl enable target
```

```
# systemctl start target
```
查看端口情况：
```
[root@cjh ~]# netstat -lnp | grep 3260
tcp        0      0 10.0.0.30:3260          0.0.0.0:*               LISTEN      -
```

2. 在 Linux 下安装并设置 iSCSI Initiator

（1）安装 iSCSI Initiator：
```
# yum -y install iscsi-initiator-utils
```

（2）修改配置文件：
```
# vi /etc/iscsi/initiatorname.iscsi
# 把 iSCSI target 名称修改为上一小节设置的名称
InitiatorName=iqn.2019-07.cjh.net:www.cjh1.net

# vi /etc/iscsi/iscsid.conf
# 修改第 54 行，去掉注释
node.session.auth.authmethod = CHAP
# 修改第 58 和 59 行，设置为 ACL 的名称和密码
node.session.auth.username = username
node.session.auth.password = password
```

（3）启动 iSCSI Initiator 服务：
```
# systemctl start iscsid
# systemctl enable iscsid
```

（4）发现 Target：
```
# iscsiadm -m discovery -t sendtargets -p 10.0.0.30
[  635.510656] iscsi: registered transport (tcp)
10.0.0.30:3260,1 iqn.2019-07.world.server:storage.target00
```

（5）查看状态：
```
# iscsiadm -m node -o show
# 版本号 6.2.0.873-21
node.name = iqn.2019-07.world.server:storage.target00
node.tpgt = 1
node.startup = automatic
node.leading_login = No
...
node.conn[0].iscsi.IFMarker = No
node.conn[0].iscsi.OFMarker = No
# END RECORD
```

（6）登录 Target 建立连接：
```
# iscsiadm -m node --login
Logging in to [iface: default, target: iqn.2019-07.world.server:storage.target00, portal: 10.0.0.30,3260] (multiple)
[  708.383308] scsi2 : iSCSI Initiator over TCP/IP
[  709.393277] scsi 2:0:0:0: Direct-Access     LIO-ORG  disk01            4.0  PQ: 0 ANSI: 5
[  709.395709] scsi 2:0:0:0: alua: supports implicit and explicit TPGS
[  709.398155] scsi 2:0:0:0: alua: port group 00 rel port 01
```

```
[  709.399762] scsi 2:0:0:0: alua: port group 00 state A non-preferred supports
TOlUSNA
[  709.401763] scsi 2:0:0:0: alua: Attached
[  709.402910] scsi 2:0:0:0: Attached scsi generic sg0 type 0
Login to [iface: default, target: iqn.2019-07.world.server:storage.target00,
portal: 10.0.0.30,3260] successful.
```

（7）查看连接后的状态：

```
# iscsiadm -m session -o show
tcp: [1] 10.0.0.30:3260,1 iqn.2019-07.world.server:storage.target00
(non-flash)
```

（8）磁盘操作：

```
# 建立磁盘卷标
# parted --script /dev/sdb "mklabel msdos"
# 建立分区
# parted --script /dev/sdb "mkpart primary 0% 100%"
# 格式化为 XFS 文件系统
# mkfs.xfs -i size=1024 -s size=4096 /dev/sdb1
meta-data    =/dev/sdb1      isize=1024   agcount=16, agsize=327616 blks
             =               sectsz=4096  attr=2, projid32bit=1
             =               crc=0
data         =               bsize=4096   blocks=5241856, imaxpct=25
             =               sunit=0      swidth=0 blks
naming       =version 2      bsize=4096   ascii-ci=0 ftype=0
log          =internal log   bsize=4096   blocks=2560, version=2
             =               sectsz=4096  sunit=1 blks, lazy-count=1
realtime     =none           extsz=4096   blocks=0, rtextents=0
```

运行"fdisk -l"命令，可以看到映射到的逻辑磁盘名称，以及与逻辑磁盘有关的内容，可以像使用本地硬盘一样对其进行分区、创建文件系统、挂载、卸载等操作。

挂载磁盘：

```
# mount /dev/sdb1 /tmp
[ 6894.010661] XFS (sdb1): Mounting Filesystem
[ 6894.031358] XFS (sdb1): Ending clean mount
# df -hT
Filesystem              Type      Size  Used  Avail  Use%  Mounted on
/dev/mapper/centos-root xfs       46G   1023M 45G    3%    /
devtmpfs                devtmpfs  1.9G  0     1.9G   0%    /dev
tmpfs                   tmpfs     1.9G  0     1.9G   0%    /dev/shm
tmpfs                   tmpfs     1.9G  8.3M  1.9G   1%    /run
tmpfs                   tmpfs     1.9G  0     1.9G   0%    /sys/fs/cgroup
/dev/sda1               xfs       497M  120M  378M   25%   /boot
/dev/sdb1               xfs       20G   33M   20G    1%    /tmp
```

3. Windows 客户端使用 iSCSI 磁盘设备

Windows Vista 和 Windows 7 已经内置了 Microsoft iSCSI 发起程序，以 Windows 7 为例对其进行说明。在管理工具中打开 Microsoft iSCSI 发起程序对话框，使用快速连接执行发现、登录操作，并使目标位置成为收藏位置。在"IP 地址或 DNS 名称"文本框中输入服务器 IP 地址，"端口"文本框保持默认值 3260，如图 12-2 所示。

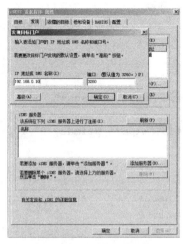

图 12-2 "发现目标门户"对话框

要断开整个连接，则在"已发现的目标"下选择目标，然后单击"断开"按钮。一个目标可以有多个连接，可以通过单击"属性"按钮查看当前会话及断开各个会话。可以单击"设备"按钮查看与目标连接关联的设备。

在"收藏的目标"选项卡中可以查看收藏目标详细信息，其对话框如图 12-3 所示。

在计算机管理的磁盘管理界面可以看到一个新的卷设备，按照 Windows 7 系统提示可以完成卷设备的添加。在"新加卷（m:）属性"对话框中可以看到 iSCSI 磁盘，其名称是"IET VIRTUAL-DISK SCSI Disk Device"，如图 12-4 所示。

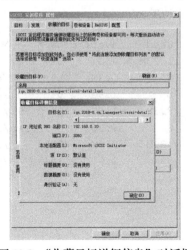

图 12-3 "收藏目标详细信息"对话框　　　　图 12-4 iSCSI 磁盘名称

如果是 Windows XP 操作系统，则下载安装 Microsoft iSCSI Initiator 软件后执行如下操作。

执行"Microsoft iSCSI Initiator"→"Discovery"→"Add"命令，输入 Target 的 IP 地址和端口号。

执行"Microsoft iSCSI Initiator"→"Targets"→"Refresh"命令，即可查看当前可用的 Target。

执行"Microsoft iSCSI Initiator"→"Targets"→"Target"→"Logon"→"OK"命令，即可建立连接。

执行"控制面板"→"管理工具"→"计算机管理"→"磁盘管理"命令，即可查看映射到本机的逻辑磁盘。可以像使用本地磁盘一样对其进行分区格式化操作。

执行"Microsoft iSCSI Initiator"→"Targets"命令，选择已经连接的"Target"→"Details"选项，勾选相应的任务项目，选择"Logoff"，即可断开连接。

执行"Discovery"→"Add"命令，手动添加 Target 主机的 IP 地址。选择"Targets"→"Logon"选项，显示状态为"Connected"。然后，运行 diskmgmt.msc，将弹出转换磁盘对话框，这个远程网络的磁盘相当于系统又增加了一个硬盘。

12.2 NFS 网络存储设置

12.2.1 NFS 简介

NFS 是分布式计算机系统的组成部分，可实现在异构网络上共享和装配远程文件系统。NFS 由 SUN 公司开发，目前已经成为文件服务的一种标准（RFC1904、RFC1813）。其最大功能是可以通过网络让不同操作系统的计算机共享数据，所以也可以将其看作一台文件服务器。NFS 除了 Samba，还提供了 Windows 与 Linux 及 UNIX 与 Linux 之间通信的方法。计算机客户端可以挂载 NFS 服务器所提供的目录，而且在挂载后该目录与本地的磁盘分区一样可以使用 cp、cd、mv、rm 及 df 等与磁盘相关的命令。NFS 有属于自己的协议与使用的端口号，但是在传送资料或者其他相关信息时，NFS 服务器会使用一个名为"远程过程调用"（Remote Procedure Call，RPC）的协议来协助其本身的运行。

1. NFS

与提供文件传输的 FTP 不同，使用 NFS 客户端可以透明地访问服务器中的文件系统。FTP 会产生一个文件的完整副本；NFS 只访问进程引用文件部分，目的就是使得这种访问透明。这就意味着任何一个能够访问本地文件的客户端程序不需要进行任何修改，就能访问 NFS 文件。

NFS 是一个使用 SUN RPC 构造的客户端/服务器应用程序，其客户端通过向 NFS 服务器发送 RPC 请求来访问其中的文件。尽管这一工作可以通过一般的用户进程来实现，即NFS

客户端可以是一个用户进程，对服务器进行显式调用，且服务器也可以是一个用户进程，但因为如下两个原因，NFS 一般不这样实现。一个原因是，访问 NFS 文件必须对客户端透明，因此 NFS 的客户端调用是由客户端操作系统代表用户进程来完成的；另一个原因是，出于效率，NFS 服务器是在服务器操作系统中实现的，如果 NFS 服务器是一个用户进程，每个客户端请求和服务器应答（包括读和写的数据）将不得不在内核和用户进程之间进行切换，这个代价太大。图 12-5 为 NFS 客户端和 NFS 服务器的典型结构。

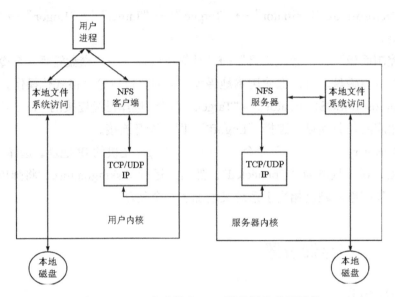

图 12-5　NFS 客户端和 NFS 服务器的典型结构

2．RPC 简介

因为 NFS 支持的功能相当多，而不同功能会使用不同程序来启动，并且每启动一个功能就会启用一些端口来传输数据，所以 NFS 的功能所对应的端口不是固定的，而是随机取用一些未被使用的端口号小于 724 的端口用来传输数据。但如此一来会在客户端要连接服务器时造成困扰，因为客户端要知道服务器端的相关端口才能联机，此时就需要 RPC。RPC 的主要功能就是指定每个 NFS 功能对应的端口号，并且回报给客户端，从而让客户端连接到正确的端口上。服务器在启动 NFS 时会随机选用数个端口，并主动地向 RPC 注册，因此 RPC 可以知道每个端口对应的 NFS 功能。RPC 固定使用端口 111 来监听客户端的请求并回报客户端正确的端口，所以可以让 NFS 的启动更容易。注意，在启动 NFS 之前，要先启动 RPC，否则 NFS 将无法向 RPC 注册。另外，重新启动 RPC 时原本注册的数据将会消失，因此 RPC 重新启动后其管理的所有程序都需要重新启动，以重新向 RPC 注册。不论是客户端还是服务器端，要使用 NFS 都需要先启动 RPC。NFS 与 RPC 服务及操作系统的相关性如图 12-6 所示。

第 12 章 Linux 网络存储设置

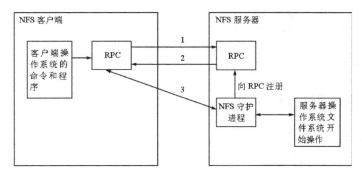

图 12-6 NFS 与 RPC 服务及操作系统的相关性

NFS 从诞生到现在为止，已经有多个版本，如 NFSv2（RFC794）及 NFSv3（RFC1813）最新的版本是 NFSv4（RFC307）。

12.2.2 配置 NFS 服务器

NFS 服务器的 IP 地址为 10.0.0.30，主机名称为 www.cjh.net；NFS 客户端（操作系统是 CentOS 8）的 IP 地址为 10.0.0.31，主机名称为 www.cjh1.net。

1．安装软件包

服务器端安装相关软件包：

```
# yum -y install nfs-utils nfs4-acl-tools
```

2．修改配置文件

修改相关配置文件：

```
# vi /etc/idmapd.conf
# 修改第 5 行的主机名称
Domain = cjh.net
```

修改另一个配置文件：

```
# vi /etc/exports
# 通常使用如下配置即可
/home 10.0.0.0/24(rw,sync,no_root_squash,no_all_squash)
/home
10.0.0.0/24
rw
sync
no_root_squash
no_all_squash
```

3．启动服务

修改配置文件后，保存并退出编辑器。然后重启和 NFS 服务相关的所有服务：

```
# systemctl restart rpcbind
# systemctl start nfs-server
# systemctl start nfs-lock
# systemctl start nfs-idmap
```

```
# systemctl enable rpcbind
# systemctl enable nfs-server
# systemctl enable nfs-lock
# systemctl enable nfs-idmap
```

12.2.3 配置 NFS 客户端

1. 安装软件包

在客户端安装相关软件包：

```
# yum -y install nfs-utils nfs4-acl-tools
```

2. 修改配置文件

修改相关配置文件：

```
# vi /etc/idmapd.conf
# 修改第 5 行的主机名称
Domain = cjh.net
```

3. 启动服务

修改配置文件后，保存并退出编辑器。然后重启和 NFS 服务相关的所有服务：

```
# systemctl restart rpcbind
# systemctl start nfs-lock
# systemctl start nfs-idmap
# systemctl start nfs-mountd
# systemctl enable rpcbind
# systemctl enable nfs-lock
# systemctl enable nfs-idmap
# systemctl enable nfs-mountd
```

4. 挂载目录

执行挂载命令操作：

```
# mount -t nfs www.cjh.net:/home /home
# df -h
Filesystem              Size  Used Avail Use% Mounted on
/dev/mapper/centos-root  46G  1.0G   45G   3% /
devtmpfs                1.9G     0  1.9G   0% /dev
tmpfs                   1.9G     0  1.9G   0% /dev/shm
tmpfs                   1.9G  8.3M  1.9G   1% /run
tmpfs                   1.9G     0  1.9G   0% /sys/fs/cgroup
/dev/vda1               497M  120M  378M  25% /boot
www.cjh.net:/home        46G  1.0G   45G   3% /home
```

上面介绍的操作是一次性的手动操作，计算机重启后需要再次进行该操作，也可以通过修改配置文件实现自动挂载，命令如下：

```
# vi /etc/fstab
/dev/mapper/centos-root /                                    xfs    defaults        1 1
UUID=a18716b4-cd67-4aec-af91-51be7bce2a0b /boot              xfs    defaults        1 2
```

```
/dev/mapper/centos-swap swap                              swap      defaults       0 0
# add at the lat line: change home directory this server mounts to the one on NFS
www.cjh.net:/home /home                                   nfs       defaults       0 0
```

12.2.4　使用 NFS 的 acl 功能

1．简介

NFSv4（Network File System-Version 4）引入了一种新的 ACL（访问控制列表）格式，这种格式扩展了现有的 ACL 格式。NFSv4 ACL 不仅容易使用，而且还引入了更详细的文件安全属性，因此 NFSv4 ACL 更安全。IBM AIX、SUN Solaris 和 Linux 等操作系统已经在文件系统中实现了 NFSv4 ACL。

什么是 ACL？

ACL 用来指定文件系统对象（如文件和目录）的访问权限，是由许多访问控制项组成的列表，每个访问控制项用于定义一个用户或组及其权限。

NFSv4 ACL 的示例如下：

```
A: d: user@osc.edu: rxtncy
```

示例中的 "A" 为 ACE（访问控制项）类型，表示 "允许"，其含义为此 ACL 允许用户或组执行需要权限的操作。默认情况下，d 表示拒绝任何未明确允许的内容。

示例中的 "d" 为继承标志，用于实现在任何新的子目录上自动建立在这个目录上设置的 ACL。继承标志仅适用于目录，不适用于文件。多个继承标志可以组合使用，也可以完全省略。

示例中的 "user@osc.edu" 是一个主体，表示 ACL 允许访问的人员。

示例中的 "rxtncy" 是 ACE 允许的权限。各权限可以组合使用。

- r：允许读取文件或目录。
- x：允许写文件或创建目录。
- t：允许读取文件或目录的属性。
- n：允许读取文件或目录的命名属性。
- c：允许读取文件或目录的 ACL。
- y：允许客户端与服务器一起使用同步 I/O。

2．显示 NFSv4 文件系统上文件或目录的 ACL

需要说明的是，tmp 目录下有一个 txt 文件和一个 cjhdir 目录。通过如下命令查看它们的 ACL 属性：

```
# ll /tmp
total 8
drwxr-xr-x. 2 root root  6 Oct  3 19:58 cjhdir
-rw-------. 1 root root  5 Oct  3 19:17 cjh.txt
```

如下为命令行输出的 txt 文件和 cjhdir 目录的 ACL 属性：

```
# nfs4_getfacl /tmp/cjh.txt
```

```
# file: /tmp/cjh.txt
A::OWNER@:rwatTcCy
A::GROUP@:tcy
A::EVERYONE@:tcy
# nfs4_getfacl /tmp/cjhdir
# file: /tmp/cjhdir
A::OWNER@:rwaDxtTcCy
A::GROUP@:rxtcy
A::EVERYONE@:rxtcy
```

3. 设置 ACL 到目录，以允许访问特定用户

把/tmp/cjh.txt 设置为允许用户 goodcjh 访问：

```
# nfs4_setfacl -a A::goodcjh@cjh.net:rxtncy /tmp/cjh.txt
```

通过如下命令进行验证：

```
# nfs4_getfacl /tmp/cjh.txt
# file: /tmp/test.txt
D::OWNER@:x
A::OWNER@:rwatTcCy
A::1000:rxtcy
A::GROUP@:tcy
A::EVERYONE@:tcy
```

设置允许特定组 cjh2 访问 cjhdir 目录：

```
# nfs4_setfacl -R -a A:dfg:cjh2@cjh1.net:RX  /tmp/cjhdir
```

设置不允许用户 goodcjh 访问/tmp/cjh.txt 文件：

```
# nfs4_setfacl -x A::1000:rxtcy /tmp/cjh.txt
```

12.3　GlusterFS 文件系统设置

12.3.1　GlusterFS 简介

GlusterFS 是 Scale-Out 存储解决方案 Gluster 的核心，是一个开源的分布式文件系统，具有强大的横向扩展能力，通过扩展可支持数拍字节（PB）的存储容量和数千个客户端。GlusterFS 借助 TCP/IP 或 InfiniBand RDMA 网络将物理分布的存储资源聚集在一起，使用单一的全局命名空间来管理数据。GlusterFS 是基于可堆叠的用户空间设计的，可为各种不同的数据负载提供优异的性能。

1. GlusterFS 的特点

1）扩展性和高性能

GlusterFS 利用双重特性来提供几太字节至几拍字节的高扩展存储解决方案。Scale-Out 架构允许通过简单地增加资源来提高存储容量和性能，磁盘、计算和 I/O 资源都可以独立增加，支持 10GbE 和 InfiniBand 等高速网络互联。Gluster 采用的弹性哈希算法（Elastic Hash）满足了 GlusterFS 对元数据服务器的需求，消除了单点故障和性能瓶颈，

真正实现了并行化数据访问。

2）高可用性

GlusterFS 可以对文件进行自动复制，如镜像或多次复制，确保了数据总是可以访问的，甚至在硬件故障的情况下也能正常访问。GlusterFS 的自我修复功能能够把数据恢复到正确的状态。修复是以增量方式在后台执行的，几乎不会产生性能负载。GlusterFS 没有设计自己的私有数据文件格式，而是采用操作系统中主流标准的磁盘文件系统（如 ext4、ZFS）来存储文件，因此数据可以使用各种标准工具进行复制和访问。

3）全局统一命名空间

全局统一命名空间将磁盘和内存资源聚集成一个单一的虚拟存储池，对上层用户和应用屏蔽了底层的物理硬件。存储资源可以根据需要在虚拟存储池中进行弹性扩展（如扩容或收缩）。当存储虚拟机映像时，存储的虚拟 ISO 文件没有数量限制，成千的虚拟机均通过单一挂载点进行数据共享。虚拟机 I/O 可以在命名空间内的所有服务器上自动进行负载均衡，消除了 SAN 环境中经常发生的访问热点和性能瓶颈问题。

4）弹性哈希算法

GlusterFS 采用弹性哈希算法在存储池中定位数据，而不是采用集中式或分布式元数据服务器索引。在其他 Scale-Out 存储系统中，元数据服务器通常会造成 I/O 性能瓶颈和单点故障问题。在 GlusterFS 中，所有在 Scale-Out 存储配置中的存储系统都可以智能地定位任意数据分片，不需要查看索引或者向其他服务器查询。这种设计机制完全并行化了数据访问，实现了真正的线性性能扩展。

5）弹性卷管理

数据存储在逻辑卷中，逻辑卷可以通过对虚拟化的物理存储池进行独立逻辑划分得到。存储服务器可以在线进行增加和移除，不会导致应用中断。逻辑卷可以在所有配置服务器中增长和缩减，可以在不同服务器之间迁移，还可以增加和移除系统，而且这些操作可在线进行。文件系统配置更改也可以实时在线进行并应用，从而可以适应工作负载条件变化或在线性能调优。

6）基于标准协议

GlusterFS 支持 NFS、CIFS、HTTP、FTP 及 Gluster 原生协议，与 POSIX 标准完全兼容。现有应用程序不需要做任何修改，也不需要使用专用 API，就可以对 GlusterFS 中的数据进行访问，这点对于公有云环境中部署 GlusterFS 非常有用。

2. GlusterFS 整体工作流程

GlusterFS 工作流程如图 12-7 所示。

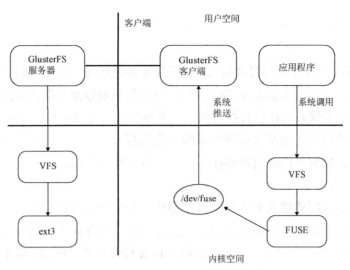

图 12-7 GlusterFS 工作流程

GlusterFS 工作流程简单分析如下。

（1）在客户端用户通过 GlusterFS 的挂载来读/写数据。对于用户来说，集群系统的存在对用户是完全透明的，用户感觉不到操作的是本地系统还是远端的集群系统。

（2）用户的这个操作被递交给本地 Linux 系统的 VFS 来处理。

（3）VFS 将数据递交给内核文件系统 FUSE。在启动 GlusterFS 客户端前，需要向系统注册一个实际的文件系统 FUSE，该文件系统与 ext3 在同一层面上。不同的是，ext3 是对实际的磁盘进行处理，FUSE 文件系统是将数据通过/dev/fuse 设备文件递交给 GlusterFS 客户端。因此，可以将 FUSE 文件系统理解为一个代理。

（4）数据被 FUSE 递交给 GlusterFS 客户端后，GlusterFS 客户端对数据进行指定处理（指定处理，是指按照客户端配置文件进行的一系列处理，在启动 GlusterFS 客户端时需要指定这个文件）。

（5）在 GlusterFS 客户端的处理末端，通过网络将数据递交给 GlusterFS 服务器端，并且将数据写入服务器控制的存储设备。

12.3.2 创建分布式卷

在配置 GlusterFS 的 Volume 前，需要先创建一个由存储服务器组成的可以信任的存储池，GlusterFS 必须运行在每一台加入存储池的服务器上。

GlusterFS 有 5 种类型的 Volume 可以被创建。

- Distributed Volume：分布式卷，文件通过哈希算法随机分布到由 Brick 组成的卷上。
- Replicated Volume：复制式卷，类似于 RAID 1，Replica 数必须等于 Volume 中的 Brick 包含的存储服务器数，可用性高。

- Striped Volume：条带式卷，类似于 RAID 0，Stripe 数必须等于 Volume 中的 Brick 包含的存储服务器数，文件被分成数据块，以 Round Robin 方式存储在 Brick 中，并发粒度是数据块，大文件性能好。
- Distributed Striped Volume：分布式条带卷，Volume 中 Brick 包含的存储服务器数必须是 Stripe 的倍数（倍数≥2），兼顾分布式卷和条带式卷的功能。
- Distributed Replicated Volume：分布式复制卷，Volume 中的 Brick 包含的存储服务器数必须是 Replica 的倍数（倍数≥2），兼顾分布式卷和复制式卷的功能。

下面介绍如何创建分布式卷。

1．网络拓扑简介

操作系统平台：全部使用 Red Hat Enterprise Linux 8.0。
IP 地址规划和主机名称：

10.0.0.61　　　GlusterFS Server#1　　　主机名称：gfs01.cjh.net
10.0.0.62　　　GlusterFS Server#2　　　主机名称：gfs02.cjh.net
10.0.0.60　　　GlusterFS Client　　　　主机名称：gfsclient

网络拓扑示意图如图 12-8 所示。

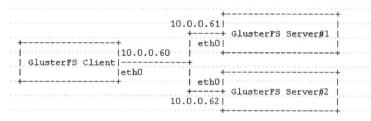

图 12-8　网络拓扑示意图

2．配置两个 GlusterFS 服务器

在两个节点上添加如下 host：

```
# vi /etc/hosts
# add GlusterFS servers
10.0.0.61    gfs01.cjh.net gfs01
10.0.0.62    gfs02.cjh.net gfs02
```

建立一个目录：

```
[root@gfs01 ~]#mkdir /glusterfs/distributed
```

分别安装软件包：

```
[root@gfs01 ~]# wget
https://download.gluster.org/pub/gluster/glusterfs/6/LATEST/Cent 操作系统
/glusterfs-rhel8.repo -P /etc/yum.repos.d/
    [root@gfs01 ~]#dnf --enablerepo=PowerTools -y install glusterfs-server
```

启动服务：

```
[root@gfs01 ~]#systemctl enable --now glusterd
```

设置防火墙：
```
# firewall-cmd --add-service=glusterfs --permanent
# firewall-cmd --reload
```

查看软件版本：
```
# gluster --version

glusterfs 6.5
Repository revision: git://git.gluster.org/glusterfs.git
Copyright (c) 2006-2016 Red Hat, Inc. <https://www.gluster.org/>
GlusterFS comes with ABSOLUTELY NO WARRANTY.
It is licensed to you under your choice of the GNU Lesser
General Public License, version 3 or any later version (LGPLv3
or later), or the GNU General Public License, version 2 (GPLv2),
in all cases as published by the Free Software Foundation.
```

> 说明
>
> 两个 GlusterFS 服务器的配置完全相同。

3. 在 GlusterFS Server#1 上操作

搜索另外一台服务器：
```
[root@gfs01 ~]# gluster peer probe gfs02
peer probe: success.
```

查看状态：
```
[root@gfs01 ~]# gluster peer status
Number of Peers: 1

Hostname: gfs02
Uuid: 89db2416-f997-479b-a016-a59130a78d13
State: Peer in Cluster (Connected)
```

建立一个卷：
```
[root@gfs01 ~]# gluster volume create vol_replica replica 2 transport tcp \
gfs01:/glusterfs/distributed \
gfs02:/glusterfs/distributed
volume create: vol_replica: success: please start the volume to access data
```

启动这个卷：
```
[root@gfs01 ~]# gluster volume start vol_replica
volume start: vol_replica: success
```

查看状态：
```
[root@gfs01 ~]# gluster volume info

Volume Name: vol_replica
Type: Replicate
Volume ID: 4b6280cb-2acb-4f65-8d0b-e8052753e88e
Status: Started
Number of Bricks: 1 x 2 = 2
```

```
Transport-type: tcp
Bricks:
Brick1: gfs01:/glusterfs/distributed
Brick2: gfs02:/glusterfs/distributed
```

4．在 GlusterFS Client 上操作

安装软件包：

```
[root@gfsclient ~]# wget http://download.gluster.org/pub/gluster/glusterfs/
LATEST/Cent 操作系统/glusterfs-epel.repo -O /etc/yum.repos.d/glusterfs-epel.repo
[root@gfsclient ~]# yum -y install glusterfs glusterfs-fuse
```

挂载/tmp：

```
[root@gfsclient ~]# mount -t glusterfs gfs01.cjh.net:/vol_replica /tmp
```

查看磁盘：

```
[root@gfsclient ~]# df -hT
Filesystem                      Type           Size   Used   Avail   Use%   Mounted on
/dev/mapper/centos-root         xfs            46G    1.1G   45G     3%     /
devtmpfs                        devtmpfs       1.9G   0      1.9G    0%     /dev
tmpfs                           tmpfs          1.9G   0      1.9G    0%     /dev/shm
tmpfs                           tmpfs          1.9G   8.3M   1.9G    1%     /run
tmpfs                           tmpfs          1.9G   0      1.9G    0%     /sys/fs/cgroup
/dev/vda1                       xfs            497M   120M   378M    25%    /boot
gfs01.cjh.net:/vol_replica      fuse.glusterfs 80G    33M    80G     1%     /tmp
```

12.3.3 创建复制式卷

复制式卷会在卷中复制存放在 Brick 中的文件，具体复制几份是可以设置的。复制式卷一般用在要求高可用和高可靠的环境中。在创建复制式卷时，Brick 的数量应该等于 Replica 的数量。

1．网络拓扑简介

操作系统平台：全部使用 Red Hat Enterprise Linux 8.0。

IP 地址规划和主机名称：

10.0.0.61   GlusterFS Server#1   主机名称：gfs01.cjh.net

10.0.0.62   GlusterFS Server#2   主机名称：gfs02.cjh.net

10.0.0.60   GlusterFS Client   主机名称：gfsclient

2．配置两个 GlusterFS 服务器

在两个节点上添加如下 host：

```
# vi /etc/hosts
# add GlusterFS servers
10.0.0.61   gfs01.cjh.net gfs01
10.0.0.62   gfs02.cjh.net gfs02
```

建立一个目录：
```
[root@gfs01 ~]# mkdir /glusterfs/replica
```
分别安装软件包：
```
[root@gfs01 ~]# wget http://download.gluster.org/pub/gluster/glusterfs/LATEST/Cent操作系统/glusterfs-epel.repo -O /etc/yum.repos.d/glusterfs-epel.repo
[root@gfs01 ~]# yum -y install glusterfs-server
```
启动服务：
```
[root@gfs01 ~]# systemctl start glusterd
[root@gfs01 ~]# systemctl enable glusterd
```

> **说明**
> 两个 GlusterFS 服务器的配置完全相同。

3. 在 GlusterFS Server#1 上操作

搜索另外一台服务器：
```
[root@gfs01 ~]# gluster peer probe gfs02
peer probe: success.
```
查看状态：
```
[root@gfs01 ~]# gluster peer status
Number of Peers: 1
Hostname: gfs02
Uuid: 89db2416-f997-479b-a016-a59130a78d13
State: Peer in Cluster (Connected)
```
建立一个卷：
```
[root@gfs01 ~]# gluster volume create vol_replica replica 2 transport tcp \
gfs01:/glusterfs/replica \
gfs02:/glusterfs/replica
volume create: vol_replica: success: please start the volume to access data
```
启动这个卷：
```
[root@gfs01 ~]# gluster volume start vol_replica
volume start: vol_replica: success
```
查看磁盘：
```
[root@gfs01 ~]# gluster volume info
Volume Name: vol_replica
Type: Replicate
Volume ID: 4b6280cb-2acb-4f65-8d0b-e8052753e88e
Status: Started
Number of Bricks: 1 x 2 = 2
Transport-type: tcp
Bricks:
Brick1: gfs01:/glusterfs/replica
Brick2: gfs02:/glusterfs/replica
```

4. 在 GlusterFS Client 上操作

安装软件包：

```
[root@gfsclient ~]# wget http://download.gluster.org/pub/gluster/glusterfs/
LATEST/Cent 操作系统/glusterfs-epel.repo -O /etc/yum.repos.d/glusterfs-epel.repo
[root@gfsclient ~]# yum -y install glusterfs glusterfs-fuse
```

挂载/tmp：

```
[root@gfsclient ~]# mount -t glusterfs gfs01.cjh.net:/vol_replica /tmp
```

查看磁盘：

```
[root@gfsclient ~]# df -hT
Filesystem                             Type            Size   Used   Avail  Use%  Mounted on
/dev/mapper/centos-root                xfs             46G    1.1G   45G    3%    /
devtmpfs                               devtmpfs        1.9G   0      1.9G   0%    /dev
tmpfs                                  tmpfs           1.9G   0      1.9G   0%    /dev/shm
tmpfs                                  tmpfs           1.9G   8.3M   1.9G   1%    /run
tmpfs                                  tmpfs           1.9G   0      1.9G   0%    /sys/fs/cgroup
/dev/vda1                              xfs             497M   120M   378M   25%   /boot
gfs01.cjh.net:/vol_replica             fuse.glusterfs  80G    33M    80G    1%    /tmp
```

12.4 在 Cockpit 中执行存储管理任务

12.4.1 存储界面

在 Cockpit 主界面上，单击左列中的"存储"选项，进入"存储"界面。"存储"界面提供了观察和管理磁盘所需的所有内容（见图 12-9）。"存储"界面顶部显示了两个磁盘读取和写入性能的图形，以及本地文件系统的信息。此外，"存储"界面还提供用于添加或修改 RAID 设备、卷组、iSCSI 目标、驱动器的选项。向下滚动"存储"界面将显示近期的存储日志的摘要，该日志摘要可以帮助管理员捕获需要立即注意的错误。

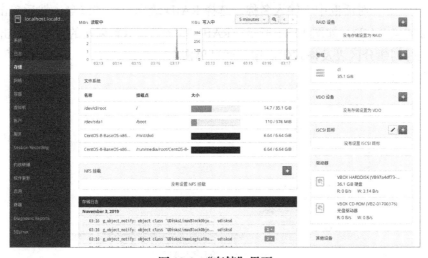

图 12-9 "存储"界面

12.4.2 文件系统

单击"文件系统"选项卡将显示该已安装的驱动器的信息和选项,如图 12-10 所示。"卷"选项卡中提供了增大和缩小容量的功能,通过"文件系统"选项卡,可更改标签并配置安装。

图 12-10 文件系统

如果分区是卷组的一部分,则该组中的其他逻辑卷也将可用。每个标准分区都可以进行删除和格式操作。此外,逻辑卷还具有用于禁用分区的附加选项(取消激活)。

12.4.3 管理 RAID

通过 Cockpit,可以非常轻松地管理 RAID。只需几步简单的操作,即可创建、格式化、加密和安装 RAID。

要创建 RAID,请先在"存储"界面单击"RAID 设备"右侧的"+"按钮。在弹出的"创建 RAID 设备"对话框中,输入名称、选择 RAID 级别可用的磁盘,然后单击"创建"按钮,即可创建 RAID,如图 12-11 所示。RAID 部分将显示新创建的设备,单击该设备就可以对其进行创建分区表及格式化操作。通过单击右上角的"停止"和"删除"按钮,可以删除相应 RAID。

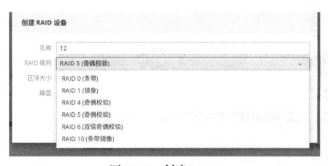

图 12-11 创建 RAID

12.4.4 管理逻辑卷

默认情况下，Red Hat Enterprise Linux 8.0 在安装创建分区方案时使用的是逻辑卷 LVM。LVM 允许用户创建组，并将来自不同磁盘的卷添加到这些组。首先在"存储"界面中单击"卷组"右侧的"+"按钮。在弹出的"创建卷组"对话框中，为卷组命名并选择卷组的磁盘，单击"创建"按钮，即可完成卷组的创建。新卷组可在"卷组"中找到。"创建卷组"对话框如图 12-12 所示，演示了一个名为"vgroup0"的新卷组的创建。

图 12-12 "创建卷组"对话框

卷组创建后，单击新创建的卷组，然后选择"创建新逻辑卷"选项。在弹出的对话框中，为逻辑卷命名并选择用途（针对文件系统的块设备，或用于精简配置卷的池）。如有必要，请调整存储量，然后单击"格式"按钮，即可完成创建。要将磁盘驱动器添加到现有卷组，请单击相应卷组的名称，然后单击"物理卷"旁边的"+"按钮。在弹出的对话框中，选择磁盘，然后单击"添加"按钮即可。利用这个工作界面，我们可以将可用存储添加到分区，或创建新的逻辑卷。

12.4.5 管理 iSCSI 目标

连接到 iSCSI 服务器是一个快速的过程，需要完成两件事：①确定启动器的名称（分配给客户端的名称），②确定服务器或目标的名称或 IP 地址。

要添加 iSCSI 目标，请单击"存储"界面中"iSCSI 目标"右侧的"+"按钮。在弹出的"添加 iSCSI 门户"对话框（见图 12-13）中输入服务器地址、用户名和密码（如果需要），然后单击"下一步"按钮。在弹出的对话框中选择目标—验证名称、地址和端口，然后单击"添加"按钮即可。要删除 iSCSI 目标，单击 iSCSI 目标前的复选框，其旁边将出现一个红色的垃圾桶的图标，单击该图标，即可从设置列表中删除 iSCSI 目标。

图 12-13 "添加 iSCSI 门户"对话框

12.4.6 NFS 挂载

Cockpit 允许系统管理员在 UI 中配置 NFS 挂载。要添加 NFS 挂载，请单击"NFS 挂载"右侧的"+"按钮。在弹出的"新的 NFS 挂载"对话框中，输入服务器地址、服务器上的路径，以及挂载点（如果需要，请调整挂载选项），然后单击"添加"即可。"新的 NFS 挂载"对话框如图 12-14 所示，演示了如何将服务器上的 NFS 挂载到 /mnt 目录。

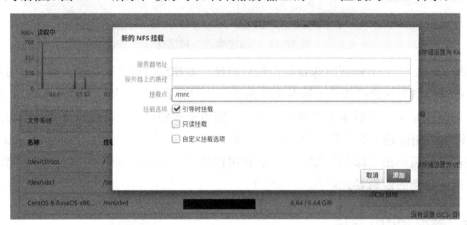

图 12-14 "新的 NFS 挂载"对话框

第 13 章

Linux 磁盘管理

13.1 Linux 磁盘简介

13.1.1 Linux 磁盘设备的命名规则

Linux 中的一切都是文件，硬件设备也不例外。既然是文件，就必须有文件名称。Udev 设备管理器在引导时动态创建或删除设备节点文件，在创建设备节点时，Udev 读取设备/sys 目录中的属性，如标签、序列号、总线设备号。

Udev 可以使用永久性设备名称来确保重新引导期间设备命名的一致，无论其发现顺序如何。在使用外部存储设备时，永久性设备的名称尤为重要。Linux 系统中常见的硬件设备的文件名称如下：

IDE 设备	/dev/hd[a-d]
SCSI/SATA/SSD	/dev/sd[a-p]
软驱	/dev/fd[0-1]
打印机	/dev/lp[0-15]
光驱	/dev/cdrom
鼠标	/dev/mouse
磁带机	/dev/st0 或/dev/ht0

目前 IDE 设备已经很少见了，常见的硬盘都是串口的，所以设备名称会以"/dev/sd"开头。一台计算机有多块硬盘，因此系统采用 a～p 来代表 16 块不同的硬盘（默认从 a 开始分配）。硬盘分区的编号规则是：主分区或扩展分区的编号从 1 开始到 4 结束；逻辑分区的编号从 5 开始，如/dev/sdb5。其中，/dev 表示/dev 目录包含设备的设备文件或设备节点，这些设备文件或设备节点为该设备提供硬盘等外围设备；sd 表示存储设备；b 表示系统同

类接口中的第 2 个被识别到的设备；5 表示该设备是逻辑分区。简单来说"/dev/sdb5"表示系统中第 2 块被识别到的硬件设备中分区编号为 5 的逻辑分区的设备文件。

13.1.2 关于 Linux 磁盘分区

磁盘是由大量扇区组成的，每个扇区的容量为 512B。其中，第一个扇区最重要，保存着主引导记录与分区表信息。对磁盘驱动器进行分区，将其划分为一个或多个分区，并将与这些分区有关的信息存储在磁盘中的分区表中。操作系统将每个分区视为可以包含文件系统的单独的磁盘。

Linux 根文件系统需要一个分区，另外两个分区通常被用于交换空间和引导文件系统。在 x86 和 x86_64 系统上，BIOS 在引导时通常只能访问磁盘的前 1024 个柱面。在磁盘上此区域配有一个单独的引导分区，可以使 GRUB 引导加载程序访问引导系统所需的内核映像和其他文件。可以通过创建其他分区来简化备份、增强系统安全性并满足其他需求，如设置开发沙箱和测试区域。通常将经常更改的数据（如用户主目录、数据库和日志文件目录）分配给单独的分区。以便备份，具有主引导记录（MBR）的硬盘分区方案最多允许创建 4 个主分区。如果需要 4 个以上的分区，则可以将一个主分区最多划分为 11 个逻辑分区。包含逻辑分区的主分区被称为扩展分区。MBR 方案最大支持 2TB 的磁盘。在具有 GUID 分区表（GPT）的硬盘上，最多可以配置 128 个分区，并且没有扩展分区或逻辑分区的概念。如果磁盘大于 2TB，则应配置 GPT。可以使用 fdisk 命令创建和管理 MBR。如果要创建 GPT，请改用 parted 工具。

13.2 使用 fdisk 管理分区

13.2.1 fdisk 命令

用户可以使用 fdisk 进行创建分区表、查看现有分区表、添加分区和删除分区操作，也可以使用 cfdisk 进行这些操作，cfdisk 是 fdisk 基于文本的图形版本。由于 fdisk 命令的参数是交互式的，因此在管理硬盘设备时很方便，可以根据需求动态调整相应参数。fdisk 命令中的参数及作用如下。

- m：查看全部可用参数。
- n：添加新分区。
- d：删除某个分区信息。
- l：列出所有可用分区类型。
- t：改变某个分区类型。
- p：查看分区表信息。
- w：保存并退出。
- q：不保存直接退出。

13.2.2 将新硬盘驱动器添加到 Linux 系统中

1. 查找新硬盘

假定 Linux 系统上已安装新的物理或虚拟硬盘驱动器，并且对操作系统可见。添加硬盘后，操作系统应能自动检测到新驱动器。通常，系统中的硬盘驱动器会使用以 hd 或 sd 开头的设备名称，后跟一个字母以表示设备编号。例如，第一个设备可能是/ dev / sda，第二个设备是/ dev / sdb，依次类推。安装第二个硬盘驱动器后，使用 ls 命令查看：

```
#ls/dev/sd*
/dev/sda/dev/sda1/dev/sda2/dev/sdb
```

如上所示，新的硬盘驱动器已分配给设备文件/ dev / sdb。因为尚未创建任何分区，所以当前驱动器没有显示分区。下面可以选择在新驱动器上创建并安装分区和文件系统，以进行访问或将硬盘作为物理卷添加为卷组的一部分。

2. 创建 Linux 分区

下一步是在新硬盘上创建一个或多个分区，可以使用 fdisk 来实现（下列命令中的黑体字是用户输入的内容，两个#间的文字是注释）：

```
# fdisk /dev/sdb
Welcome to fdisk (util-linux 2.32.1).
Changes will remain in memory only, until you decide to write them.
Be careful before using the write command.

Device does not contain a recognized partition table.
Created a new DOS disklabel with disk identifier 0xbd09c991.


Command (m for help):
# 查看硬盘的当前分区，输入 p 命令 #
Command (m for help): p
Disk /dev/sdb: 8 GiB, 8589934592 bytes, 16777216 sectors
Units: sectors of 1 * 512 = 512 bytes
Sector size (logical/physical): 512 bytes / 512 bytes
I/O size (minimum/optimal): 512 bytes / 512 bytes
Disklabel type: dos
Disk identifier: 0xbd09c991
# 因为该硬盘是以前未使用的硬盘，所以该硬盘当前没有分区。下一步是在硬盘上创建一个新分区，输入
n（对于新分区）和 p（对于主分区）#
Command (m for help): n
Partition type
   p   primary (0 primary, 0 extended, 4 free)
   e   extended (container for logical partitions)
Select (default p): p
Partition number (1-4, default 1):
# 这里计划创建一个分区，即分区 1。接下来，需要指定分区的开始位置和结束位置。由于这是第一个分区，因此它需要从第一个可用扇区开始。因为要使用整个硬盘，所以将最后一个扇区指定为结尾。请注意，如果要创建多个分区，则可以按扇区、字节、千字节或兆字节指定每个分区的大小 #
```

```
Partition number (1-4, default 1): 1
First sector (2048-16777215, default 2048):
Last sector, +sectors or +size{K,M,G,T,P} (2048-16777215, default 16777215):

Created a new partition 1 of type 'Linux' and of size 8 GiB.

Command (m for help):
# 使用 w 命令将分区写入硬盘 #
Command (m for help): w
The partition table has been altered.
Calling ioctl() to re-read partition table.
Syncing disks.
```

如果现在再次查看硬盘，我们将看到新分区名称为 /dev/sdb1：

```
# ls /dev/sd*
/dev/sda  /dev/sda1  /dev/sda2  /dev/sdb  /dev/sdb1
```

3．在新分区上创建文件系统

到此为止，已经安装了新硬盘，且 Linux 系统可以自动检测到它，并且我们已经在硬盘上配置了分区。下一步是在分区上创建文件系统，以便 Linux 操作系统可以使用它来存储文件和数据。在分区上创建文件系统的最简单的方法是使用 mkfs.xfs 命令：

```
# mkfs.xfs /dev/sdb1
```

这里创建了一个 XFS 文件系统。

4．挂载文件系统

在新硬盘驱动器的分区上创建一个新文件系统后，还需要对其进行挂载，以使其可访问和可用，因此需要创建一个安装点。就本示例而言，将创建一个 /backup 目录以匹配文件系统标签：

```
# mkdir /backup
# mount /dev/sdb1 /backup
```

为了在引导时自动挂载新文件系统，需要在 /etc/fstab 文件中添加一行：

```
/dev/sdb1               /backup                 xfs     defaults        0 0
```

13.3 使用 parted 管理分区

13.3.1 parted 简介

parted 用于对磁盘（或 RAID）进行分区及管理，与 fdisk 相比，parted 支持 2TB 以上的磁盘分区，并且允许调整分区的大小。parted 用于对硬盘进行分区或调整分区大小。使用 parted 可以创建、清除、调整、移动和复制 ext4、ext3、Linux-swap、FAT、FAT32 和 XFS 分区。

13.3.2 parted 命令

parted 有两种运行模式：交互式模式和命令行模式。

1. 交互式模式

在交互式模式下，每一次只能输入一个命令。

下面是一个使用交互模式对/dev/sdc 进行分区的例子（黑体字是用户输入的内容，两个 #中间的文字是注释）：

```
# parted /dev/sdc GNU Parted 3.2
Using /dev/sdc
Welcome to GNU Parted! Type 'help' to view a list of commands.
(parted) mktable              # 建立新分区表#
New disk label type?
New disk label type? gpt      # 设置分区格式为GPT#
# 这是一个警告信息，如果进行分区，数据将会被覆盖而且数据会丢失，问是否继续#
Warning: The existing disk label on /dev/sdc will be destroyed and all data on
this disk will be lost. Do you want to continue?
Yes/No? y                     # 输入"y"，表示确定继续#
(parted) mkpart               # 建立分区命令#
Partition name?  []? primary  # 分区类型为主分区，分区名字可以自定义#
File system type?  [ext2]? ext4  #设置文件系统为ext4#
Start? 0                      # 设置分区起始位置#
End? -1                       # 设置分区结束分配位置，-1 表示使用所有剩余硬盘空间#
Warning: The resulting partition is not properly aligned for best performance.
Ignore/Cancel? i              # 输入 i，忽略此提示#
  (parted) p                  # 显示分区结果#
Number  Start  End       Size      File system  Name  Flags
1       0kB    50000MB   49999MB   ext4
  (parted) quit
Information: You may need to update /etc/fstab.
```

2. 命令行模式

在命令行模式下，可以一次性输入多个命令，比如：

```
# parted /dev/sda mklabel gpt
```

其中，parted 是一个命令；/dev/sda 是 parted 的参数；mklabel 是 parted 的子命令；gpt 是 mklabel 的参数。这个命令的意思是在/dev/sda 硬盘上新建一个 GPT 分区表。

🔍 说明

parted 命令的选项只能在命令行模式下使用。

下面通过对一块硬盘（大小为 80GB）进行具体操作来对其进行说明，分区目标如下：

（1）第一个主分区大小为 10GB。

（2）剩余空间都给扩展分区。

（3）第一个逻辑卷分区大小为 5GB。

（4）第二个逻辑卷使用剩余所有空间。

设置第一个主分区为 10GB：

```
# parted -s /dev/sdb mklabel msdos
# parted -s /dev/sdb mkpart primary 0 10G
```
设置剩余空间给扩展分区：
```
# parted -s /dev/sdb mkpart entended 10 100%
```
在扩展分区上创建第一个逻辑分区，其大小为 5GB：
```
# parted -s /dev/sdb mkpart logic 10G 15G
```
创建第二个逻辑分区：
```
# parted -s /dev/sdb mkpart logic 15G 100%          # 100%代表使用所有剩余空间
# 删除分区
# parted -s /dev/sdb rm 5                            # rm 后面跟分区的编号
```

13.4 Linux 磁盘 RAID 配置

13.4.1 RAID 简介

RAID 是 Redundant Array of Inexpensive Disks 的缩写，直译为"廉价冗余磁盘阵列"，简称"磁盘阵列"。后来 RAID 中的字母 I 被改为 Independent，RAID 就成了"独立冗余磁盘阵列"，但这只是名称的变化，其实质内容并没有改变。可以把 RAID 理解成一种使用硬盘的方法，RAID 将一组硬盘用某种方式联系起来，作为一个逻辑硬盘来使用。现在有 6 个已定义的 RAID 级别，如表 13-1 所示。

表 13-1 不同的 RAID 级别

级别	描 述
RAID0	RAID0 只是数据带。在 RAID0 中，数据被拆分到多于一个的驱动器中，系统拥有更高的数据吞吐量。这是 RAID 最快和最有效的形式。但是，在 RAID0 中没有数据镜像，所以在磁盘阵列中任何磁盘故障都将使所有数据丢失。RAID0 使多个硬盘看起来像一个硬盘，但是速度比任何单个硬盘快得多，因为硬盘被并行访问。软件 RAID 可以使用 IDE 或 SCSI 控制器，也可以使用任何硬盘组合
RAID1	RAID1 是完全硬盘镜像。在独立的硬盘上创建和支持数据两份拷贝。RAID1 与一个硬盘相比，读速度更快，写速度比较慢。但是不会因任意一个硬盘发生错误造成数据丢失。RAID1 是最昂贵的 RAID，因为每个磁盘都需要一个硬盘作它的镜像。RAID1 提供了最好的数据安全
RAID2	RAID2 用于没有内嵌错误检测的驱动器，因为所有 SCSI 驱动器都支持内嵌错误检测，这个级别已过时，Linux 不使用这个级别
RAID3	RAID3 是一个有奇偶校验磁盘的磁盘带。其将奇偶校验信息存储到一个独立的硬盘上，允许恢复任何单个硬盘上的错误。Linux 不支持这个级别
RAID4	RAID4 是拥有一个奇偶校验硬盘的大块带。存在奇偶校验信息意味着任何一个硬盘丢失的数据都可以被恢复。RAID4 的读性能非常好，写速度比较慢，因为奇偶校验数据每次必须更新
RAID5	RAID5 与 RAID4 相似，但是 RAID5 将奇偶校验信息分布到了多个驱动器中，提高了硬盘写速度。RAID5 每兆字节的花费与 RAID4 相同，提高了高水平数据保护下的高速随机性能，是使用最广泛的 RAID 系统

13.4.2　Linux 软件 RAID 配置实战

在一般情况下，人们在服务器端采用各种 RAID 技术来保护数据，一般中高档的服务器提供了昂贵的硬件 RAID 设备，但很多小企业无力承受这笔开销。而在 Linux 系统中可以通过软件来实现硬件的 RAID 功能，既节省了成本，又能达到很好的效果。下面在一个典型的环境中实现有一个备用磁盘的软件 RAID（数据镜像）。

1．系统环境

操作系统：Red Hat Enterprise Linux 8.0。

软件：mdadm 软件（该软件已经集成在 Red Hat Enterprise Linux 8.0）。

硬盘：在创建软件 RAID 前，先通过虚拟机模拟 4 块 2GB 的虚拟硬盘，在实际环境中，使用的是具体的硬盘。

因为要创建 RAID0、RAID1 分区，其中 RAID0 需要两块硬盘（/dev/sdb 和/dev/sdc），RAID1 需要两块硬盘（/dev/sdd 和/dev/sde），所以添加了 4 块物理硬盘，每块硬盘大小为 2GB。

2．创建 RAID0

首先在新硬盘（/dev/sdb 和/dev/sdc）上创建分区并设置 RAID 标志：

```
# parted --script /dev/sdb "mklabel gpt"
# parted --script /dev/sdc "mklabel gpt"
# parted --script /dev/sdb "mkpart primary 0% 100%"
# parted --script /dev/sdc "mkpart primary 0% 100%"
# parted --script /dev/sdb "set 1 raid on"
# parted --script /dev/sdc "set 1 raid on"
```

这里使用的是 parted 命令，它比 fdisk 命令更简单、更快捷。

然后使用 lsblk 命令验证磁盘状态是否可用：

```
# lsblk
NAME              MAJ:MIN RM  SIZE    RO TYPE MOUNTPOINT
sda                 8:0    0   30G    0  disk
├─sda1              8:1    0  512M    0  part /boot
└─sda2              8:2    0 213.8G   0  part
  ├─centos-root   253:0    0  25.5G   0  lvm  /
  └─centos-swap   253:1    0    2G    0  lvm  [SWAP]
sdb                 8:16   0    2G    0  disk
└─sdb1              8:17   0    2G    0  part
sdc                 8:32   0    2G    0  disk
└─sdc1              8:33   0    2G    0  part
```

软件 RAID 是通过 mdadm 命令来创建的。创建 RAID0 的命令如下：

```
# mdadm --create /dev/md0 --level=raid0 --raid-devices=2 /dev/sdb1 /dev/sdc1
mdadm: Note: this array has metadata at the start and
    may not be suitable as a boot device. If you plan to
```

```
        store '/boot' on this device please ensure that
    your boot-loader understands md/v1.x metadata, or use
    --metadata=0.90
Continue creating array? y    #输入 y,表示继续#
mdadm: Defaulting to version 1.2 metadata
mdadm: array /dev/md0 started
```

🔍 **说明**

--creat：创建一个新 RAID，这里就是创建第一个 RAID，名字为/dev/md0。

--level：指定要创建的 RAID 级别，0 表示创建 RAID0。

--raid-devices：指定硬盘数量，2 表示使用两块硬盘来创建 RAID，分别是 /dev/sdb1 和 /dev/sdc1。

查看 RAID0 状态：

```
# mdadm -D /dev/md0
```

对创建的 RAID0 进行文件系统创建并挂载：

```
# mkfs.xfs /dev/md0
# mkdir /raid0
# mount /dev/md0 /raid0/
```

设置开机自动挂载：

```
# blkid /dev/md0
/dev/md0: UUID="449c260-dc7b-4e37-a865-a8caa21ddf2c" TYPE="xfs"
# echo "UUID=449c260-dc7b-4e37-a865-a8caa21ddf2c /raid0 xfs defaults 0 0" >> /etc/fstab
```

3. 创建 RAID1

与创建 RAID0 类似，先在另外两个硬盘（/dev/sdd 和/dev/sde）上创建分区并设置 RAID 标志：

```
# parted --script /dev/sde "mklabel gpt"
# parted --script /dev/sdd "mklabel gpt"
# parted --script /dev/sde "mkpart primary 0% 100%"
# parted --script /dev/sdd "mkpart primary 0% 100%"
# parted --script /dev/sde "set 1 raid on"
# parted --script /dev/sdd "set 1 raid on"
```

然后创建 RAID1：

```
# mdadm --create /dev/md1 --level=1 --raid-devices=2 /dev/sdd1 /dev/sde1
```

查看 RAID1 状态：

```
# mdadm -D /dev/md1
```

对创建的 RAID1 进行文件系统创建并挂载：

```
# mkfs.xfs /dev/md1
# mkdir /raid 1
# mount /dev/md1 /raid 1/
```

设置开机自动挂载：
```
# blkid /dev/md1
/dev/md1: UUID="449c260-dc7b-4e37-a865-a8caa21ddf2c" TYPE="xfs"
# echo "UUID=449c260-dc7b-4e37-a865-a8caa21ddf2c /raid 1 xfs defaults 0 0" >> /etc/fstab
```

4．删除 RAID 设备

以删除 RAID1 为例，来说明卸载 RAID 设备。

停止 RAID 设备：
```
# umount /dev/md1
# mdadm -S /dev/md1
```

移除 RAID 里面的磁盘：
```
# mdadm --misc --zero-superblock /dev/sdd1
# mdadm --misc --zero-superblock /dev/sde1
```

删除配置文件内容，把以下两个文件中与 RAID 相关的行删除：
```
# /etc/mdadm.conf
# /etc/fstab
```

保存文件后重启，检查 RAID 是否已经删除了。

13.5 LVM

13.5.1 LVM 简介

1．什么是 LVM

LVM（Logical Volume Manager，逻辑卷管理器）是一种把硬盘驱动器空间分配成逻辑卷的工具软件，使硬盘不使用分区也能被简单地重新划分大小。

2．LVM 常用术语

物理存储介质（Physical Media）：系统的存储设备，硬盘或硬盘上的分区，如/dev/sda、/dev/hda 等，是存储系统底层的存储介质。

物理卷（Physical Volume，PV）：硬盘分区或在逻辑上与硬盘分区具有同样功能的设备（如 RAID），是 LVM 的基本存储逻辑块。和基本的物理存储介质（如分区、硬盘等）不同的是，物理卷包含了 LVM 管理参数。

卷组（Volume Group，VG）：LVM 中的最高抽象层，由一个或多个物理卷组成。一个逻辑卷管理系统中可以只有一个卷组，也可以有多个卷组。

逻辑卷（Logical Volume，LV）：逻辑卷建立在卷组上，相当于非 LVM 系统中的分区，可以在其上创建文件系统，如/home 或者/var 等。系统中的多个逻辑卷可以属于同一个卷组，也可以属于多个不同的卷组。

物理区域（Physical Extent，PE）：物理卷可被划分为大小相等的称为物理区域的基本单元。物理区域是物理卷中可用于分配的最小存储单元，物理区域的大小可在建立物理卷时根据实际情况指定。物理区域的大小是可配置的，默认为 4MB。物理区域大小一旦确定，将不能更改，同一卷组中的所有物理卷的物理区域大小需要一致。

逻辑区域（Logical Extent，LE）：逻辑卷可被划分为被称为逻辑区域的可被寻址的基本单元。在同一个卷组中，逻辑区域的大小和物理区域的大小是相同，并且一一对应的。

3．LVM 命令

LVM 命令摘要和功能描述如表 13-2 所示。

表 13-2　LVM 命令摘要和功能描述

命 令 名 称		功 能 描 述
物理卷管理命令	pvcreate	创建物理卷
	pvdisplay	显示卷组中的物理卷信息
	pvchange	设置物理卷，允许或拒绝从这个磁盘上分配另外的物理区域
	pvmove	可将某一个物理卷中的数据转移到同卷组的其他物理卷中
	pvck	检查物理卷的一致性
	pvs	显示物理卷信息
	pvremove	删除物理卷
	pvscan	扫描系统中的所有物理卷
卷组管理命令	vgcreate	创建卷组
	vgdisplay	显示卷组的信息
	vgchange	激活或撤销卷组
	vgextend	通过添加磁盘扩充卷组
	vgscan	扫描所有磁盘寻找逻辑卷组
	vgsync	同步镜像
	vgreduce	删除磁盘以缩减卷组
	vgremove	删除卷组
	vgexport	从系统中删除一个卷组，但不修改基于物理卷的信息
	vgcfgrestore	恢复卷组的配置信息
	vgimport	该命令的作用是导入卷组。从不同的系统移动导出物理卷之后，vgimport 命令配合相应 map 文件可以让系统再次认出导出的卷组
	vgcfgbackup	保存卷组的配置信息，一个卷组由一个或多个物理卷组成
	vgck	检查卷组的一致性
	vgsplit	把一个卷组拆分为两个
	vgmknodes	重新建立已有卷组的卷组目录和其中的设备文件

续表

命令名称		功能描述
逻辑卷管理命令	lvcreate	生成逻辑卷
	lvdisplay	显示逻辑卷的信息
	lvchange	改变逻辑卷的特性：可用性、调度策略、权限、块重定位、分配策略、镜像缓存的可用性
	lvextend	增加逻辑卷的空间
	lvreduce	减少逻辑卷的空间
	lvremove	删除逻辑卷
	lvrename	修改逻辑卷名称
	lvmdiskscan	检测所有 SCSI、IDE 等存储设备，并输出摘要信息，包括名称、大小、类型等内容
	lvmsadc	收集逻辑卷管理器的读/写统计信息，并将其保存到指定的日志文件中。如未指定日志文件，则将其输出到标准输出设备
	lvmsar	收集逻辑卷的读/写统计数据

表 13-2 中的命令比较多，简单介绍一下基本规律。

（1）pv 打头的：代表与物理卷相关的命令。
（2）vg 打头的：代表与卷组相关的命令。
（3）lv 打头的：代表与逻辑卷相关的命令。
（4）create：代表与创建相关的命令。
（5）remove：代表与移除相关的命令。
（6）display：代表与显示信息相关的命令。
（7）import：代表与导入相关的命令。
（8）export：代表与导出相关的命令。
（9）rename：代表与重命名的命令。
（10）change：代表与改变状态相关的命令。
（11）extend：代表与扩展相关的命令。
（12）reduce：代表与缩进相关的命令。

13.5.2 LVM 命令实例

1．准备工作

首先准备一个硬盘/dev/vda，使用 fdisk 在硬盘/dev/vda 上建立 LVM 分区，建立 LVM 分区前只有两个分区。新建的 vda3 分区类型为 Linux LVM（8e）。先使用 fdisk 命令查看一下情况，命令如下：

```
# fdisk-l
Disk /dev/vda: 8 GiB, 8589934592 bytes, 16777216 sectors
```

```
Units: sectors of 1 * 512 = 512 bytes
Sector size (logical/physical): 512 bytes / 512 bytes
I/O size (minimum/optimal): 512 bytes / 512 bytes
Disklabel type: dos
Disk identifier: 0x2812136d

Device     Boot    Start       End   Sectors  Size Id Type
/dev/vda1  *        2048    411647    409600  200M 83 Linux
/dev/vda2         411648  15771647  15360000  7.3G 8e Linux LVM
/dev/vda3       15771648  16777215   1005568  491M 8e Linux LVM
```

2. 建立物理卷

目前只有两个物理卷：

```
# pvs
  PV         VG        Fmt  Attr PSize   PFree
  /dev/vda2  vg_kvm10  lvm2 a--    7.32g 168.00m
  /dev/vdb1  myvdb     lvm2 a--  396.00m 296.00m
```

下面将把 /dev/vda3 建立为物理卷：

```
# pvcreate /dev/vda3
  Physical volume "/dev/vda3" successfully created
```

/dev/vda3 是新建立的物理卷，但还没有卷组。

3. 建立卷组

下面在物理卷 /dev/vda3 上建立名为 vg1，物理区域大小为 2MB 的卷组：

```
# vgcreate -s 2M vg1 /dev/vda3
  Volume group "vg1" successfully created
```

查看卷组，出现 vg1：

```
# vgs
  VG       #PV #LV #SN Attr   VSize   VFree
  myvdb      1   1   0 wz--n- 396.00m 296.00m
  vgK        1   2   0 wz--n-   7.32g 168.00m
  vg1        1   0   0 wz--n- 490.00m 490.00m
```

4. 建立逻辑卷

在 vg1 上建立名为 pub，大小为 100 个物理区域的逻辑卷：

```
# lvcreate -l 100 -n pub vg1
  Logical volume "pub" created.
```

使用 lvs 命令查看 lv 情况：

```
# lvs
  LV   VG       Attr       LSize   Pool Origin Dataog Cpy%Sync Convert
  vo   myvdb    -wi-ao---- 100.00m
  root vg_kvm10 -wi-ao----   7.03g
  swap vg_kvm10 -wi-ao---- 128.00m
  pub  vg1      -wi-a-----  24.00m
```

在 vg1 上新建立一个名为 swap，大小为 48MB 的逻辑卷，并将其作为 swap 分区：

```
# lvcreate -L 48M -n swap vg1
  Logical volume "swap" created.
```

使用 lvs 命令查看 lv 情况:
```
# lvs
  LV    VG        Attr        LSize    Pool Origin Data%  Meta%  Move Log Cpy
  vo    myvdb     -wi-ao----  100.00m
  root  vg_kvm10  -wi-ao----    7.03g
  swap  vg_kvm10  -wi-ao----  128.00m
  pub   vg1       -wi-a-----   24.00m
  swap  vg1       -wi-a-----   48.00m
```

5. 格式化逻辑卷

把 pub 和 swap 分别格式化为 vfat 和 swap 格式:
```
# mkfs.vfat /dev/vg1/pub
mkfs.fat 4.1 (2017-01-24)


# mkswap /dev/vg1/swap
Setting up swapspace version 1, size = 48 MiB (50327552 bytes)
no label, UUID=0fe6d256-dcab-4382-9b1b-9502f76d5c2d
```

6. 设置启动自动挂载文件系统

建立 vg1-pub 挂载目录/mnt/pub:
```
# mkdir /mnt/pub
```

编辑/etc/fstab 设定开机自动挂载 vg1-pub 于/mnt/pub，vg1-swap 的类型为 swap:
```
# vim /etc/fstab
/dev/vg1/pub    /mnt/pub    vfat    defaults    1 2
/dev/vg1/swap   swap        swap    defaults    0 0
```

重启系统后使用 mount 命令查看:
```
# mount -a
```

目前 vg1-pub 已成功挂载于/mnt/pub，且分区类型为 vfat:
```
# df -Th /mnt/pub
Filesystem          Type   Size   Used   Avail   Use%   Mounted on
/dev/mapper/vg1-pub vfat   24M    0      24M     0%     /mnt/pub
```

检查 vg1 的物理区域大小是否是之前设置的 2MB:
```
# vgdisplay vg1 | grep 'PE Size'
  PE Size              2.00 MiB
```

检查逻辑卷 vg1-pub 的逻辑区域的大小是否是之前设置的 10 个物理区域
```
# lvdisplay /dev/vg1/pub| grep LE
  Current LE           10
```

7. 修改逻辑卷名称

将卷组 vg1 的 pub 逻辑卷的名称修改为 pubx:
```
# lvrename vg1 pub pubx
  Renamed "pub" to "pubx" in volume group "vg1"
```

8. 修改卷组名称

将卷组 vg1 的名称修改为 vg2：

```
# vgrename vg1 vg2
  Volume group "vg1" successfully renamed to "vg2"
```

9. 修改文件系统格式

上文创建的/mnt/pub 的逻辑卷格式为 vfat，下面将其转换为 ext4。

先卸载/mnt/pub：

```
# umount /mnt/pub
```

重新格式化为 ext4：

```
# mkfs.ext3 /dev/vg2/pubx
mke2fs 1.44.3 (10-July-2018)
/dev/vg_mntx/pubx contains a vfat file system
Proceed anyway? (y,N) y
Creating filesystem with 24576 1k blocks and 6144 inodes
Filesystem UUID: 3ae13f81-2156-4680-9848-af37f61aa666
Superblock backups stored on blocks:
    8193

Allocating group tables: done
Writing inode tables: done
Creating journal (1024 blocks): done
Writing superblocks and filesystem accounting information: done
```

编辑/etc/fstab 文件，把要挂载的 vg1-pubx 的文件格式改为 ext4：

```
# vim /etc/fstab
/dev/mapper/vg1-pubx    /mnt/pub        ext4    defaults    1 2
```

10. 扩展 LVM

创建的卷组的大小为 490MB，我们创建的逻辑卷大小为 200MB。下面将创建的逻辑卷的大小扩大 90MB。

```
# lvextend -L +90M  /dev/vg2/pubx
```

+90M 表示在原有基础上扩大 90MB，这里的卷组是有空间的。如果卷组没有空间，则需要创建物理卷。扩大卷组还需要增长下文件系统，让文件系统和逻辑卷大小匹配：

```
# resize2fs /dev/mapper/vg2/pubx
```

13.6 使用 stratis 管理 Linux 存储

13.6.1 stratis 简介

stratis 是一个卷管理文件系统（volume-managing filesystem，VMF），类似于 ZFS 和 Btrfs。stratis 旨在通过高级存储选项（如快照、精简配置、基于池的管理、监视、分层等）

简化系统管理员的工作，使用起来非常简单。stratis 是一个用户空间守护程序，用于配置和监视 Linux 设备映射器子系统及 XFS 文件系统中的现有组件。stratis 池是 stratis 吸引力所在，它是一个或多个本地磁盘或分区的集合。

1．stratis 术语

使用 stratis 时，经常会遇到如下术语。

blockdev：块设备，如磁盘或磁盘分区。

池：池由一个或多个块设备组成，其大小固定，等于块设备的大小。stratis 池位于 /dev/stratis/<poolname> 目录下。

文件系统：每个池可以包含一个或多个存储文件的文件系统。由于文件系统是精简配置的，因此总大小不固定。如果数据大小接近文件系统的虚拟大小，则 stratis 会自动增加精简卷和文件系统。

2．stratis 支持的设备

stratis 可与以下设备一起使用：

- iSCSI
- LVM 逻辑卷
- 设备映射器多路径
- 硬盘驱动器
- LUKS 加密设备
- 固态硬盘
- NVMe 存储设备
- 软件 RAID

3．stratis 的组成

stratisd 包括两个组件，即 stratisd daemon 和 stratis-cli。

stratisd daemon：是 stratisd 守护进程，是管理块设备的集合，可提供 D-Bus API 接口。

stratis-cli：是一个命令行工具，使用 D-Bus API 接口与 stratisd 守护进程通信。

一般来说使用 stratis 创建 XFS 文件系统的整体操作流程包括：

- 选择合适的块设备；
- 创建存储池；
- 创建文件系统；
- 挂载文件系统。

13.6.2　使用 stratis 创建文件系统

1．软件安装

安装两个相关的软件包：

```
# dnf install stratis-cli stratisd -y
```
启动服务：
```
# systemctl start stratisd.service
# systemctl enable stratisd.service
```

2．查看可用磁盘

查看可用磁盘，核查磁盘大小 [本节将仅使用 3 个磁盘（sdb、sdc、sdd）]：
```
# lsblk
NAME    MAJ:MIN RM   SIZE RO TYPE MOUNTPOINT
sdb       8:16   0    1G  0 disk
sdc       8:32   0    1G  0 disk
sdd       8:48   0    1G  0 disk
sde       8:49   0    1G  0 disk
```

 说明

sde 先不使用。

3．释放磁盘以供 stratis 使用

如果磁盘上有现有的数据或卷标，则需要验证并清除数据。这里选择使用/dev/sdb 磁盘：
```
# blkid -p /dev/sdb
# wipefs -a /dev/sdb
```
查看当前文件系统：
```
# stratis blockdev list
# stratis pool list
# stratis filesystem list
```

4．创建存储池

使用/dev/sdd 磁盘建立名称是 Pool1 的存储池：
```
# stratis pool create pool1 /dev/sdb
```
接着使用/dev/sdd 磁盘和/dev/sdc 磁盘建立名称是 Pool2 的存储池：
```
# stratis pool create pool2 /dev/sdc /dev/sdd
```
查看当前存储池：
```
# stratis pool list
Name     Total Physical Size   Total Physical Used
pool1            1 GiB                52 MiB
pool2            2 GiB                56 MiB
```
可以看到当前存储池包括 pool1 和 pool2，其容量分别是 1GB 和 2GB。

5．建立文件系统

在默认情况下，将使用 XFS 文件系统对存储池进行格式化：
```
# stratis filesystem create pool1 data1
# stratis filesystem create pool2 data2
```

 说明

data1 和 data2 是文件系统的名称，用户可以自己设置。

6．挂载创建的文件系统

创建一个目录：
```
# mkdir -p /data1
```
挂载 pool1：
```
# mount /dev/stratis/pool1/data1 /data1
```
创建另一个目录，并挂载 pool2：
```
# mkdir -p /data2
# mount /dev/stratis/pool2/data2 /data2
```
验证挂载结果：
```
# stratis fs list
stratis fs list
Pool Name   Name   Used     Created              Device                 UUID
pool1       data1  545 MiB  May 08 2019 06:40    /stratis/pool1/data01
4e850820-2910-4b0a-add5-06a440930f3a
pool2       data2  545 MiB  May 08 2019 06:40    /stratis/pool1/data02
d5cc59e3-0aad-49da-811d-7e57f2e1f1e2
```

7．永久挂载 stratis 文件系统

要永久安装 stratis 文件系统，首先需要知道文件系统的 UUID，可以使用 blkid 命令查看：
```
# blkid | tail -n 2
/dev/mapper/stratis-1-0eaf62ae5c9c4725a3188d7e2a10383e-thin-fs-
4e85082029104b0aadd506a440930f3a: UUID="4e850820-2910-4b0a-add5-06a440930f3a"
TYPE="xfs"

/dev/mapper/stratis-1-0eaf62ae5c9c4725a3188d7e2a10383e-thin-fs-d5cc59e30aad49da8
11d7e57f2e1f1e2: UUID="d5cc59e3-0aad-49da-811d-7e57f2e1f1e2" TYPE="xfs"
```

获取文件系统的 UUID 后，在/ etc / fstab 文件中输入如下两行：
```
UUID=4e850820-2910-4b0a-add5-06a440930f3a /data01/    xfs defaults 0 0
UUID= d5cc59e3-0aad-49da-811d-7e57f2e1f1e2 /data02/   xfs defaults 0 0
```
运行"systemctl daemon-reload"命令，以更新系统。

8．在存储池中添加其他磁盘

在 stratis 管理下，向现有存储池中添加新的块设备非常容易。例如，pool1 中有 1 个磁盘，现在通过添加新磁盘来扩展存储池的空间。使用"**add-data**"选项添加新磁盘：
```
# stratis pool list
Name      Total Physical Size   Total Physical Used
pool1              1 GiB               52 MiB
# stratis pool add-data pool1 /dev/sdf
# stratis pool list
Name      Total Physical Size   Total Physical Used
pool1              2 GiB               52 MiB
```

通过命令输出可知，在添加磁盘前，存储池大小为 1 GB，而在添加 1GB 磁盘后，存储池大小扩展为 2GB。

9. 重命名存储池和文件系统

stratis 可以在运行中重命名存储池或文件系统，且不会影响任何正在运行的设置。如果我们需要重命名存储池，那么通过运行有选项和参数的单个命令将非常容易。

将当前存储池名称"pool1"重命名为"data01_pool"：
```
# stratis pool rename pool1 data01_pool
```
重命名文件系统类似于重命名存储池，只需将"pool"选项替换为"filesystem"选项即可。

将当前文件系统"data1"重命名为"data01"
```
## stratis filesystem rename data1 data01
```

10. 删除文件系统

要删除文件系统，要先卸载文件系统，并且删除与/etc/fstab 相关的条目。

删除刚刚建立的文件系统 data01，需要以下几个步骤。

使用 vi 删除 data01 的所行：
```
# vi /etc/fstab
```
卸载挂载点：
```
# umount /user_data01
```
卸载文件系统后，还需要删除的相应的文件系统名称：
```
# stratis filesystem destroy data01_pool data01
```

11. 删除存储池

要删除存储池，要先删除存储池上所有文件系统，然后删除存储池名称：
```
# stratis pool destroy data01_pool
```

13.7 使用 ssm 管理磁盘

13.7.1 ssm 简介

ssm（system storage manager）是命令行存储管理工具，可以用于集中管理存储设备。ssm 工具可以用来取代许多管理命令，如 fdisk、Btrfs、cryptsetup、LVM、mdadm、resize2fs 等。目前有三种可供 ssm 使用的管理后端：LVM、Btrfs 和 crypt。ssm 的存储对象主要分为如下几个领域。

- 设备：主要是块设备，常见的为 SATA。
- 存储池：主要是分组设备，常见的为逻辑卷组（LVM）或 Btrfs 文件系统。
- 卷组：主要是后端的卷组，也可以用于构建块甚至更复杂的存储设置。
- 快照：主要是系统中的快照，通常包含 Btrfs 或 LVM 快照卷/子卷。

具体来说 ssm 包括如下功能：
- 创建和检查文件系统（包括 ext3、ext4、XFS 和 Btrfs）

- 管理列表设备/卷组、LVM、RAID、存储池。
- 创建、扩展、删除 LVM、RAID、存储池。
- 删除卷组和文件系统。
- 创建文件系统快照。

ssm 最早出现在 Fedora 18 发行版本中。目前 CentOS/Red Hat Enterprise Linux/Fedora 都可以使用这个工具。

使用 ssm 的一个好处是可以简化操作，下面通过例子来说明。

Linux 系统管理员在管理存储设备时通常要使用多个命令进行操作。如果希望将 /dev/vdb、/dev/vdc、/dev/vdd、/dev/vde 4 个磁盘组成一个 16GB 的逻辑卷，通常使用如下命令：

```
# pvcreat e /dev/vd{b,c,d,e}
# vgcreat e myvolumegroup /dev/vd{b,c,d,e}
# lvcreat e -l 16g -n my_lv myvolumegroup
# mkf s -t ext4 /dev/myvolumegroup/my_lv
```

如果使用 LVM 完成这个操作，则需要准备分区，创建物理卷、卷组、逻辑卷，建立文件系统。如果使用 ssm 工具完成同样的操作，只需要执行如下命令即可：

```
# ssm creat e --size 16g --f st ype ext 4 /dev/vd{b,c,d,e} --name my_lv --pool myvolumegroup
```

13.7.2 了解 ssm 命令行参数

ssm 是一个新命令，网络上关于它的介绍很少，本小节将对其主要参数进行详细介绍。

在新版本的 CentOS 或 Red Hat Enterprise Linux 8 上，需要先通过如下命令安装系统存储管理器：

```
# yum install system-storage-manager
```

ssm 命令格式：ssm [-h] [--version] [-v] [-f] [-b backend] [-n]{check,resize,create,list,add,remove,snapshot,mount} ...

主要选项：

- -f,--force：强制执行命令（不推荐使用这个选项）。
- -b,--backend：选择后端。目前可以选择 LVM、Btrfs、crypt。
- -n,--dry：模拟运行。该选项主要用于调试。
- -h, --help：显示帮助信息然后退出。
- --version：显示版本信息然后退出。

主要子命令：

- check：检查存储设备上的文件系统的一致性。
- resize：调整文件系统大小。
- create：建立一个新的卷并定义参数。
- list：显示设备列表，包括存储池、卷、快照等。

- add：添加一个或多个设备到存储池。
- remove：从存储池中删除一个或多个设备。
- snapshot：建立快照。
- mount：在指定位置挂载文件系统。

13.7.3　ssm 应用实例

1．查看所有设备列表

查看所有设备列表：
```
# ssm list
```
查看所有设备列表命令行结果如图 13-1 所示。

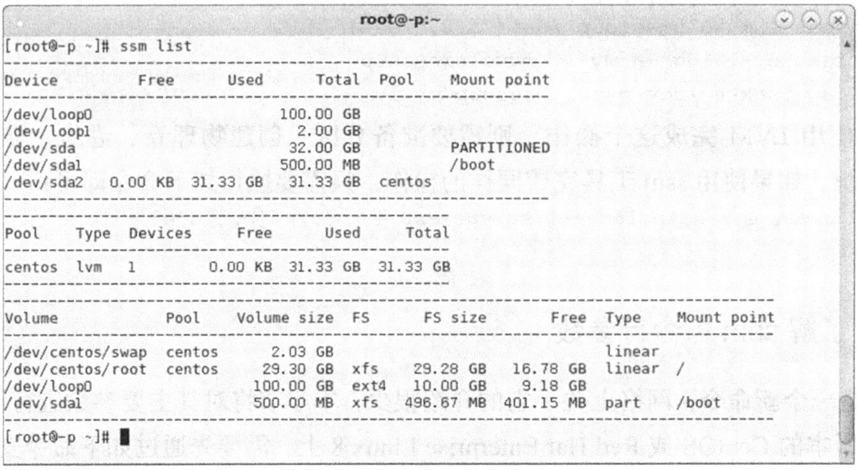

图 13-1　查看所有设备列表命令运行结果

图 13-1 显示的信息包括三大部分：物理存储设备（/dev/sda）信息、存储池信息、LVM 逻辑卷信息。

list 子命令支持如下参数：
- {volumes | vol}：系统中的所有卷信息列表。
- {devices | dev}：所有设备信息列表，包括一些多媒体设备，如 MD 等。
- {pools | pool}：系统中所有存储池信息列表。
- {filesystems | fs}：系统中所有文件系统信息列表。
- {snapshots | snap}：所有快照信息列表。

2．使用两个物理磁盘（/dev/sdb 和/dev/sdc）建立一个逻辑卷

下面这个命令的作用是用 XFS 文件系统格式化卷，并将它挂载到/mnt/mnt1 下，然后指定 16MB 的逻辑卷，并将逻辑卷转为 XFS 格式：
```
# ssm create --size 16M --fstype xfs /dev/sd(b, c) /mnt/mnt1
```
用两个物理磁盘建立一个逻辑卷命令执行结果如图 13-2 所示。

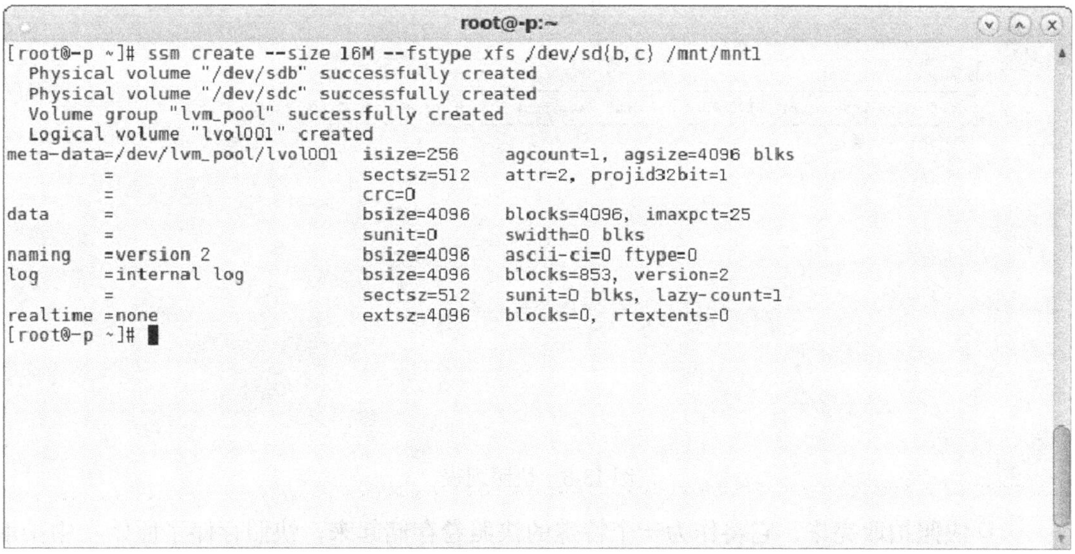

第 13 章　Linux 磁盘管理

```
[root@-p ~]# ssm create --size 16M --fstype xfs /dev/sd{b,c} /mnt/mnt1
  Physical volume "/dev/sdb" successfully created
  Physical volume "/dev/sdc" successfully created
  Volume group "lvm_pool" successfully created
  Logical volume "lvol001" created
meta-data=/dev/lvm_pool/lvol001  isize=256    agcount=1, agsize=4096 blks
         =                       sectsz=512   attr=2, projid32bit=1
         =                       crc=0
data     =                       bsize=4096   blocks=4096, imaxpct=25
         =                       sunit=0      swidth=0 blks
naming   =version 2              bsize=4096   ascii-ci=0 ftype=0
log      =internal log           bsize=4096   blocks=853, version=2
         =                       sectsz=512   sunit=0 blks, lazy-count=1
realtime =none                   extsz=4096   blocks=0, rtextents=0
[root@-p ~]#
```

图 13-2　用两个物理磁盘建立一个逻辑卷命令执行结果

3．将物理磁盘添加到存储池

将一个新的物理磁盘（如/dev/sdb）添加到现有的存储池（如 CentOS）：

```
ssm add -p < pool-name >   < device >
# ssm add -p centos /dev/sdb
```

新设备添加到存储池后，存储池会自动扩大，扩大多少取决于添加的设备的大小。

4．扩大 LVM 卷

如果存储池中有额外空间，则可以扩大存储池中现有的 LVM 卷的大小。可以使用 ssm 命令的 resize 选项，其格式为：ssm resize -s [size] [volume]。

resize 子命令支持的存储单位为[k| K]，即千字节；[m| M]，即兆字节；[g| G]，即千兆字节；[t| T]，即太字节级；[p| P]，即拍字节级。存储单位是可选的，其默认值是千字节。

将/dev/centos/root 的 LVM 卷的大小增加 50MB：

```
# ssm resize -s+50M /dev/centos/root
```

5．对 LVM 卷拍取快照

使用 ssm 工具，还可以对现有 LVM 卷拍取快照。需要注意的是，只有含有卷的后端支持快照机制，快照才适用。LVM 卷后端支持联机快照功能，这意味着没必要在离线状态下对 LVM 卷拍取快照。另外，ssm 的 LVM 卷后端支持 LVM2，快照具有读取/写入功能。

对现有的 LVM 卷（如/dev/LVM_pool/lvol001）拍取快照：

```
# ssm snapshot /dev/lvm_pool/lvol001
```

查看快照列表，如图 13-3 所示。

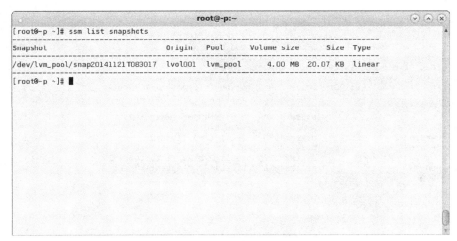

图 13-3　快照列表

一旦快照拍取完毕，它将作为一个特殊的快照卷存储起来，快照存储了原始卷中拍取快照时的所有数据。

6. 删除 LVM 卷和存储池

删除现有的 LVM 卷或存储池与创建 LVM 卷或存储池一样容易。如果试图删除已挂载的卷，ssm 会自动先将它卸载，步骤如下。

删除 LVM 卷：

```
ssm remove < volume >
```

删除存储池：

```
ssm remove < pool-name >
```

图 13-4 是一个删除 LVM 卷例子，删除过程是需要多次确认的。

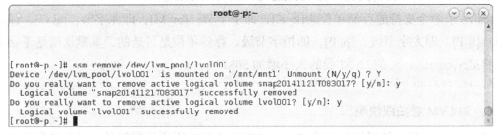

图 13-4　删除 LVM 卷

7. 查看、检查存储池和文件系统

查看存储池列表：

```
# ssm list pool
--------------------------------------------------------
Pool        Type   Devices   Free        Used      Total
--------------------------------------------------------
centos      lvm    2         36.00 MB    31.33 GB  31.36 GB
lvm_pool    lvm    1         36.00 MB    0.00 KB   36.00 MB
```

检查存储池和文件系统：

```
# ssm check lvm_pool/crash_vol
```
对于 Linux 系统管理员来说 ssm 是一个非常好用的工具，能够快速处理大量存储工作，其不足之处是不能恢复 LVM 快照。

13.8 gnome-disk-utility 磁盘工具

13.8.1 gnome-disk-utility 简介

gnome-disk-utility 磁盘工具是一个复杂的程序，具有许多先进的特性，是一个 udisks 的图形化前端，可用于磁盘分区管理、智能监控、基准和软件 RAID 设置。

13.8.2 安装并使用

安装 gnome-disk-utility 软件包：
```
# sudo yum install gnome-disk-utility
```
运行 gnome-disk-utility：
```
# gnome-disks
```
gnome-disk-utility 工作界面如图 13-5 所示。

图 13-5 gnome-disk-utility 工作界面

13.8.3 主要功能

1. **性能测试**

gnome-disk-utility 是一个硬盘性能诊断测试工具，不仅能检测硬盘的传输速度、突发数据传输速度、数据存取时间、CPU 使用率、健康状态、温度，以及扫描磁盘表面等；还能检测出硬盘的固件版本、序列号、容量、缓存大小，以及当前的传送模式等。性能测试界面如图 13-6 所示。

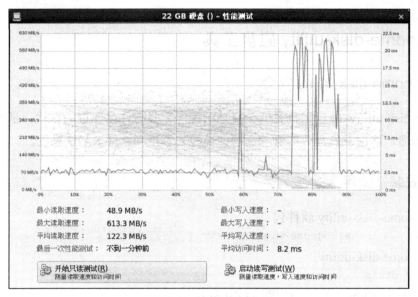

图 13-6　性能测试界面

> 说明
> - 蓝色曲线不忽高忽低，平平稳稳为好。
> - 蓝色曲线是整张硬盘的读取速度（从外圈向内圈），读取速度越快，曲线越平缓越好。

2．格式化卷

gnome-disk-utility 可以用来格式化卷，"格式化卷"界面如图 13-7 所示。

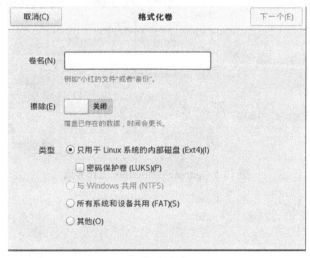

图 13-7　"格式化卷"界面

第 13 章 Linux 磁盘管理

> 💡 **说明**
> 目前 gnome-disk-utility 支持 ext2、ext3、ext4、NTFS、XFS、FAT 等类型。

3．创建分区

gnome-disk-utility 可以用来创建分区，如图 13-8 所示。

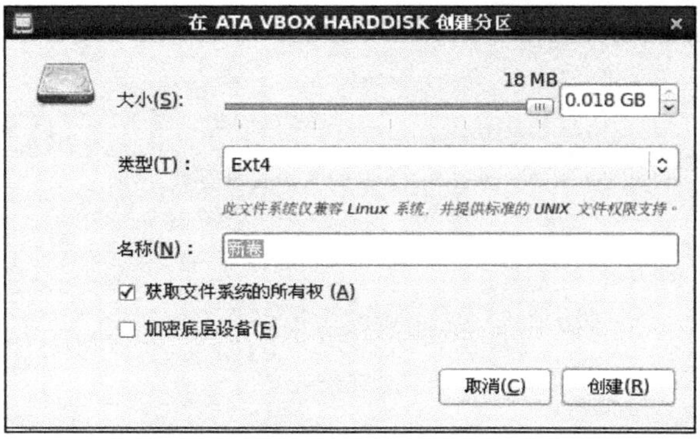

图 13-8　建立分区

6．创建 RAID

gnome-disk-utility 可以用来管理 RAID，如图 13-9 所示。

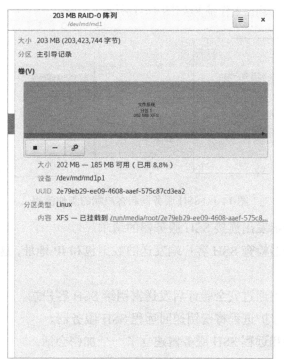

图 13-9　管理 RAID

除了上面介绍的几个功能，gnome-disk-utility 还具有挂载卷、卸载卷等功能。

第 14 章

Linux 远程控制

14.1 SSH 服务器的工作原理

14.1.1 SSH 服务器和客户端的工作流程

SSH 服务器和客户端的工作流程如图 14-1 所示。

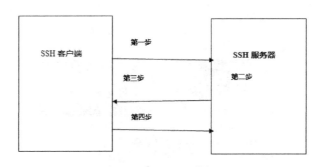

图 14-1　SSH 服务器和客户端的工作流程

第一步 SSH 客户端发出连接 SSH 服务器的请求。

第二步 SSH 服务器检查 SSH 客户端发送的数据包和 IP 地址，这个步骤是在 SSH 服务内完成的。

第三步 SSH 服务器通过安全验证后发送密钥给 SSH 客户端。

第四步本地 sshd 守护进程将密钥送回远程 SSH 服务器。

至此 SSH 客户端和远程 SSH 服务器建立了一个加密会话。

14.1.2 关于 OpenSSH

OpenSSH 是网络连接工具，可为系统间提供安全的通信。OpenSSH 主要包括如下

工具:
- scp: 安全文件复制工具。
- FTP: 安全文件传输协议工具(FTP)。
- SSH: 登录到远程系统或在远程系统上运行命令。
- sshd: OpenSSH 守护程序。
- ssh-keygen: 创建 RSA 身份验证密钥。

不建议使用数字签名算法(DSA)。OpenSSH 客户端不接受 DSA 主机密钥。与 **rcp**、**FTP**、**telnet**、**rsh** 和 **rlogin** 等实用程序不同,OpenSSH 会对客户端和服务器间的所有网络数据包进行加密,包括密码验证。OpenSSH 支持 SSH 版本 2(SSH 2)协议。另外,OpenSSH 通过 x11 转发提供了一种在网络上使用图形应用程序的安全方式。OpenSSH 使用端口转发,以保护不安全的 TCP / IP。

14.2 配置 OpenSSH 服务器

SSH 是以远程联机服务方式操作服务器时较为安全的解决方案,最初由芬兰的一家公司开发。但受版权和加密算法的限制,很多人转而使用免费的替代软件——OpenSSH。ssh_config 和 sshd_config 是 SSH 服务器的配置文件,前者是针对**客户端的配置文件**,后者则是针对**服务端的配置文件**。两个配置文件都允许通过设置不同的选项来改变客户端程序的运行方式。

14.2.1 安装并启动 OpenSSH

先安装软件包:
```
# yum insatll openssh openssh-clients
```
安装完成后,使用如下命令启动:
```
# systemctl start sshd
```
使用如下命令查看 opensshd 进程和端口号是否正常:
```
# netstat -nutap | grep sshd; ps -ef | grep sshd
```
如果需要在系统启动时自动运行该服务,则运行如下命令:
```
# systemctl enable sshd
```
打开防火墙规则以接受 SSH 端口 22 上的传入流量:
```
# firewall-cmd --zone = public --permanent --add-service = ssh
```
使用如下命令测试 OpenSSH 工作是否正常:
```
ssh -l [username] [address of the remote host]
```
如果 OpenSSH 工作正常,则会看到如下提示信息:
```
The authenticity of host [hostname] can't be established.
Key fingerprint is 1 024 5f:a0:0b:65:d3:82:df:ab:44:62:6d:98:9c:fe:e9:52.
Are you sure you want to continue connecting (yes/no)?
```

在第一次登录时，OpenSSH 将会弹出第一次登录的提示符。只要键入"yes"，OpenSSH 就会把这台登录主机的"识别标记"加到~/.ssh/know_hosts 文件中，如此当再次访问这台主机时就不会显示这条提示信息了。然后 SSH 提示符合提示用户输入远程主机的用户账号的口令，口令输入成功后即可建立 SSH 连接，之后就可以如同使用 telnet 那样，方便地使用 SSH 了。

14.2.2 配置文件

OpenSSH 的配置文件和主要文件存放在/etc/ssh/目录中，主要包括如下文件。
- sshd_config：SSH 服务器的配置文件。
- ssh_config：SSH 客户端的配置文件。
- ssh_host_ecdsa_key：ecdsa 私钥文件。
- ssh_host_ecdsa_key.pub：ecdsa 公钥文件。
- ssh_host_ed25519_key：ed25519 私钥文件。
- ssh_host_ed25519_key.pub：ed25519 公钥文件。
- ssh_host_rsa_key：SSH 2 用的 RSA 私钥。
- ssh_host_dsa_key.pub：SSH 2 用的 DSA 公钥。
- moduli：包含用于建立安全连接的密钥交换信息。
- ~/.ssh/known_hosts：包含 OpenSSH 从 SSH 服务器获得的公共主机密钥。

14.2.3 理解配置文件/etc/ssh/sshd_config

配置文件/etc/ssh/sshd_config 是 OpenSSH 的关键文件：

```
# Port 22                         // 监听端口，默认监听端口 22
# AddressFamily any               // IPv4 和 IPv6 协议家族用哪个，any 表示二者均有
# ListenAddress 0.0.0.0           // 指明监控地址，0.0.0.0 表示本机所有地址，默认可修改
# ListenAddress ::                // 指明监听的 IPv6 的所有地址格式
# Protocol 2                      // 使用 SSH 2，默认第一版本已拒绝使用
# HostKey for protocol version 1
# HostKey /etc/ssh/ssh_host_key   // 第一版本的 SSH 支持此种密钥形式
# HostKeys for protocol version   // 使用第二版本发送密钥,支持以下四种密钥认证的存放位置
HostKey /etc/ssh/ssh_host_rsa_key        // RAS 私钥认证
# HostKey /etc/ssh/ssh_host_dsa_key      // DAS 私钥认证
HostKey /etc/ssh/ssh_host_ecdsa_key      // ecdsa 私钥认证
HostKey /etc/ssh/ssh_host_ed25519_key    // ed25519 私钥认证
# KeyRegenerationInterval 1h
# ServerKeyBits 1024                     // 主机密钥长度
# Ciphers and keying
# Logging
# SyslogFacility AUTH
// 当有人使用 SSH 登录系统时，SSH 会记录信息，信息保存在/var/log/secure 目录下
SyslogFacility AUTHPRIV
```

```
# LogLevel INFO                    // 日志的等级
# Authentication:
# LoginGraceTime 2m                // 登录的宽限时间,默认 2 分钟没有输入密码,将自动断开连接
PermitRootLogin yes                // 是否允许管理员直接登录,yes 表示允许
#StrictModes yes                   // 是否让 sshd 去检查用户主目录或相关文件的权限数据
// 最大认证尝试次数,最多可以输入 6 次密码,输入 6 次密码后需要等待一段时间后才能再次输入密码
# MaxAuthTries 6
# MaxSessions 10                   // 允许的最大会话数
# RSAAuthentication yes
# PubkeyAuthentication yes
// 服务器生成一对公私钥之后,会将公钥存放到.ssh/authorizd_keys 文件内,将私钥发给客户端
AuthorizedKeysFile .ssh/authorized_keys
# AuthorizedPrincipalsFile none
# AuthorizedKeysCommand none
# AuthorizedKeysCommandUser nobody
# RhostsRSAAuthentication no
# HostbasedAuthentication no
# IgnoreUserKnownHosts no
# IgnoreRhosts yes
# PasswordAuthentication yes
# PermitEmptyPasswords no
PasswordAuthentication yes                    // 是否支持基于口令的认证
# ChallengeResponseAuthentication yes
ChallengeResponseAuthentication no            // 是否允许任何密码认证
# Kerberos options  //是否支持 Kerberos(基于第三方的认证,如 LDAP)认证方式,默认为 no
# KerberosAuthentication no
# KerberosOrLocalPasswd yes
# KerberosTicketCleanup yes
# KerberosGetAFSToken no
# KerberosUseKuserok yes
# GSSAPI options
# GSSAPIStrictAcceptorCheck yes
# GSSAPIKeyExchange no
# GSSAPIEnablek5users no
UsePAM yes
# AllowAgentForwarding yes
# AllowTcpForwarding yes
# GatewayPorts no
X11Forwarding yes       //是否允许 x11 转发
# X11DisplayOffset 10
# X11UseLocalhost yes
# PermitTTY yes
# PrintMotd yes
# PrintLastLog yes
# TCPKeepAlive yes
# UseLogin no
# UsePrivilegeSeparation sandbox
# PermitUserEnvironment no
```

```
# Compression delayed
# ClientAliveInterval 0
# ClientAliveCountMax 3
# ShowPatchLevel no
# UseDNS yes        //是否反解 DNS，如果想让客户端连接服务器端的速度快一些，该选项可以设置为 no
# PidFile /var/run/sshd.pid
# MaxStartups 10:30:100
# PermitTunnel no
# ChrootDirectory none
# VersionAddendum none
# no default banner path
# Banner none
# Accept locale-related environment variables
//支持 sftp，如果注释掉，则不支持 sftp 连接
Subsystem sftp /usr/libexec/openssh/sftp-server
# X11Forwarding no
# AllowTcpForwarding no
# PermitTTY no
# ForceCommand cvs server
//登录白名单（默认没有这个配置，需要自己手动添加），允许远程登录的用户
//如果名单中没有的用户，则提示拒绝登录
AllowUsers user1 user2
```

14.2.4 配置使用口令验证登录服务器实例

在 Linux 系统中，OpenSSH 服务器和客户端的相关软件包是默认安装的，并已将 sshd 服务添加为标准的系统服务，因此，只需要在服务器的命令行中执行 "service sshd start" 命令就可以开启默认配置 sshd 服务，包括 root 在内的大部分用户（只要有能执行命令的有效 shell）都可以远程登录系统。但这样做并不安全，需要修改配置文件（/etc/ssh/sshd_config），以允许指定的用户访问 SSH 服务器。允许 root 账户从任何客户端远程登录服务器，允许用户 cjh1 只能从 Linux 客户端（192.168.0.1）远程登录 Web 服务器，SSH 默认监听的端口号是 22，将其修改为 3000，以提高安全性的例子如下。

配置文件中有许多注释行和空行，可以使用 "grep -v "^#" sshd_config" 命令去掉注释行，其中，-v 表示取相反；^# 表示以#开头的行。

```
# grep -v "^#" sshd_config
Port 3000                                # 将监听端口号修改为 3000，默认为 22
ListenAddress 192.168.0.1                # 只在 Web 服务器上提供服务
PermitRootLogin   no                     # 禁止 root 账户远程登录
PermitEmptyPassword  no                  # 禁止空密码账户登录
LoginGraceTime  1m                       # 登录验证过程时间为 1 分钟
MaxAuthTries  3                          # 允许用户登录验证的最大重试次数为 3
PasswordAuthentication  yes              # 允许使用密码验证
# 此项需要手动添加，允许 root 账户从任何客户端登录，允许用户 cjh1 只能从 192.168.0.1 客户端
登录，其他用户均拒绝登录
```

```
AllowUsers    root    cjh1@192.168.0.1
```

💡 说明

当 root 账户被禁止登录时，可以先使用普通账户远程进入系统，在需要执行管理任务时再使用"su -"命令切换为 root 账户，或者在服务器上配置 sudo，以执行部分管理命令，这样可以提高系统的安全性。

（1）创建允许远程登录 Web 服务器的账户：
```
# useradd cjh1
# passwd cjh1
```
（2）重新启动 sshd 服务：
```
# systemctl restart sshd
```
接下来就可以在客户端使用密码验证方式远程登录 Web 服务器了。

将端口 3000 添加到 SELinux：
```
# semanage port -a -t ssh_port_t -p tcp 3000
```
（3）将防火墙设置添加到端口 3000：
```
# firewall-cmd --add-port=3000/tcp --permananet
# firewall-cmd -reload
```
（4）使用 Linux 客户端验证：
```
# ssh -p 3000 cjh1@192.168.0.10
```
使用 Linux 客户端验证界面如图 14-2 所示。

图 14-2　使用 Linux 客户端验证界面

（5）验证从 Windows 客户端通过 PuTTY 工具登录服务器。

"PuTTY 配置"界面如图 14-3 所示。

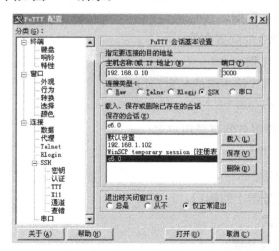

图 14-3　"PuTTY 配置"界面

用户 cjh1 登录成功界面如图 14-4 所示。

图 14-4　用户 cjh1 登录成功界面

14.3　应用 SSH 客户端

14.3.1　SSH 客户端工具

在 Linux 命令行下常用的是 SSH、sftp 和 scp 命令。

1. SSH

SSH 命令的格式为：

```
SSH    SSH(选项)(参数)
```

主要参数如下：

- -1：强制使用 SSH 协议版本 1。
- -2：强制使用 SSH 协议版本 2。
- -4：强制使用 IPv4 地址。
- -6：强制使用 IPv6 地址。
- -A：开启认证代理连接转发功能。
- -a：关闭认证代理连接转发功能。
- -b：将本机指定地址作为对应连接的源 IP 地址。
- -C：请求压缩所有数据。
- -F：指定 SSH 指令的配置文件。
- -f：后台执行 SSH 指令。
- -g：允许远程主机连接主机的转发端口。
- -i：指定身份文件。
- -l：指定连接远程服务器登录用户名。
- -N：不执行远程指令。
- -o：指定配置选项。
- -p：指定远程服务器上的端口。
- -q：开启静默模式。
- -X：开启 x11 转发功能。
- -x：关闭 x11 转发功能。

- -y：开启信任 x11 转发功能。

2. sftp

sftp 可以用来打开安全互动的 FTP 会话，与 FTP 相似，只不过 sftp 使用安全且加密的连接，其一般语法是"sftp username@hostname.com"，一旦通过验证，就可以使用一组和 FTP 相似的命令。

sftp 命令格式如下：

```
sftp [选项] host
```

主要选项如下：

- -c cipher：和 SSH 命令中定义的参数相同，直接被传送到 SSH。
- -d debug_level_spec：定义接收的调试信息的数量，和 SSH 2 使用的参数相同。
- -p port：可以指定客户端连接到哪个端口的服务器，默认设置为端口 22，该端口是为 Secure shell 保留的。除非另外指定，否则一般情况下用于服务器的端口被定义在 /etc/services 文件中，也可以在配置文件中为每台主机单独指定端口。
- -v：冗余模式，与其他 Secure shell 客户端一样，用 sftp 打印调试级为 2 的信息。
- -B：指定传输文件时缓冲区的大小。
- -l：使用 SSH 协议版本 1。
- -b：指定批处理文件。
- -C：使用压缩。
- -o：指定 SSH 选项。
- -F：指定 SSH 配置文件。
- -R：指定一次可以容忍多少请求数。

📖 **应用实例**

sftp 命令登录过程如下：

```
sftp dmtsai@192.1614.1.4
Connecting to 192.1614.1.4...
dmtsai@localhost's password: <== 输入密码
sftp>
```

sftp 相关子命令及其说明如表 14-1 所示。

表 14-1 sftp 相关子命令及其说明

子命令名称	说明
cd	变换目录
mkdir	建立子目录
ls	显示文件名称
pwd	列出当前目录名称
rm	删除文件

续表

子命令名称	说　　明
ln	建立文件链接
charp	修改文件组属性
chmod	修改文件权限
rename	修改文件或目录名称
lpwd	显示当前位置
lmkdir	建立本地目录
put	上传文件
get	下载文件
exit	离开远程服务器

3. scp

scp 的作用是将文件复制到远程主机或本地主机上，具体复制到哪里取决于所要发送的文件的位置，必须指定用户名、主机名、目录和文件。这听上去有点复杂，但只要正确地使用了这些参数就会得到正确的结果，如使用 scp 在 Linux 笔记本电脑与 ISP 中心的服务器的账号间进行文件复制。

scp 命令格式如下：

```
scp[参数]文件1[...]文件2
```

主要参数如下。

- -4：使用 IPv4。
- -6：使用 IPv6。
- -B：以批处理模式运行。
- -C：使用压缩。
- -F：指定 SSH 配置文件。
- -l：指定宽带限制。
- -o：指定使用的 SSH 选项。
- -P：指定远程主机的端口号。
- -p：保留文件的最后修改时间、最后访问时间和权限模式。
- -q：不显示复制进度。
- -r：以递归方式复制。

📖 应用实例

1）从远程主机复制文件到本地目录

从 10.10.10.10 机器上的/opt/soft/目录中下载 nginx-0.4.3.tar.gz 文件到本地的/opt/soft/目录下：

```
# scp root@10.10.10.10:/opt/soft/nginx-0.4.3.tar.gz /opt/soft/
```

第14章 Linux 远程控制

2）从远程主机复制目录到本地目录

从 10.10.10.10 机器上的/opt/soft/目录中下载 db 目录到本地的/opt/soft/目录下。

```
# scp -r root@10.10.10.10:/opt/soft/db /opt/soft/
```

3）上传本地文件到远程机器指定目录

上传本地/opt/soft/目录下的文件 nginx.tar.gz 到远程机器 10.10.10.10 上的 opt/soft/scptest 目录下：

```
# scp /opt/soft/nginx.tar.gz root@10.10.10.10:/opt/soft/scptest
```

4）上传本地目录到远程机器指定目录

上传本地目录/opt/soft/db 到远程机器 10.10.10.10 上的/opt/soft/test 目录下：

```
# scp -r /opt/soft/db root@10.10.10.10:/opt/soft/test
```

14.3.2 使用 ssh-keygen 命令生成一对认证密钥

如果不想在每次使用 SSH、scp 或 sftp 时都要输入口令来连接远程主机，则可以生成一对授权密钥（必须为每个用户生成一对认证密钥）:

```
# ssh-keygen
Generating public/private rsa key pair.
Enter file in which to save the key (/home/guest/.ssh/id_rsa): <Enter>
Created directory '/home/guest/.ssh'.
Enter passphrase (empty for no passphrase): password
Enter same passphrase again: password
Your identification has been saved in /home/guest/.ssh/id_rsa.
Your public key has been saved in /home/guest/.ssh/id_rsa.pub.
The key fingerprint is:
5e:d2:66:f4:2c:c5:cc:07:92:97:c9:30:0b:11:90:59 guest@host01
The key's randomart image is:
+--[ RSA 2048]----+
|      .=Eo++.o   |
|     o  ..B=.    |
|       o.= .     |
|       o + .     |
|        S * o    |
|       . = .     |
|        . .      |
|                 |
|                 |
+-----------------+
```

🔍 说明

要使用默认 RSA 算法以外的算法创建 SSH 密钥对，请使用-t 选项，可用选项有：dsa、ecdsa、ed25519 和 rsa。为了防止其他人访问私钥，可以指定密码来加密私钥。如果对私钥进行加密，则每次使用密钥时都必须输入此密码。在默认情况下，**ssh-keygen** 在~/.ssh 文件中生成私钥文件和公钥文件（除非你为私钥文件指定备用目录）：

```
# ls -l ~/.ssh
total 8
-rw-------. 1 guest guest 1743 Apr 13 12:07 id_rsa
-rw-r--r--. 1 guest guest  397 Apr 13 12:07 id_rsa.pub
# mv ~/.ssh/id_rsa.pub ~/.ssh/authorized_keys
```

14.3.3 访问远程系统而无须输入密码

如果想使用 OpenSSH 客户端访问远程系统，且不必每次连接都提供密码，请执行以下步骤。

（1）用 ssh-keygen 生成公共和私有密钥对：

```
$ ssh-keygen
Generating public/private rsa key pair.
Enter file in which to save the key (/home/user/.ssh/id_rsa): <Enter>
Created directory '/home/user/.ssh'.
Enter passphrase (empty for no passphrase): <Enter>
Enter same passphrase again: <Enter>
...
```

（2）用 **ssh-copy-id** 将本地~/.ssh/id_rsa.pub 文件中的公钥附加到远程系统上的~/.ssh/authorized_keys 文件中：

```
$ ssh-copy-id remote_user@host
```

（3）验证远程系统上的~/.ssh 目录和~/.ssh/authorized_keys 文件的权限：

```
$ ssh remote_user@host ls -al .ssh
total 4
drwx------+ 2 remote_user group   5 Jun 12 08:33 .
drwxr-xr-x+ 3 remote_user group   9 Jun 12 08:32 ..
-rw-------+ 1 remote_user group 397 Jun 12 08:33 authorized_keys
```

（4）如果客户端和服务器系统上的用户名相同，则无须指定远程用户名和@符号。如果客户端和服务器系统上的用户名不同，则需在~/.ssh/config 文件中定义一个包含本地用户名的权限为 600 的文件：

```
$ ssh remote_user@host echo -e "Host *\\\nUser local_user" '>>' .ssh/config

$ ssh remote_user@host cat .ssh/config
```

14.3.4 创建无 shell 访问权限的 sftp 用户

1. sftp 安全简介

在向服务器上传文件时，通常是用服务器的登录用户，通过第三方工具（如 wincp、xftp 等）直接上传，这些用户可以进入服务器的大部分目录，并下载拥有可读权限的文件，直接用登录账户使用 sftp 服务是存在风险的，尤其是向第三方人员或服务提供 sftp 服务时，所以在使用 sftp 应用时要做好权限控制。sftp（SSH 文件传输协议）是两个系统之间的安全文件传输协议，通过 SSH 协议在 22 端口运行。下面的内容将帮助你在系统上创建仅 sftp

访问用户（无 SSH 访问），用户只能将服务器与 sftp 连接，并只允许访问指定的目录，且用户无法通过 SSH 进入服务器根目录。

2. 创建账户

创建 sftp 用户名和密码：
```
# adduser --shell /bin/false sftpuser
# passwd sftpuser
```

3. 创建家目录

现在创建目录以供 sftp 用户访问。这里仅将新用户访问限制为自己的用户目录，此用户无法访问其他目录中的文件：
```
# mkdir -p /var/sftp/files
```
将目录的所有权更改为新创建的 sftp 用户，使 sftp 用户在此目录上进行读/写操作了：
```
# chown sftpuser:sftpuser /var/sftp/files
```
将/ var / sftp 的所有者和组所有者设置为 root（root 账户对此访问具有读/写访问权限，组成员和其他账户仅具有读取和执行权限）：
```
# chown root:root /var/sftp
# chmod 755 /var/sftp
```

4. 为 sftp 配置 SSH 服务器

sftp 是通过 SSH 协议运行的，因此需要在配置文件中进行配置：
```
# vi /etc/ssh/sshd_config
# 在/etc/ssh/sshd_config 文件是后添加几行
Match User sftpuser
    ForceCommand internal-sftp
    PasswordAuthentication yes
    ChrootDirectory /var/sftp
    PermitTunnel no
    AllowAgentForwarding no
    AllowTcpForwarding no
    X11Forwarding no
```
保存文件重启服务：
```
# systemctl restart sshd.service
```

14.3.5 使用 fail2ban 防御 SSH 服务器的暴力破解攻击

1. fail2ban 简介

常见的对于 SSH 服务器攻击就是暴力破解攻击，即远程攻击者通过不同的密码来无限次地进行登录尝试。当然 SSH 服务器可以通过设置使用非密码验证方式来对抗这种攻击，如公钥验证或者双重验证。如果必须使用密码验证方式，则可以使用 fail2ban。fail2ban 是 Linux 系统中的一个著名的入侵保护的开源框架，fail2ban 用于扫描系统日志文件（如 /var/log/pwdfail 或/var/log/apache/error_log），从中找出多次尝试登录失败的 IP 地址，并将该 IP 地址加入防火墙的拒绝访问列表中。fail2ban 在防御对 SSH 服务器被暴力破解方面非常有用。下文将演示如何安装并配置 fail2ban，以保护 SSH 服务器避免来自远程 IP 地址的暴力攻击。

2．安装 Fail2ban

通过如下命令安装 fail2ban：

```
# dnf install epel-release
# dnf install fail2ban
```

3．配置 fail2ban

fail2ban 将配置文件保留在/etc/fail2ban 目录下，将此文件的副本创建为 jail.local：

```
# cp /etc/fail2ban/jail.conf /etc/fail2ban/jail.local
```

在 jail.local 文件中进行必要的更改以创建禁止规则。编辑 jail.local 文件，然后在[DEFAULT]部分进行更改：

```
# vi /etc/fail2ban/jail.local
# 以空格分隔的列表，可以是 IP 地址、CIDR 前缀、DNS 主机名
# 用于指定哪些地址可以忽略 fail2ban 防御
ignoreip = 127.0.0.1 172.31.0.0/24 10.10.0.0/24 192.168.0.0/24

# 客户端主机被禁止的时长
bantime = 60m

# 客户端主机被禁止前允许失败的次数
maxretry = 5

# 查找失败次数的时长
findtime = 5m

[ssh-iptables]

enabled  = true
filter   = sshd
action   = iptables[name=SSH, port=22, protocol=tcp]
           sendmail-whois[name=SSH, dest=root, sender=fail2ban@example.com, sendername="Fail2Ban"]
logpath  = /var/log/secure
maxretry = 3
```

根据上述配置，fail2ban 会自动禁止在最近 5min 内有超过 5 次访问尝试失败的任意 IP 地址。一旦被禁，这个 IP 地址将会在 60min 内一直被禁止访问 SSH 服务。配置文件准备就绪后，按照如下方式重启 fail2ban 服务，即可完成设置：

```
# systemctl start fail2ban.service
# systemctl enable fail2ban.service
```

4. fail2ban 测试

在一台客户端登录服务器，故意输错 5 次密码，将看到如下日志：

```
# tail -1 /var/log/fail2ban.log

2020-01-05 17:39:19,647 fail2ban.actions[1313]: WARNING [ssh-iptables] Ban 192.168.214.1
```

查看系统登录日志可以看到，192.168.214.1 被禁止访问了：

```
# cat /var/log/secure ##

Jun 5 17:39:01 localhost sshd[1341]: Failed password for root from 192.168.214.1 port 2444 ssh2
Jun 5 17:39:06 localhost sshd[1341]: Failed password for root from 192.168.214.1 port 2444 ssh2
Jun 5 17:39:11 localhost sshd[1341]: Failed password for root from 192.168.214.1 port 2444 ssh2
Jun 5 17:39:14 localhost sshd[1341]: Failed password for root from 192.168.214.1 port 2444 ssh2
Jun 5 17:39:18 localhost sshd[1341]: Failed password for root from 192.168.214.1 port 2444 ssh2
Jun 5 17:41:39 localhost login: pam_unix(login:session): session opened for user root by LOGIN(uid=0)
```

5. fail2ban 常用命令

启动 fail2ban：
```
# systemctl start fail2ban
```

停止 fail2ban：
```
# systemctl stop fail2ban
```

开机启动 fail2ban：
```
# systemctl enable fail2ban
```

查看被禁止访问的 IP 地址：
```
# fail2ban-client status ssh-iptables
```

添加白名单：
```
# fail2ban-client set ssh-iptables addignoreip IP 地址
```

删除白名单：
```
# fail2ban-client set ssh-iptables delignoreip IP 地址
```

查看被禁止的 IP 地址：
```
# iptables -L -n
```

14.3.6 使用 Windows SSH 客户端登录 OpenSSH 服务器

在 Windows 系统下的 SSH 客户端软件相当多，有些是商业化软件，有些是免费软件或共享软件，也有 OpenSSH 这样的开放源代码软件。虽然有些软件（如 cygwin）属于 UNIX 模拟器外壳的一部分，但仍然是命令行方式的客户端，且大部分软件都已经配合 Windows

系统开发了图形界面。在这些带有图形界面的免费软件中，PuTTY 支持 SSH 外壳，在配置和使用上都方便、易懂。Windows 系统下的 OpenSSH 也称作"OpenSSH for Windows"，同样支持端口设定。

目前 Windows 系统下的 PuTTY 使用很普遍，可以从网上免费下载。目前网上的最新版本为 PuTTY 0.58，是一个免费的 Windows 32 平台下的 telnet、rlogin 和 SSH 客户端，其功能丝毫不逊色于商业类的 UNIX 工具，用来远程管理 Linux 十分好用，主要优点如下。

（1）完全免费。

（2）在各个 Windows 版本下都运行得非常好。

（3）全面支持 SSH 1 和 SSH 2。

（4）绿色软件，无须安装，下载后在桌面上建个快捷方式即可使用。

（5）操作简单，所有操作都在一个控制面板中实现。

1．应用入门

以 Windows 7 为例对 PuTTY 进行介绍，其他 Windows 操作系统与此类似。

（1）启动 PuTTY，弹出如图 14-5 所示的"PuTTY Configuration"对话框。

（2）在"Host Name(or IP address)"文本框中输入 OpenSSH 的 IP 地址或域名，将 Protocol 设置为 SSH，将 Port 设置为 22，然后单击右下角的"Open"按钮，如图 14-6 所示。

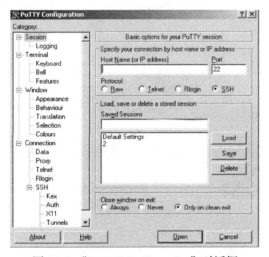

图 14-5　"PuTTY Configuration"对话框

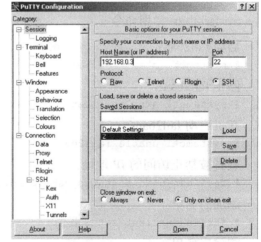

图 14-6　单击"Open"按钮

（3）在第一次使用 PuTTY 连接远程服务器时，会出现一个询问是否要将远程服务器的公钥保存在本地计算机的登录文件中（为了避免远程机器被仿冒，每台 SSH 服务器均有不同的公钥）的提示对话框。若要继续联机，则单击"是"按钮，如图 14-7 所示。

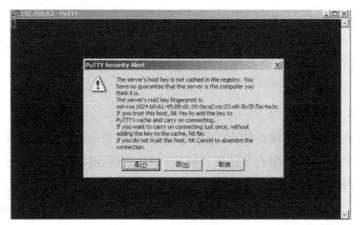

图 14-7　提示对话框

2．应用进阶

1）使用 PuTTY 保存地址信息

打开 PuTTY 的"Session"界面，在"Saved Sessions"文本框中输入要保存的 IP 地址的名字，然后在"Host Name（or IP address）"文本框中输入要保存的 IP 地址或域名。单击"Save"按钮，将该地址保存在"Saved Sessions"下拉列表框中，如图 14-8 所示。连接该地址时，只需双击该地址即可。

2）使用 PuTTY 延长连接后的在线时间

启动 PuTTY，弹出"PuTTY Configuration"对话框，单击"Connection"选项，打开如图 14-9 所示界面。

图 14-8　使用 PuTTY 保存地址信息

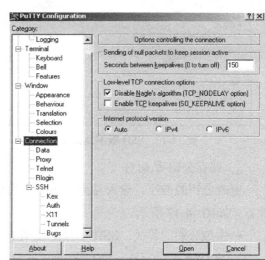

图 14-9　"Connection"界面

在"Seconds between keepalives（0 to turn off）"文本框中输入整数 n（$n \geq 1$），该数值表示 PuTTY 将每隔 n 秒向 SSH 服务器端发送一次空信息，表明其还在线，以防 SSH 服务器端自动切断与自己的连接，推荐 n 值为 150。

3）在命令行下使用 PuTTY

依次单击"开始"→"运行"选项，打开"运行"对话框，输入"cmd"，按 Enter 键，弹出命令提示窗口，通过如下命令将目录转移到 PuTTY 所在目录：

putty.exe [options] [user@]host

3．高级应用

在上面介绍的 SSH 客户端的使用过程中，用户每次登录服务器都需要输入密码，这未免有些麻烦。由于 SSH 客户端充分使用了密钥机制，所以可以通过一定的系统设置，实现以后不用输入密码即可登录 SSH 客户端。下面以 Windows 2000 系统中的 SSH 客户端为例，来说明如何使用 PuTTY 自带的 PuTTYgen 产生公钥/私钥对来实现自动登录 SSH 客户端。

1）准备生成公钥/私钥对

打开 PuTTYgen，准备生成公钥/私钥对，SSH 版本及公钥如图 14-10 所示。

2）生成公钥/私钥对

单击"Generate"按钮，打开进入公钥/私钥对生成界面。在空白处不断移动鼠标，以保证密钥生成的随机性能，如图 14-11 所示。

图 14-10　SSH 版本及公钥

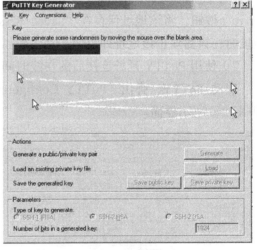
图 14-11　生成公钥/私钥对生成界面

3）保存公钥/私钥对

更改公钥的备注，输入易记的句子作为启动私钥的通行码，然后将私钥保存在安全的地方，如图 14-12 所示。

- 生成公钥的算法。SSH 1 仅能使用 RSA 作为生成公钥的算法，而 SSH 2 支持 RSA 及 DSA 两种算法，PuTTY 的开发者强烈建议使用者使用 RSA 算法来生成公钥。因为 DSA 算法存在设计不良的地方，可能会导致使用者的私钥被有心人士窃取。若使用 DSA 算法，则不要在每台远程服务器上使用同样的公钥。

图 14-12 保存公钥/私钥对

- 公钥的长度。公钥的长度越长,越安全。一般情况下,1024 位足以满足需求。
- 保存私钥。当保存私钥至本地计算机时,若没有输入通行码,则不再加密私钥,即任何人取得此私钥都很容易。若输入通行码,即使私钥被他人得到,对方也无法取用其中的内容。
- 关于兼容性的问题。大部分 SSH 1 客户端使用是遵循标准定义的私钥,PuTTY 也遵循标准来执行,所以不会与其他 SSH 客户端冲突。然而 SSH 2 的私钥并没有一个标准的格式,所以任一软件生成的公钥都无法立即在其他软件上执行。

4)分发公钥

上传密钥:用自己的账号登录远程系统,然后执行如下命令:

```
cd ~
mkdir .ssh
chmod 700 .ssh
cat id_rsa1.pub > .ssh/authorized_keys
chmod 600 .ssh/authorized_keys
```

启动 PuTTY,设置"Session"的各项参数。单击"Browse"按钮,选择"id_rsa1.prv"文件,然后单击"Open"按钮。如果上面的操作正常,则可自动登录 SSH 客户端,无须输入密码。在正常情况下会显示如图 14-13 所示的提示信息。

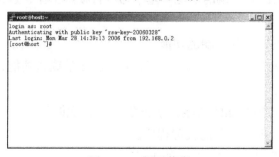

图 14-13 提示信息

5）使用 SSH 认证通行码的代理程序

每次登录 SSH 服务器并重新打开 PuTTY 终端都要输入通行码，有些很麻烦，但不使用密码登录又不安全，可以借助 PuTTY 中的 Pageant.exe 工具来解决这个问题。运行 Pageant.exe，在系统托盘中创建一个图标，双击该图标弹出"Add Key"对话框。单击"Add Key"按钮，或者右击系统托盘中的"Pageant"图标，在弹出的快捷菜单中选择"Add Key"选项，如图 14-14 所示。选中保存在本地的私有密钥文件，弹出输入该密钥通行码的提示对话框。输入通行码后，该私钥被加入 Pageant 的管理下。回到前面的 PuTTY 中，运行 Pageant 并添加密钥。单击 PuTTY 主界面中的"Open"按钮，此后登录 SSH 服务器并重新打开 PuTTY 终端时将不再要求输入通行码，在完成工作后停止运行 Pageant，即可保证私钥的安全性。

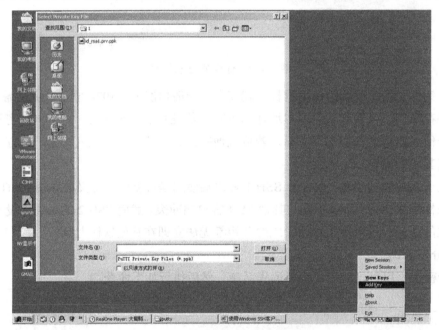

图 14-14 "Add Key" 选项

6）其他软件包

PuTTY 实际包括一组软件，共 7 个，其中使用最多的是 putty.exe。PuTTY 提供的其他各软件及其功能如下。

- PSCP：提供 SCP 客户端的功能（基于命令行模式工作，进行安全加密的网络文件复制）。
- PSFTP：提供 PSFTP 客户端的功能。
- PuTTYtel：是 PuTTY 的简化版，但仅少了 SSH 的联机功能，其他功能及操作接口与 PuTTY 相同。
- Plink：提供 SSH 客户端的功能，基于命令提示行模式工作。
- Pageant：SSH 认证通行码的代理程序。
- PuTTYgen：提供产生 RSA 金钥的工具。

14.4 Linux 和 Windows 之间的桌面远程控制

14.4.1 使用 Windows 桌面远程控制 Linux

1. VNC 服务器的安装和启动

VNC(Virtual Network Computing)是由 AT&T 实验室开发的可操控远程计算机的软件，其采用了授权条款，任何人都可免费获得该软件。VNC 软件主要由两部分组成：VNC 服务器和 VNC 查看器。

在 Linux 服务器上安装 VNC 服务器：

```
# dnf -y install tigervnc-server
```

2. 修改防火墙配置

把 VNC 服务器添加到防火墙规则：

```
# firewall-cmd --add-service=vnc-server --permanent
# firewall-cmd --reload
```

3. 启动 VNC 服务

首先从 root 用户切换到 cjh 用户：

```
[cjh@server ~]$ vncserver
```

然后启动 VNC 服务器，这时会要求你输入两次进行连接的初始密码：

```
You will require a password to access your desktops.
Password:      //输入密码
Verify:        //再次输入密码
xauth: creating new authority file /root/.Xauthority
New 'localhost.localdomain:1 (root)' desktop is localhost.localdomain:1
Creating default startup script /root/.vnc/xstartup
Starting applications specified in /root/.vnc/xstartup
Log file is /root/.vnc/localhost.localdomain:1.log
```

需要注意的是，每个用户可以控制多个 VNC 服务器远程桌面，多个 VNC 服务器间通过 IP 地址加端口号的形式来标识区分，如 IP 地址:1、IP 地址:2、IP 地址:3，使用同一端口会使另外登录的用户自动退出。VNC 服务器的大部分配置文件及日志文件都在用户 home 目录中的/vnc 目录下。

用户可以自定义启动号码，例如：

```
$vncserver : 1   # 1前面一定要有空格
```

启动 VNC 会话，将分辨率设置为 800×600：

```
$ vncserver :1 -geometry 800×600


New 'cjh.net:1 (goodcjh)' desktop is cjh.net:1

Creating default startup script /home/goodcjh/.vnc/xstartup
Creating default config /home/goodcjh/.vnc/config
```

```
Starting applications specified in /home/goodcjh/.vnc/xstartup
Log file is /home/goodcjh/.vnc/cjh.net:1.log

# to stop VNC process, run like follows
```

关闭 VNC 服务进程:
```
$ vncserver -kill :1
```

5. 使用 Windows 连接 Linux

VNC 客户端（这里是 UltraVNC Viewer）的安装过程非常简单，只要根据提示一步一步进行即可。安装完成后，单击"UltraVNC Viewer"桌面图标进入"UltraVNC Viewerr"对话框，在"VNC Server"文本框中填写 Linux 的 IP 地址+冒号+桌面号，在"Quick Options"选区中选择"AUTO"单选按钮，然后单击"Connect"按钮，如图 14-15 所示。

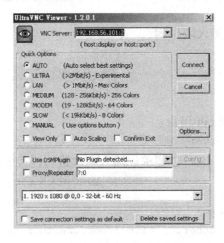

图 14-15 "UltraVNC Viewer"对话框

在 UltraVNC Viewer 密码验证对话框输入刚刚设置的密码。使用 Windows 连接 Linux 成功的界面如图 14-16 所示。

图 14-16 使用 Windows 连接 Linux 成功的界面

14.4.2 使用 Red Hat Enterprise Linux 8.0 桌面远程控制 Windows

FreeRDP 是一个免费开源实现的远程桌面协议（RDP）工具，用于在 Linux 系统下远程连接到 Windows 桌面。先安装软件包：

```
# yum -y install freerdp
```

这里使用的是 Windows 7 系统，首先开启远程桌面。其方法是：右击"计算机"图标，选择"属性"→"远程设置"→"远程"选项卡，在"远程桌面"选区中选择第三个选项，如图 14-17 所示。

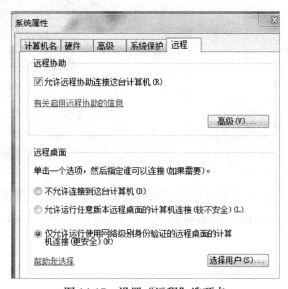

图 14-17　设置"远程"选项卡

连接的计算机需要指定被连接计算机的 IP 地址，如果被连接的计算机在内网中，则还需要在路由器上做 NAT（网络地址转换），默认的远程连接端口是 3389。

下面使用 FreeRDP 连接 Windows 7 桌面：

```
$ xfreerdp -g 800x600 -u cjh 192.168.56.1
connected to 192.168.56.1:3389
Password:     # 这里输入用户 cjh 的口令
```

参数说明如下。

- -g：屏幕分辨率。
- -u：用户名称。
- 目标主机的 IP 地址或名称。

使用 Red Hat Enterprise Linux 8.0 桌面远程控制 Windows 成功后的界面如图 14-18 所示。

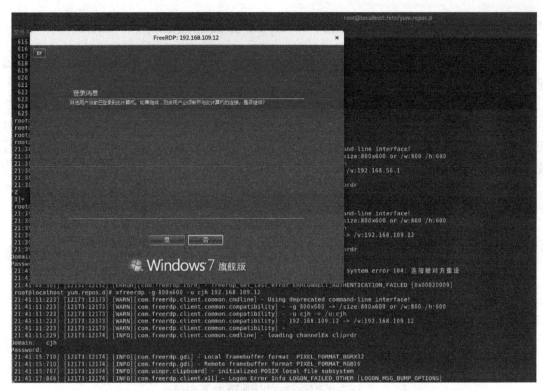

图 14-18　使用 Red Hat Enterprise Linux 8.0 桌面远程控制 Windows 成功后的界面

第 15 章

Linux 性能监控和调整

15.1 Linux 系统性能监控

15.1.1 监控 Linux 系统负载

1. 使用 uptime 命令

系统平均负载的定义为在特定时间间隔内运行队列中的平均进程数。如果一个进程没有处于等待 I/O 操作的结果，主动进入等待状态（没有被调用或没有被停止），则其位于运行队列中。使用 uptime 命令查看系统负载：

```
# uptime
9:51pm up 3 days, 4:43, 4 users, load average:6.02, 5.90, 3.94
```

上面的命令显示最近 1min 内系统平均负载是 6.02，最近 5min 内系统平均负载是 5.90，最近的 15min 内系统平均负载是 3.94，一共有 4 个用户。该例中使用的是双 CPU，每个 CPU 的当前任务数为 6.02/2=3.01，表示该服务器的性能是可以接受的。

使用 crontad 命令可以定时监控系统负载：

```
# crontab -e
```

打开一个 vi 编辑器，输入以下内容：

```
# 30 * * * * * uptime
```

存盘退出，系统将每隔 30min 记录一次系统平均负载。累计一天，即可得到最近一天的系统平均负载。

15.1.2 监控 Linux 进程

Linux 提供了 ps、top 等查看进程信息的系统命令，这些系统工具结合使用可以清晰地了解进程的运行状态及存活情况，从而采取相应的措施确保 Linux 的性能。ps 和 top 是目前最常见的进程状况查看命令，随 Linux 版本发行，安装 Linux 系统后即可使用。本节以

ps 命令为例，该命令可以确定哪些进程正在运行、进程运行状态、进程是否结束、进程是否僵死，以及哪些进程占用了过多资源等。通过 ps 命令可以监控后台进程的工作情况，因为后台进程不和屏幕、键盘等标准 I/O 设备通信。使用 ps-el|more 命令显示进程信息示例如图 15-1 所示。

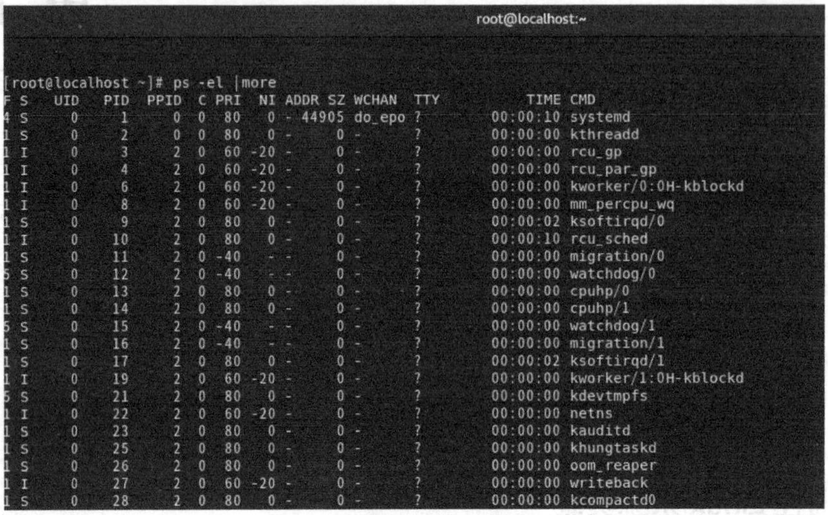

图 15-1　使用 ps-el|more 命令显示进程信息示例

图 15-1 中第 2 行的进程标识及其说明如表 15-1 所示。

表 15-1　图 15-1 中第 2 行的进程标识及其说明

进程标识	说　　明	进程标识	说　　明
F	用数值表示目前进程状态	NI	Nice 值，Nice 可以降低进程执行的优先权
S	用字符表示目前进程状态	SZ	Virtual Size，进程在虚拟内存中的大小
UID	进程使用者的 ID	WCHAN	等待频道，值为 Null 时，表示进程正在执行；值为 Waitingfor 时，表示进程准备就绪
PID	进程标识号	TTY	该进程建立时所对应的终端，"？"表示该进程不占用终端
PPID	父进程标识号	TIME	进程已经执行的时间
C	进程占用 CPU 的估算	CMD	执行进程的命令名称
PRI	进程执行的优先权	—	—

15.1.3　监控内存使用情况

内存是 Linux 内核管理的重要资源之一，内存管理系统是操作系统中的重要部分。由于系统的物理内存总少于系统需要的内存容量，所以采用了虚拟内存策略。虚拟内存策略通过在各个进程间共享内存使系统看起来有多于实际内存的内存容量。Linux 支持虚拟内存，即将硬盘作为 RAM 的扩展，使可用内存得到有效扩大。内核将当前不使用的数据保存到硬盘中，腾出内存空间给其他应用。当要使用保存到硬盘中的数据时，再将其从硬盘读回内存。

1）实时监控内存使用情况

在命令行使用 free 命令可以监控内存使用情况：

```
# free
            total      used      free    shared   buffers   cached
Mem:       256024    192284     63740         0     10676   101004
-/+ buffers/cache:    80604    175420
Swap:      522072         0    522072
```

上述命令输出结果呈现了一个 256MB 的 RAM 和 512MB 交换空间的系统情况。其中，第 3 行显示的是物理内存；第 5 行为交换空间，如果全为 0，则表示未使用交换空间；total 列显示的是内核使用的物理内存（通常大约为 1MB）；used 列显示的是被使用的内存总额（第 2 行不计缓存）；free 列显示的是没使用的内存；shared 列显示的是多个进程共享的内存总额；buffers 列显示的是磁盘缓存的大小。在默认状态下，free 命令以 KB（1KB=1024B）为单位来显示内存使用情况，可以使用-h 参数以 B 为单位显示内存使用情况；或者使用-m 选项以 MB 为单位显示内存使用情况。将 watch 命令与 free 命令组合使用，可以实时监控内存使用情况：

```
watch -n 1 -d free
```

watch 命令会每 2s 执行一次 free 命令，执行前会清除屏幕，在同样位置显示数据。因为 watch 命令不会卷动屏幕，所以适合长时间地监控内存使用率。可以使用-n 选项控制执行的频率，可以使用-d 选项让数据每次在不同处显示。watch 命令会一直执行，直到按下 Ctrl+C 组合键为止。

2）使用 vmstat 命令监控虚拟内存使用情况

vmstat 命令可监控操作系统的虚拟内存、进程及 CPU 活动，不足之处是无法分析某个进程。通常使用"vmstat 5 5"（表示在 5s 时间内进行 5 次采样）命令测试，即可得到一个可以反映实际系统情况的数据汇总，如下所示：

```
# vmstat 5 5
procs -----------memory---------- ---swap-------io---- --system-- ----cpu----
 r  b   swpd   free   buff  cache   si   so    bi    bo    in    cs us sy id wa
 1  0  62792   3460   9116  88092    6   30   189    89  1061   569 17 28 54  2
 0  0  62792   3400   9124  88092    0    0     0    14   884   434  4 14 81  0
 0  0  62792   3400   9132  88092    0    0     0    14   877   424  4 15 81  0
 1  0  62792   3400   9140  88092    0    0     0    14   868   418  6 20 74  0
 1  0  62792   3400   9148  88092    0    0     0    15   847   400  9 25 67  0
```

vmstat 命令输出分为 6 个部分。

- procs（进程）：r 为运行队列中的等待的进程数；b 为等待 I/O 的进程数。

- memory（内存）：swpd 为当前可用的交换内存（单位为 KB）；free 为空闲的内存（单位为 KB）；buff 为缓冲区中的内存（单位为 KB）；cache 为被用来作为高速缓存的内存（单位为 KB）。
- swap（交换页面）：si 为从磁盘交换到内存的交换页数量（单位为 KB/s）；so 为从内存交换到磁盘的交换页数量（单位为 KB/s）。
- io（块设备）：bi 为发送到块设备的块数（单位为块/s）；bo 为从块设备接收到的块数（单位为块/s）。
- system（系统）：in 为每秒中断数，包括时钟中断；cs 为每秒环境（上下文）切换次数。
- cpu（中央处理器），其中 sy 为系统进程使用时间，用百分比表示；id 为 CPU 的空闲时间，用百分比表示；wa 表示等待 I/O 时间。

如果 r 经常大于 4，且 id 经常小于 40，则表示 CPU 的负荷很重；如果 bi 及 bo 长期不等于 0，则表示物理内存容量太小。

说明

bi 和 bo 一般要接近 0，否则就是 I/O 过于频繁，需要调整。

15.1.4 监控 CPU

1. top

top 命令是由 Albert D.Cahalan 维护的一个开放源代码工具，大部分 Linux 发行版本中都包含 top 命令。执行 top 命令显示的信息与执行 ps 命令显示的信息接近，但是使用 top 命令可以了解 CPU 消耗，可以根据用户指定的时间来更新显示。使用 top 命令监控 CPU 使用情况的界面如图 15-2 所示。

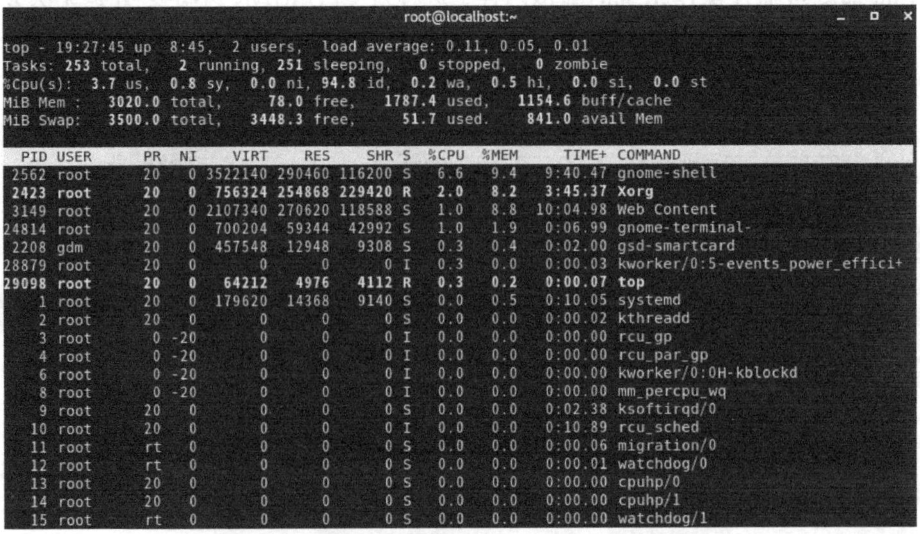

```
root@localhost:~
top - 19:27:45 up  8:45,  2 users,  load average: 0.11, 0.05, 0.01
Tasks: 253 total,   2 running, 251 sleeping,   0 stopped,   0 zombie
%Cpu(s):  3.7 us,  0.8 sy,  0.0 ni, 94.8 id,  0.2 wa,  0.5 hi,  0.0 si,  0.0 st
MiB Mem :   3020.0 total,     78.0 free,   1787.4 used,   1154.6 buff/cache
MiB Swap:   3500.0 total,   3448.3 free,     51.7 used.    841.0 avail Mem

  PID USER      PR  NI    VIRT    RES    SHR S  %CPU  %MEM     TIME+ COMMAND
 2562 root      20   0 3522140 290460 116200 S   6.6   9.4   9:40.47 gnome-shell
 2423 root      20   0  756324 254868 229420 R   2.0   8.2   3:45.37 Xorg
 3149 root      20   0 2107340 270620 118588 S   1.0   8.8  10:04.98 Web Content
24814 root      20   0  700204  59344  42992 S   1.0   1.9   0:06.99 gnome-terminal-
 2208 gdm       20   0  457548  12948   9308 S   0.3   0.4   0:02.00 gsd-smartcard
28879 root      20   0       0      0      0 I   0.3   0.0   0:00.03 kworker/0:5-events_power_effici+
29098 root      20   0   64212   4976   4112 R   0.3   0.2   0:00.07 top
    1 root      20   0  179620  14368   9140 S   0.0   0.5   0:10.05 systemd
    2 root      20   0       0      0      0 S   0.0   0.0   0:00.02 kthreadd
    3 root       0 -20       0      0      0 I   0.0   0.0   0:00.00 rcu_gp
    4 root       0 -20       0      0      0 I   0.0   0.0   0:00.00 rcu_par_gp
    6 root       0 -20       0      0      0 I   0.0   0.0   0:00.00 kworker/0:0H-kblockd
    8 root       0 -20       0      0      0 I   0.0   0.0   0:00.00 mm_percpu_wq
    9 root      20   0       0      0      0 S   0.0   0.0   0:02.38 ksoftirqd/0
   10 root      20   0       0      0      0 I   0.0   0.0   0:10.89 rcu_sched
   11 root      rt   0       0      0      0 S   0.0   0.0   0:00.06 migration/0
   12 root      rt   0       0      0      0 S   0.0   0.0   0:00.01 watchdog/0
   13 root      20   0       0      0      0 S   0.0   0.0   0:00.00 cpuhp/0
   14 root      20   0       0      0      0 S   0.0   0.0   0:00.00 cpuhp/1
   15 root      rt   0       0      0      0 S   0.0   0.0   0:00.00 watchdog/1
```

图 15-2　使用 top 命令监控 CPU 使用情况的界面

top 命令输出内容的第 1 行为系统更新时间；第 2 行为所有进程，包括运行（running）、挂起（sleeping）、无用（zombie）和停止（stopped）的进程；第 3 行为当前 CPU 的使用情况，包括系统占用的比例、用户使用比例及闲置（idle）比例；第 4 行和第 5 行为当前系统的物理内存和虚拟内存的使用情况。

top 命令输出标识及其说明如表 15-2 所示。

表 15-2　top 命令输出标识及其说明

标　　识	说　　明
PID	进程标识号，为非零正整数
USER	进程所有者的用户名
PR	进程的优先级别
NI	进程优先级别对应的数值
VIRT	进程需要占用的内存
RES	进程占用的物理内存
SHR	进程共享的物理内存
S	进程当前使用 CPU 的状态
%CPU	进程对 CPU 占用率
%MEM	进程占用的物理内存的百分比
TIME +	进程启动后占用 CPU 总时间
COMMAND	进程的启动命令名称

在 top 命令的使用过程中，还可以使用一些交互命令。

2．mpstat

mpstat 命令格式如下：

```
mpstat [ -P { cpu | ALL } ] [ -V ] [ interval [ count ] ]
```

- interval：为取样时间间隔。若指定为 0 则输出自系统启动后的 CPU 统计信息。
- count：为输出次数。若指定了取样时间间隔且省略此项，则将不断产生 CPU 统计信息。
- -P {cpu|ALL}：通过 CPU-ID 指定 CPU，CPU-ID 是从 0 开始的，即第一个 CPU 为 0；ALL 表示所有 CPU。
- -V：输出版本号信息。

📖 应用实例

使用 mpstat 命令监控 CPU（包括多 CPU）的性能，输出所有 CPU 使用情况的统计信息：

```
# mpstat
```

```
    Linux 3.10.0-327.13.1.el7.x86_64 (iZ2518unjybZ)  02/14/2020   _x86_64_   (2
CPU)
    03:06:51 PM  CPU   %usr  %nice   %sys %iowait   %irq  %soft %steal  %guest
 %gnice  %idle
    03:06:51 PM  all   0.91   0.00   0.28   0.05   0.00   0.00   0.00   0.00   0.00  98.76
```

mpstat 命令输出项说明：

- 在多 CPU 系统里，每个 CPU 都有一个 ID，第一个 CPU 的 ID 为 0。All 表示统计信息为所有 CPU 的平均值。
- %usr 显示在用户级别运行占用 CPU 总时间的百分比。
- %nice 显示在用户级别用于 nice 操作占用 CPU 的总时间的百分比。
- %syst 显示在内核中运行的 CPU 总时间的百分比。注意：这个值并不包括服务中断和 softirq。
- %iowait 显示等待 I/O 操作时占用 CPU 总时间的百分比。
- %irq 显示中断操作占用 CPU 总时间的百分比。
- %soft 显示 softirq 操作占用 CPU 总时间的百分比。
- %steal：显示虚拟 CPU 或 CPU 在虚拟机监控程序为另一个虚拟处理器提供服务时被迫等待的时间百分比。
- %guest：CPU 处理虚拟进程的花费的时间开销。
- %gnice：显示 CPU 运行良好的客户端需的时间百分比。
- %idle 显示 CPU 在空闲状态占用 CPU 总时间的百分比。

15.1.5 使用 iostat 监控 I/O 性能

目前 Linux 计算机系统的主要性能瓶颈在 I/O 环节，其主要原因是 I/O 系统性能的提高远低于 CPU 和内存性能的提高。根据摩尔定律，CPU 性能和内存容量每 18 个月就可翻一番。但是磁盘作为外存的主要设备，机械运动的本质特征导致性能的提高非常有限（每年约为 7%）。由摩尔定律可得出，如今 I/O 的性能在系统整体性能中有举足轻重的地位。目前优化磁盘性能的各种技术主要侧重于如何提高数据传输的带宽，很少有侧重于降低延迟的技术。iostat 命令用于监控系统磁盘工作，特点是显示 Linux 系统工作情况的同时显示 CPU 使用情况。与 vmstat 命令一样，iostat 命令的不足是不能深入分析某个进程，只能分析系统的整体情况。

iostat 命令格式如下：

```
iostat [ -c | -d ] [ -k ] [ -t ] [ -v ] [ -x [ device ] ] [ interval [ count ] ]
```

- -c：显示 CPU 的使用情况。
- -d：显示磁盘的使用情况。
- -k：按 4B/s 的速率显示数据。
- -t：打印汇报的时间。
- -v：打印版本信息和用法。

- -x[device]：指定要统计的设备名称，默认为所有设备。
- interval[count]：指定每次统计间隔的时间，count 指定按照这个时间间隔统计的次数。

📖 应用实例

（1）使用 iostat -x /dev/vda1 命令查看磁盘的 I/O 详细情况：

```
# iostat -x /dev/vda1
Linux 3.10.0-327.13.1.el7.x86_64 (iZ2518unjybZ)  02/14/2020  _x86_64_  (2 CPU)

avg-cpu:  %user   %nice %system %iowait  %steal   %idle
           0.91    0.00    0.28    0.05    0.00   98.76

Device: rrqm/s wrqm/s   r/s   w/s   rkB/s  wkB/s avgrq-sz avgqu-sz  await
r_await w_await  svctm  %util
  vda1  0.00   0.35   2.10  0.38  25.66  4.56   24.44    0.01    4.43  4.53   3.86   0.29
0.07
```

第 2 行显示的是系统信息和监控时间，第 3 行和第 4 行显示的是 CPU 使用情况（与 mpstat 命令相同）。iostat 输出标识及其说明如表 15-3 所示。

表 15-3　iostat 输出标识及其说明

标　　识	说　　明
Device	监控设备名称
rrqm/s	每秒需要读取的需求数量
wrqm/s	每秒需要写入的需求数量
r/s	每秒实际读取的需求数量
w/s	每秒实际写入的需求数量
rKB/s	每秒实际读取的大小，单位为 KB
wKB/s	每秒实际写入的大小，单位为 KB
avgrq-sz	需求的平均大小区段
avgqu-sz	需求的平均队列长度
r-await	等待 I/O 的平均时间
w-await	平均每个写操作所需时间
svctm	I/O 需求完成的平均时间
%util	被 I/O 需求消耗的 CPU 百分比

（2）每隔 5s 显示一次设备吞吐率的统计信息（单位为块/s）：

```
# iostat -d 5
```

（3）每隔 2s 显示一次 sda 及上面所有分区的统计信息，共输出 5 次：

```
# iostat -p sda 2 5
```

15.1.6 监控网络性能

监控 Linux 的网络性能是重要的工作，本节介绍通过命令行方式来监控网络性能。

1. netstat 命令

netstat 命令用于显示网络上的所有活动，可以使用 netstat -i 命令检查封包流量，该命令通常是根据以太网界面来实现的。下面的命令输出内容显示的是两个以太网界面，即 lo 和 eth0，-c 选项用来得到持续更新的信息：

```
# netstat -i -c
Kernel Interface table
Iface   MTU    Met  RX-OK  RX-ERR  RX-DRP  RX-OVR  TX-OK  TX-ERR  TX-DRP  TX-OVR  Flg
eth0    1500   0    276    0       0       0       381    0       0       0       BMRU
lo      16436  0    674    0       0       0       674    0       0       0       LRU
...
```

netstat 输出标识及其说明如表 15-4 所示。

表 15-4 netstat 输出标识及其说明

标 识	说 明
Iface	网络接口名称
MTU	界面的最大传输单位或封包大小
Met	度量值，用于计算一条路由成本
RX-OK	从命令激活开始，已经进入的封包数量
RX-ERR	进入封包错误的数量
RX-DRP	进入封包遗失的数量
RX-OVR	进入封包超过输入缓存的数量
TX-OK	从界面激活开始，已经输出的封包数量
TX-ERR	从命令激活开始，输出封包错误的数量
TX-DRP	输出封包遗失的数量
TX-OVR	输出封包超过输出缓存的数量
Flg	旗标，BMRU 表示 eth0，LRU 表示 lo

2. ip 命令

ip 命令是 iproute 2 软件包中的一个强大的网络配置工具，它能够替代一些传统的网络管理工具，如 ifconfig 及 route 等。利用 ip 命令显示网络接口的统计信息：

```
# ip -s link ls eth0
2: eth0: <BROADCAST,MULTICAST,UP> mtu 1500 qdisc pfifo_fast qlen 1000
    link/ether 00:0c:29:f6:9b:27 brd ff:ff:ff:ff:ff:ff
    RX: bytes    packets   errors   dropped   overrun   mcast
        323201   4540      0        0         0         0
```

```
TX: bytes    packets   errors   dropped   carrier   collsns
    1080384  7619      0        0         0         0
```

ip 输出标识及其说明如表 15-5 所示。

表 15-5 ip 输出标识及其说明

标 识	说 明
bytes	网络接口发送或者收到的字节数。如果字节数超过数据类型能够表示的最大数值，那么将会造成回卷。因此，如果需要连续监控该指标，则需要使用一个用户空间的监控进程周期性地保存该指标的数据
packets	网络接口收到或者发送的数据包个数
errors	发生错误的次数
dropped	因系统资源限制，而丢弃数据包的数量
overrun	由于发生堵塞，收到的数据包被丢弃的数量。如果接口发生堵塞，则意味着内核或者机器太慢，无法处理收到的数据
mcast	收到的多播数据包数量，只有很少的设备支持这个选项
carrier	连接介质出现故障的次数，如网线接触不好
collsns	以太网类型介质发生冲突的事件次数

3．ss 命令

ss 是 socket statistics 的缩写。顾名思义，ss 命令可以用来获取 socket 统计信息，显示和 netstat 命令类似的内容。ss 命令的优势在于能够显示更多更详细的与 TCP 和连接状态有关的信息，而且比 netstat 命令更快。

为什么 ss 命令比 netstat 命令快？netstat 命令搜索/proc 目录下的每个 PID 目录，ss 命令直接读/proc/net 命令下的统计信息。所以执行 ss 命令消耗的资源及时间比 netstat 命令少很多。

ss 命令格式：

```
ss [ 选项 ]
```

主要选项：

- -n：不解析服务名称，以数字方式显示。
- -a：显示所有套接字。
- -l：显示处于监听状态的套接字。
- -o：显示计时器信息。
- -m：显示套接字的内存使用情况。
- -p：显示使用套接字的进程信息。
- -i：显示内部的 TCP 信息。
- -4：只显示 IPv4 的套接字。
- -6：只显示 IPv6 的套接字。

-t：只显示 TCP 套接字。

-u：只显示 UDP 套接字。

-d：只显示 DCCP 套接字。

-w：只显示 RAW 套接字。

-x：只显示 UNIX 域套接字。

📖 应用实例：

（1）统计连接数状态：
```
# ss -tan|awk 'NR>1{++S[$1]}END{for (a in S) print a,S[a]}'
LISTEN 12
CLOSE-WAIT 4
ESTAB 50
LAST-ACK 3
TIME-WAIT 1
```
统计连接数状态是经常操作的命令，还可以使用别名来更方便地使用统计的命令。

（2）显示套接字摘要：
```
# ss -s
```

（3）列出所有打开的网络连接端口：
```
# ss -l
```

（4）查看进程使用的套接字：
```
# ss -pl
```

（5）查看所有 TCP，并且状态为 entablished 的连接：
```
# ss -ant state established
```

（6）查看所有 TCP，并且端口为 22 的连接：
```
# ss -ant sport eq 22
```

15.1.7 使用 sar

sar 是一个开放源代码工具，由 Sebastien Godard 维护，大部分 Linux 发行版本中都包含 sar 工具。sar 工具可用于当前的 2.4 和 2.6 内核，在 Red Hat Linux 中以 sysstat 软件包形式存在，包括 I/O 与 CPU 统计信息的工具，即 iostat、mpstat（用于多处理器性能监测）和 sar；Linux 系统本身包含一组监测系统性能及效率的工具，这些工具可以收集系统性能数据，如 CPU 使用率、硬盘和网络吞吐数据等；统计系统性能数据有利于判断系统是否正常运行，并提高系统运行效率。

sar 命令格式如下：
```
sar [-option] [-o file] t [n]
```
该命令每隔 t 秒取样一次，共取样 n 次，其中-o file 表示取样结果将以二进制形式存入 file 文件。option 的主要选项如下：

- -A：通过读取/var/log/sar 目录下的所有文件分类显示所有历史数据。
- -b：通过设备的 I/O 中断读取设置的吞吐率。
- -B：报告内存或虚拟内存交换统计。
- -c：报告每秒创建的进程数。
- -d：报告物理块设备（存储设备）的写入及读取的信息。如果想要信息更直观，则可以和 p 选项共同使用。
- -f：从一个二进制的数据文件中读取内容，如 sar-f filename。
- -I：指定数据收集的时间，单位是 s。
- -n：分析网络设备状态的统计，后面可以跟的参数有 dev、edev、nfs、nfsd 及 sock 等，如-n dev。
- -o：把统计信息写入一个文件，如-o filename。
- -P：报告每个处理器应用统计，用于多处理器机器，只有启用 SMP 内核才有效。
- -p：显示友好设备名字，以便查看，可以和-d 和-n 选项结合使用。
- -r：统计内存和交换区占用情况。
- -R：报告进程的活动情况。
- -t：该选项对从文件读取数据有用，如果没有该选项，则会以本地时间为标准读出。
- -u：报告 CPU 利用率。
- -v：报告 inode、文件或其他内核表的资源占用信息。
- -w：报告系统交换活动的信息；每次交换数据的个数。
- -W：报告系统交换活动吞吐信息。
- -x：监控进程，其后要指定进程的 PID 值。
- -X：监控进程，其后要指定一个子进程 ID。

📖 实例应用

（1）每秒更新一次 CPU 利用率，共更新 3 次；

```
# sar -u 1 3
...
11时19分34秒     CPU      %user     %nice     %system    %iowait    %idle
11时19分35秒     all       2.97      0.00      0.00       0.00       97.03
11时19分36秒     all      11.11      0.00      9.09       0.00       79.80
11时19分37秒     all      21.78      0.00      6.93       0.00       71.29
Average:         all      11.78      0.00      3.19       0.00       85.03
```

输出项说明如下。

- CPU：机器中的所有 CPU。
- %user：CPU 的利用率。
- %nice：CPU 在用户层优先级的百分比，0.00 表示正常。

- %system：当系统运行时用户应用层占用的 CPU 百分比。
- %iowait：请求硬盘 I/O 数据流出时占用 CPU 的百分比。
- %idle：空闲 CPU 百分比，值越大，系统负载越低。

（2）显示 I/O 和传输速率的统计信息：

```
# sar -b
Linux 2.6.32-71.el6.x86_64 (localhost.localdomain)      2011年03月15日
_x86_64_        (1 CPU)
14时50分01秒       tps       rtps       wtps     bread/s    bwrtn/s
15时00分01秒      1.18       0.48       0.70      19.34       5.10
平均时间：        1.18       0.48       0.70      19.34       5.10
```

输出项说明如下。
- tps：物理设备每秒 I/O 传输总量。
- rtps：每秒从物理设备读入的数据总量。
- wtps：每秒向物理设备写入的数据总量。
- bread/s：每秒从物理设备读入的数据量，单位为块/s。
- bwrtn/s：每秒向物理设备写入的数据量，单位为块/s。

（3）输出内存页面的统计信息：

```
# sar -B
Linux 2.6.32-71.el6.x86_64 (localhost.localdomain)      2011年03月15日
_x86_64_        (1 CPU)
14时50分01秒   pgpgin/s  pgpgout/s   fault/s   majflt/s  pgfree/s  pgscank/s
pgscand/s  pgsteal/s  %vmeff
15时00分01秒     4.84      1.27      89.77     0.01     88.69      0.00
0.00       0.00       0.00
15时10分02秒     0.32      1.36      90.50     0.00     95.83      0.00
0.00       0.00       0.00
15时20分01秒     0.40      1.35      78.64     0.00     92.58      0.00
0.00       0.00       0.00
15时30分01秒     0.00      1.42      72.97     0.00     76.98      0.00
0.00       0.00       0.00
平均时间：      1.39      1.35      82.99     0.00     88.52      0.00
0.00       0.00       0.00
```

输出项说明如下。
- pgpgin/s：每秒从磁盘读入的系统页面的字节总数。
- pgpgout/s：每秒向磁盘写入的系统页面的字节总数。
- fault/s：系统每秒产生的页面失效（major + minor）数量。
- majflt/s：系统每秒产生的页面失效（major）数量。
- pgfree/s：每秒放置在可用列表中的页数。
- pgscank/s：守护程序每秒扫描的页数。如果此值很大，则表明守护程序花费了大量时间来检查可用内存，表示可能需要更多内存。

- pgscand/s：每秒直接被扫描的页的页数。
- pgsteal/s：为了满足内存要求，每秒从缓存中回收的页数。
- %vmeff：计算页回收的效率。

（4）输出网络设备状态的统计信息：

```
# sar -n DEV
18时20分01秒    IFACE    rxpck/s   txpck/s   rxkB/s   txkB/s   rxcmp/s   txcmp/s   rxmcst/s
18时30分01秒      lo      0.00      0.00     0.00     0.00     0.00      0.00      0.00
18时30分01秒    eth0      0.00      0.00     0.00     0.00     0.00      0.00      0.00
18时40分01秒      lo      0.00      0.00     0.00     0.00     0.00      0.00      0.00
平均时间：       eth0      0.22      0.02     0.02     0.00     0.00      0.00      0.00
```

输出项说明如下。

- IFACE：网络设备名。
- rxpck/s：每秒接收的包总数。
- txpck/s：每秒传输的包总数。
- rxKB/s：每秒接收的字节总数。
- txKB/s：每秒传输的字节总数。
- rxcmp/s：每秒接收压缩包的总数。
- txcmp/s：每秒传输压缩包的总数。
- rxmcst/s：每秒接收的多播（multicast）包的总数。

（5）输出进程队列长度和平均负载状态统计信息：

```
# sar -q
Linux 2.6.32-71.el6.x86_64 (localhost.localdomain)    2011年03月15日    _x86_64_    (1 CPU)
14时50分01秒    runq-sz   plist-sz   ldavg-1   ldavg-5   ldavg-15
15时00分01秒       1        239       0.00      0.07      0.15
15时10分02秒       1        240       0.00      0.00      0.06
15时20分01秒       1        240       0.00      0.00      0.00
15时30分01秒       1        240       0.00      0.00      0.00
平均时间：         1        240       0.00      0.02      0.05
```

输出项说明如下。

- runq-sz：运行队列的长度（等待运行的进程数）。
- plist-sz：进程列表中进程（processes）和线程（threads）数量。
- ldavg-1：最后 1min 的系统平均负载（System Load Average）。
- ldavg-5：过去 5min 的系统平均负载。
- ldavg-15：过去 15min 的系统平均负载。

（6）输出系统交换活动信息：

```
# sar -w
Linux 2.6.32-71.el6.x86_64 (localhost.localdomain)    2011年03月15日    _x86_64_    (1 CPU)
14时50分01秒    proc/s    cswch/s
```

15时00分01秒	0.24	47.53
15时10分02秒	0.24	44.69
15时20分01秒	0.19	43.02
15时30分01秒	0.19	44.24
15时40分01秒	0.21	43.32
平均时间:	0.21	44.57

输出项说明如下。

- proc/s：每秒创建的进程数。
- cswch/s：每秒系统上下文切换数量。

（7）输出每一个块设备的活动信息：

```
# sar -dp
sar -dp 1 1
Linux 2.6.32-71.el6.x86_64 (localhost.localdomain)    2011年03月15日 _x86_64_    (1 CPU)
    15时47分36秒       DEV       tps   rd_sec/s   wr_sec/s   avgrq-sz   avgqu-sz   await     svctm    %util
    15时47分37秒       scd0     0.00     0.00       0.00       0.00       0.00       0.00     0.00     0.00
    15时47分37秒       sda      5.00     0.00      40.00       8.00       0.00       0.80     0.40     0.20
    15时47分37秒       sdb      0.00     0.00       0.00       0.00       0.00       0.00     0.00     0.00
    15时47分37秒 VolGroup-lv_root  5.00  0.00     40.00       8.00       0.00       0.80     0.40     0.20
    15时47分37秒 VolGroup-lv_swap  0.00  0.00      0.00       0.00       0.00       0.00     0.00     0.00

    平均时间:         DEV       tps   rd_sec/s   wr_sec/s   avgrq-sz   avgqu-sz   await    svctm    %util
    平均时间:         scd0     0.00     0.00       0.00       0.00       0.00       0.00    0.00     0.00
    平均时间:         sda      5.00     0.00      40.00       8.00       0.00       0.80    0.40     0.20
    平均时间:         sdb      0.00     0.00       0.00       0.00       0.00       0.00    0.00     0.00
    平均时间:   VolGroup-lv_root  5.00   0.00     40.00       8.00       0.00       0.80    0.40     0.20
    平均时间:   VolGroup-lv_swap  0.00   0.00      0.00       0.00       0.00       0.00    0.00     0.00
```

输出项说明如下。

- DEV：正在监控的块设备。
- tps：物理设备每秒的 I/O 传输总量。
- rd_sec/s：每秒从设备读取的扇区（sector）数量。

- wr_sec/s：每秒向设备写入的扇区（sector）数量。
- avgrq-sz：发送给设备请求的平均扇区数。
- avgqu-sz：发送给设备请求的平均队列长度。
- await：设备 I/O 请求的平均等待时间（单位为 ms）。
- svctm：设备 I/O 请求的平均服务时间（单位为 ms）。
- %util：在 I/O 请求发送到设备期间，占用 CPU 时间的百分比，用于体现设备的带宽利用率。

avgqu-sz 的值较低时，设备的利用率较高。当%util 的值接近 100%时，表示设备带宽已经占满。

sar 命令几乎可以完成上面介绍的所有命令的功能，是目前 Linux 中最全面的系统性能分析工具之一，可以从 14 个方面报告系统的活动，包括文件的读写情况、系统调用的使用情况，以及与串口、CPU 效率、内存使用状况、进程活动及写 IPC 有关的活动等。sar 命令非常复杂，只有通过长期练习才能熟练掌握。

（8）综合运用。

判断一个系统瓶颈问题，有时需要将几个 sar 命令选项结合使用，举例如下。

① 怀疑 CPU 存在瓶颈，可用 sar -u 和 sar -q de ng 等查看。
② 怀疑内存存在瓶颈，可用 sar -B、sar -r 和 sar -W 等查看。
③ 怀疑 I/O 存在瓶颈，可用 sar -b、sar -u 和 sar -d 等查看。

15.2 Linux 硬件状态监控

通常我们认为核心硬件包括：CPU、内存、硬盘、主板、网络接口（现在通常被集成到主板上）。Linux 计算机，甚至可以不配置鼠标、键盘、显示器等设备。

15.2.1 使用命令行工具检测主板、CPU

dmidecode 是命令行下获取硬件信息的工具，许多 Linux 版本已经内置了该工具，也可以在官方网站下载源代码进行安装。安装 dmidecode 后有两个主要执行程序：biosdecode 和 dmidecode。

1. 使用 biosdecode 查看 BIOS 信息

BIOS 是基本 I/O 系统的英文缩写，使用 biosdecode 命令可查看 BIOS 信息，如图 15-3 所示。

```
[root@iZ2518unjybZ ~]# biosdecode
# biosdecode 2.12-dmifs
ACPI 1.0 present.
        OEM Identifier: BOCHS
        RSD Table 32-bit Address: 0xBFFE18DB
SMBIOS 2.8 present.
        Structure Table Length: 515 bytes
        Structure Table Address: 0x000F0C70
        Number Of Structures: 10
        Maximum Structure Size: 111 bytes
PCI Interrupt Routing 1.0 present.
        Router ID: 00:01.0
        Exclusive IRQs: None
        Compatible Router: 8086:122e
        Slot Entry 1: ID 00:01, on-board
        Slot Entry 2: ID 00:02, slot number 1
        Slot Entry 3: ID 00:03, slot number 2
        Slot Entry 4: ID 00:04, slot number 3
        Slot Entry 5: ID 00:05, slot number 4
        Slot Entry 6: ID 00:06, slot number 5
BIOS32 Service Directory present.
        Revision: 0
        Calling Interface Address: 0x000FD4BE
PNP BIOS 1.0 present.
        Event Notification: Not Supported
        Real Mode 16-bit Code Address: F000:D3AF
        Real Mode 16-bit Data Address: F000:0000
        16-bit Protected Mode Code Address: 0x000FD3AB
        16-bit Protected Mode Data Address: 0x000F0000
[root@iZ2518unjybZ ~]#
```

图 15-3　查看 Linux 计算机 BIOS 信息

下面简单介绍图 15-3 中的 3 个内容。

1）PNP BIOS

PNP BIOS（即插即用 BIOS）就是把设备和它们的驱动程序配对并建立通信信道，如今大部分硬件是 PNP 的。

2）ACPI 电源管理

Linux 支持 ACPI（Advanced Configuration and Power Interface，高级配置电源界面）电源管理，acpid 守护进程一方面监控电源事件，另一方面用来设置响应这些事件的规则，这些规则用来关闭某些硬件或关掉系统电源等。

3）SMBIOS

SMBIOS（System Management BIOS）以结构方式保存用于管理的系统信息，是一种符合台式机管理接口（DMI）的方法，用来管理受控网络中的计算机。SMBIOS 的主要组成部分是管理信息格式（MIF）数据库，其中包括与计算机系统及其组件有关的信息。

2．使用 dmidecode 命令

dmidecode 可以说是命令行下的全面的硬件浏览器。和 Linux 内置命令 lspci 相比，dmidecode 命令可以提供非常丰富的信息。

dmidecode 命令格式如下：

```
dmidecode [选项]
```

常用选项如下。

- -d,--dev-mem file：从内存设备读入文件（默认是/dev/mem 文件）。
- -s,--string keyword：只显示符合台式机管理接口（DMI）的信息。

第 15 章　Linux 性能监控和调整

- -t,--type type：显示全部信息。
- -u,--dump：显示简单信息。

下面通过具体例子介绍 dmidecode 命令的使用方法。

（1）使用 dmidecode 命令检测 CPU（见图 15-4）。CPU 是 Linux 主机的核心硬件，可以使用如下命令查看 CPU 各项参数：

```
# dmidecode -t processor
```

```
[root@iZ2518unjybZ ~]# dmidecode -t processor
# dmidecode 2.12-dmifs
SMBIOS 2.8 present.

Handle 0x0400, DMI type 4, 42 bytes
Processor Information
        Socket Designation: CPU 0
        Type: Central Processor
        Family: Other
        Manufacturer: Alibaba Cloud
        ID: F2 06 03 00 FF FB 8B 0F
        Version: pc-i440fx-2.1
        Voltage: Unknown
        External Clock: Unknown
        Max Speed: Unknown
        Current Speed: Unknown
        Status: Populated, Enabled
        Upgrade: Other
        L1 Cache Handle: Not Provided
        L2 Cache Handle: Not Provided
        L3 Cache Handle: Not Provided
        Serial Number: Not Specified
        Asset Tag: Not Specified
        Part Number: Not Specified
        Core Count: 1
        Core Enabled: 1
        Thread Count: 2
        Characteristics: None

[root@iZ2518unjybZ ~]#
```

图 15-4　使用 dmidecode 检测 CPU

说明

通过这个命令可以获取 CPU 的信息参数，包括处理器电压、缓存大小、总线、指令集支持等信息。一些不良商户会出售使用超频的 CPU 以获取高额利益，他们可以修改处理器频率，一般无法修改处理器电压、缓存大小、总线、指令集支持等参数。使用这个命令可以知道自己使用的 CPU 的频率是否被重标识了。

（2）显示内存配置情况：

```
# dmidecode -t processor
```

（3）查看主板的 PCIE 插槽：

```
# dmidecode |grep -A 10 " PCIE"
```

3. 查看虚拟化支持情况

虚拟化是 Linux 的核心应用，如果要使用 KVM 功能，那么 CPU 必须支持硬件虚拟化（Intel VT 或 AMD-V）。因此，有必要对如何检查 CPU 是否支持硬件虚拟化进行介绍。在使用 Linux 硬件虚拟化前，要使用如下命令查看虚拟化支持情况（见图 15-5）：

```
# egrep '(vmx|svm)' --color=always /proc/cpuinfo
```

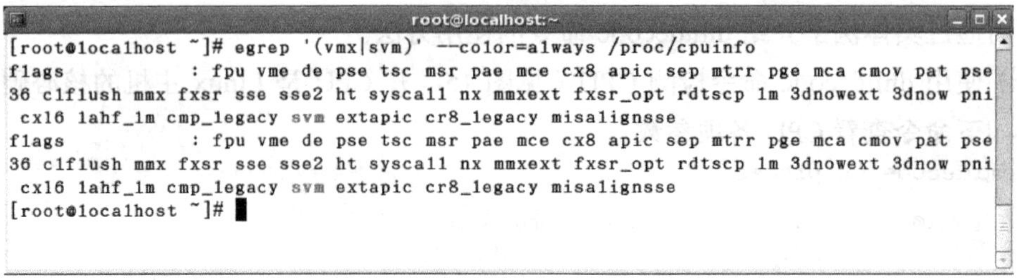

图 15-5　查看虚拟化支持情况

如果出现红色的 vmx 标志，则表示系统拥有 Intel 的虚拟化支持；如果出现红色的 svm 标志，则表示系统拥有 AMD 的虚拟化支持。在默认情况下，某些 CPU 型号可能会在 BIOS 中禁用虚拟化支持。在这种情况下，应该检查 BIOS 设置，以启用虚拟化支持；或者使用 virt-host-validate 工具，该工具专门用于基于 Red Hat 的发行版，如 CentOS 和 Scientific Linux。libvirt-client 包提供了 virt-host-validate 二进制文件，所以需要通过如下命令安装 libvert-client 包来使用 virt-host-validate：

```
$ sudo yum install libvirt-client
```

运行 virt-host-validate 来确定基于 Red Hat Enterprise Linux 的系统中是否启用了虚拟化支持：

```
$ sudo virt-host-validate
```

如果所有输出结果都是 PASS，则说明系统支持虚拟化。如果系统不支持虚拟化，那么将会看到如下输出内容：

```
QEMU: Checking for hardware virtualization : FAIL (Only emulated CPUs are available, performance will be significantly limited)
```

15.2.2　使用 smartmontools 检测硬盘健康状态

如今出厂的硬盘基本上都支持 SMART（Self Monitoring Analysis and Reporting Technology，自动检测分析及报告技术）。SMART 可以对硬盘的磁头单元、盘片电机驱动系统、硬盘内部电路及盘片表面介质材料等进行检测。smartmontools 是 Linux 下的一个 SMART 硬盘检测工具，目前主要的 Linux 版本（如 Red Hat、Ubuntu、Suse）都已内置了这个软件，用户可以直接使用，也可以在官网下载源代码进行安装。

smartmontools 有以下几个关键文件。

- smartd：系统守护进程。
- smartctl：应用程序。
- /etc/smartd.conf：配置文件。

smartmontools 使用方法如下。

（1）启动服务：

```
# service smartd start
```

第 15 章 Linux 性能监控和调整

（2）检测硬盘和主板是否支持 SMART：

```
# smartctl -i /dev/sda1
```

如果系统显示：

```
SMART support is: Enabled
```

则表示可以使用该工具。

（3）全面检查硬盘健康状况：

```
# smartctl -H /dev/sdb
smartctl version 5.38 [x86_64-redhat-linux-gnu] Copyright (C) 2002-8 Bruce Allen
Home page is http://smartmontools.sourceforge.net/
=== START OF READ SMART DATA SECTION ===
SMART overall-health self-assessment test result: PASSED
```

PASSED 表示显示健康，**FAILED** 表示有故障。

（4）检测硬盘各项参数属性：

```
# smartctl -A /dev/sda1
```

硬盘检测结果如图 15-6 所示。

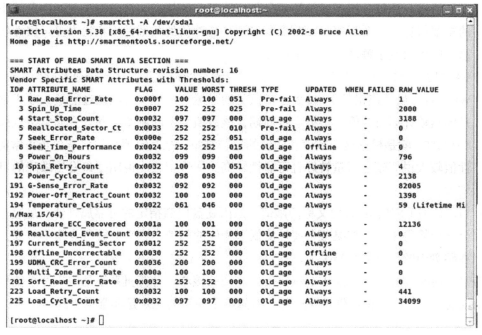

图 15-6　硬盘检测结果

在硬盘检测结果中须关注的内容如下：

```
  194 Temperature_Celsius     0x0022   061   046   000    Old_age   Always       -       
59 (Lifetime Min/Max 15/64)
```

该行显示硬盘温度为 59℃（正常值是 15℃～64℃），显然硬盘温度偏高，应考虑使用降温设备。

下面对其他几个重要的检测信息含义进行介绍。

- ID#：ID 检测代码，不是唯一的，厂商可以根据实际情况使用不同的 ID 检测代码或根据检测参数的多少增减 ID 检测代码的数量。
- ATTRIBUTE_NAME（属性描述）：属性描述，即检测项目名称，可以由厂商自定义增减。由于 SATA 标准不断更新，有时同一品牌不同型号的产品属性描述也会有所不同，但必须确保包含 SMART 规定的主要检测项目，包括 Read Error Rate（错误读取率）、Start/Stop Count（启动/停止次数，又称加电次数）、Relocated Sector Count（重新分配扇区数）、Spin up Retry Count（旋转重试次数，即硬盘启动重试次数）、Drive Calibration Retry Count（磁盘校准重试次数）、ULTRA DMA CRC Error Rate（ULTRA DMA 奇偶校验错误率）和 Multi-zone Error Rate（多区域错误率）。Linux 系统管理员必须深入了解各属性检测值的含义。
- FLAG：FLAG 是标记，标准数值（VALUE）应当小于或等于关键值（THRESH）。WHEN_FAILED 代表错误信息，如果其对应的 ID 为空，则表明硬盘没有故障；如果显示数字，则表明硬盘磁道可能有大的坏道。FLAG 是 SMART 针对前面的各项属性值进行比较分析后提供的硬盘各属性目前的状态，也是直观判断硬盘健康状态的重要信息。只要观察 WORST 值和 THRES 值的关系并注意状态提示属性状态信息，即可大致了解硬盘的健康状况。
- VALUE（属性值）：属性值指硬盘出厂时预设的最大正常值，一般范围为 1～253。
- WORST（最大出错值）：最大出错值是硬盘运行过程中曾出现过的最大非正常值，是硬盘累计运行的值。根据运行周期，该数值会不断刷新，并且会非常接近阈值。SMART，就是根据这个数值和阈值的比较结果，来判定硬盘的状态是否正常的。属性值较大说明硬盘质量较好且可靠性较高，属性值较小说明硬盘发生故障的可能性增大。
- THRESH（阈值）：阈值又称门限值，是由硬盘厂商指定的可靠属性值，是通过特定公式计算得来的。如果某个属性值低于相应的阈值，则表明硬盘变得不可靠，保存在硬盘中的数据很容易丢失。

CPU、硬盘、内存、主板是 Linux 硬件系统的核心，计算机系统是由软件系统和硬件系统组成的，所以定期检测硬件状态对于保障整个系统的稳定是非常重要的。

15.3 使用 Nagios

15.3.1 Nagios 简介

Nagios 是一个用于系统和网络监控的应用程序，可以在设定的条件下对主机和服务进行监控，并在状态变差或变好时给出告警信息。最初 Nagios 被设计为在 Linux 系统中运行的程序，事实上它也可以在类 UNIX 系统中运行。Nagios 更进一步的特征包括：
- 监控网络服务（smtp、pop3、http、nntp、ping 等）。

- 监控主机资源（处理器负荷、磁盘利用率等）。
- 简单的插件设计使得用户可以方便地扩展自己服务的检测方法。
- 并行服务检查机制。
- 具备定义网络分层结构的能力，用"parent"主机定义来表达网络主机间的关系，这种关系可被用来发现主机宕机或不可达状态。
- 当服务或主机产生问题时将告警信息发送给联系人（通过 E-mail、短信、用户定义方式）。
- 具备定义事件句柄的能力，可以在主机或服务的事件发生时获取更多问题定位。
- 日志自动回滚。
- 支持并实现对主机的冗余监控。
- 可选的 Web 界面用于查看当前的网络状态、日志文件、通知、故障历史等。

Nagios 体系结构如图 15-7 所示。

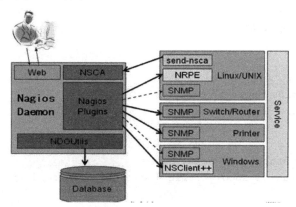

图 15-7　Nagios 体系结构

15.3.2　准备工作

安装配置 Apache HTTP 服务器和 PHP 语言：

```
# dnf install @php
# dnf install @perl @httpd wget unzip glibc automake glibc-common gettext autoconf php php-cli gcc gd gd-devel net-snmp openssl-devel unzip net-snmp postfix net-snmp-utils
# dnf groupinstall "Development Tools"
# systemctl enable --now httpd php-fpm
```

15.3.3　安装 Nagios

安装所有相关软件包：

```
# dnf --enablerepo=epel -y install nagios nagios-plugins-{ping,disk,users,procs,load,swap,ssh,http}
```

修改配置文件：

```
# vi /etc/httpd/conf.d/nagios.conf
# line 16-17 : change access permission if you need ( also change line 47-48 )
# Require all granted
Require host 127.0.0.1 192.168.1.13/24
```

设置访问口令：
```
# htpasswd /etc/nagios/passwd nagiosadmin
New password:# set password
Re-type new password:
Updating password for user nagiosadmin
```

启动服务：
```
# systemctl enable --now nagios
# systemctl restart httpd
```

设置 SElinux：
```
# nf --enablerepo=epel -y install nagios-selinux
```

修改配置文件：
```
# vi nagios-php.te
module nagios-php 1.0;

require {
        type httpd_t;
        type nagios_spool_t;
        class file { getattr open read };
}

#============= httpd_t ==============
allow httpd_t nagios_spool_t:file { getattr open read };
```

保存文件，设置 SELinux 参数：
```
# checkmodule -m -M -o nagios-php.mod nagios-php.te
# semodule_package --outfile nagios-php.pp --module nagios-php.mod
# semodule -i nagios-php.pp
```

设置防火墙：
```
# firewall-cmd --add-service={http,https} --permanent
# firewall-cmd --reload
```

访问 http:///(主机名称或 IP 地址)/nagios/，出现如图 15-8 所示的口令认证界面。

图 15-8　口令认证界面

第 15 章　Linux 性能监控和调整

如果出现如图 15-9 所示的界面，则表示 Nagios 成功运行。

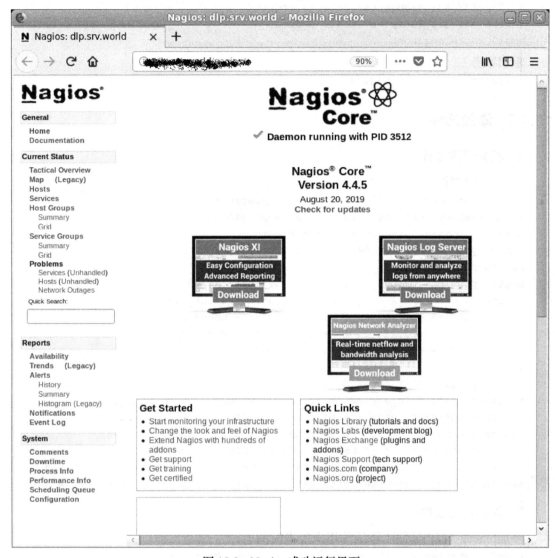

图 15-9　Nagios 成功运行界面

15.3.4　电子邮件通知设置

安装并启动 SMTP 服务器：
```
# dnf -y install postfix
```
设置防火墙：
```
# firewall-cmd --add-service=smtp --permanent
# firewall-cmd --reload
# systemctl enable --now postfix
```
安装邮件客户端：
```
# dnf -y install mailx
```

修改配置文件:
```
# vi /etc/nagios/objects/contacts.cfg:
# line 32: set recipient email address
email    root@localhost
```

重启服务:
```
# systemctl restart nagios
```

15.3.5 添加插件

1. 检查可用插件

检查可用插件:
```
# dnf --enablerepo=epel search nagios-plugins-
# dnf --enablerepo=epel search nagios-plugins-
nagios-plugins-nt.x86_64 : Nagios Plugin - check_nt
nagios-plugins-ntp.x86_64 : Nagios Plugin - check_ntp
nagios-plugins-ssh.x86_64 : Nagios Plugin - check_ssh
nagios-plugins-all.x86_64 : Nagios Plugins - All plugins
nagios-plugins-apt.x86_64 : Nagios Plugin - check_apt
nagios-plugins-dbi.x86_64 : Nagios Plugin - check_dbi
nagios-plugins-dig.x86_64 : Nagios Plugin - check_dig
nagios-plugins-dns.x86_64 : Nagios Plugin - check_dns
...
nagios-plugins-disk_smb.x86_64 : Nagios Plugin - check_disk_smb
nagios-plugins-file_age.x86_64 : Nagios Plugin - check_file_age
nagios-plugins-ifstatus.x86_64 : Nagios Plugin - check_ifstatus
nagios-plugins-mrtgtraf.x86_64 : Nagios Plugin - check_mrtgtraf
nagios-plugins-ide_smart.x86_64 : Nagios Plugin - check_ide_smart
nagios-plugins-ifoperstatus.x86_64 : Nagios Plugin - check_ifoperstatus
nagios-plugins-remove_perfdata.x86_64 : Nagios plugin tool to remove perf data
```

2. 添加配置插件

添加[check_NTP]插件(该插件用来校准时间):
```
# dnf --enablerepo=epel -y install nagios-plugins-ntp
```

修改配置文件:
```
# vi /etc/nagios/objects/commands.cfg
# 添加到文件尾部
define command {
    command_name    check_ntp_time
    command_line    $USER1$/check_ntp_time -H $ARG1$ -w $ARG2$ -c $ARG3$
}


# vi /etc/nagios/objects/localhost.cfg
# 添加到文件尾部
define service {
    use                     local-service
```

```
        host_name              localhost
        service_description    NTP_TIME
        check_command          check_ntp_time!ntp1.jst.mfeed.ad.jp!1!2
        notifications_enabled  1
}
```

重启服务：

```
# systemctl restart nagios
```

访问 http://(hostname 或 IP 地址)/nagios/，查看 NTP 插件是否出现。NTP 插件添加成功界面如图 15-10 所示。

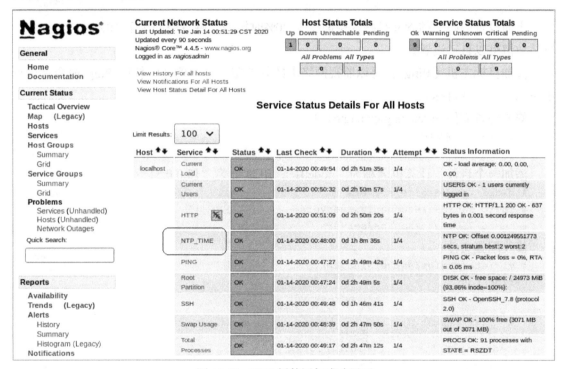

图 15-10　NTP 插件添加成功界面

15.3.6　设置阈值

在 Nagios 的配置文件中阈值有默认配置。例如，用于监视根分区的磁盘使用情况的项目设置如下：

```
vi /etc/nagios/objects/localhost.cfg

...
# Define a service to check the disk space of the root partition
# on the local machine. Warning if < 20% free, critical if
# < 10% free space on partition.

# the thresholds are set as Warning if > 20% free, critical if 10% > 10% free
```

```
# change these values if you'd like to change them

define service {

    use                     local-service          ; Name of service template to use
    host_name               localhost
    service_description     Root Partition
    check_command           check_local_disk!20%!10%!/
}
...
```

上面设置的阈值的含义是磁盘空间少于 20%时报警，磁盘空间少于 10%时严重报警。具体数值可以自己设置。

添加目标主机（Ping），可以监视网络上的其他服务器。例如，使用 Ping 命令将远程主机添加为监视目标。

修改配置文件 vi /etc/nagios/nagios.cfg：

```
# 第 51 行：取消注释
cfg_dir = / etc / nagios / servers
```

添加一个目标，计算机名称为"node01"，IP 地址为"10.0.0.51"：

```
# mkdir /etc/nagios/servers
# chgrp nagios /etc/nagios/servers
# chmod 750 /etc/nagios/servers
```

修改配置文件：

```
# vi /etc/nagios/servers/node01.cfg
define host {
    use                     linux-server
    host_name               node01
    alias                   node01
    address                 10.0.0.51
}
define service {
    use                     generic-service
    host_name               node01
    service_description     PING
    check_command           check_ping!100.0,20%!500.0,60%
}
```

重启 Nagios：

```
# systemctl restart nagios
```

访问 http://(主机名或 IP 地址)/nagios/，查看 node01 是否出现，如图 15-11 所示。

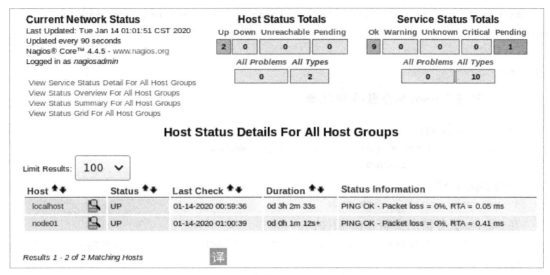

图 15-11　查看 node01 是否出现

15.3.7　在监测主机上安装 nrpe 代理

使用如下命令安装软件包：

```
# dnf --enablerepo=epel -y install nrpe
nagios-plugins-{ping,disk,users,procs,load,swap,ssh}
```

修改配置文件 /etc/nagios/nrpe.cfg：

```
# vi /etc/nagios/nrpe.cfg
line 117: add access permission (specify Nagios server)
allowed_hosts=127.0.0.1,::1,10.0.0.30
# line 133: permit arguments of commands on here

dont_blame_nrpe=1
# line 309: comment out all

# command[check_users]=/usr/lib64/nagios/plugins/check_users -w 5 -c 10
# command[check_load]=/usr/lib64/nagios/plugins/check_load -r -w .15,.10,.05 -c .30,.25,.20
# command[check_hda1]=/usr/lib64/nagios/plugins/check_disk -w 20% -c 10% -p /dev/hda1
# command[check_zombie_procs]=/usr/lib64/nagios/plugins/check_procs -w 5 -c 10 -sZ
# command[check_total_procs]=/usr/lib64/nagios/plugins/check_procs -w 150 -c 200
# line 314: add follows
command[check_users]=/usr/lib64/nagios/plugins/check_users -w $ARG1$ -c $ARG2$
command[check_load]=/usr/lib64/nagios/plugins/check_load -w $ARG1$ -c $ARG2$
command[check_disk]=/usr/lib64/nagios/plugins/check_disk -w $ARG1$ -c $ARG2$ -p $ARG3$
```

```
command[check_procs]=/usr/lib64/nagios/plugins/check_procs -w $ARG1$ -c $ARG2$ -s $ARG3$
```

> 💡 **说明**
>
> 10.0.0.30 是 Nagios 服务器的 IP 地址。

修改防火墙规则:
```
# firewall-cmd --add-port=5666/tcp --permanent
# firewall-cmd --reload
```

启动 nrpe 代理:
```
# systemctl enable --now nrpe
```

在 Nagios 服务器上安装 nrpe 插件:
```
# yum --enablerepo=epel -y install nagios-plugins-nrpe    # install from EPEL
```

修改主文件:
```
# vi /etc/nagios/nagios.cfg
# 第 51 行注释掉
cfg_dir=/etc/nagios/servers
```

设置目录权限:
```
# mkdir /etc/nagios/servers
# chgrp nagios /etc/nagios/servers
# chmod 750 /etc/nagios/servers
```

修改配置文件 /etc/nagios/objects/commands.cfg:
```
vi /etc/nagios/objects/commands.cfg
# 添加到文件尾部
define command {
    command_name    check_nrpe
    command_line    $USER1$/check_nrpe -H $HOSTADDRESS$ -c $ARG1$
}
```

修改配置文件 /etc/nagios/servers/node01.cfg:
```
# vi /etc/nagios/servers/node01.cfg
# 建立新的配置
define host {
    use                 linux-server
    host_name           node01
    alias               node01
    address             10.0.0.51
}

# ping 操作设置
define service {
    use                 generic-service
    host_name           node01
    service_description PING
    check_command       check_ping!100.0,20%!500.0,60%
```

```
}

# 磁盘空间设置
define service {
    use                     generic-service
    host_name               node01
    service_description     Root Partition
    check_command           check_nrpe!check_disk\!20%\!10%\!/
}

# 用户设置
define service {
    use                     generic-service
    host_name               node01
    service_description     Current Users
    check_command           check_nrpe!check_users\!20\!50
}

# 进程设置
define service {
    use                     generic-service
    host_name               node01
    service_description     Total Processes
    check_command           check_nrpe!check_procs\!250\!400\!RSZDT
}

# 系统负载设置
define service {
    use                     generic-service
    host_name               node01
    service_description     Current Load
    check_command           check_nrpe!check_load\!5.0,4.0,3.0\!10.0,6.0,4.0
}
```

修改完成后保存文件，重新启动服务器：

```
# systemctl restart nagios
```

15.3.8　添加基于 Windows 操作系统的目标主机

1. Windows 主机安装配置

把一台 Windows Server 2019 服务器（IP 地址为 10.0.0.91）添加为监视目标，需要先在目标 Windows 主机上安装 NSClient ++软件包。在安装 NSClient ++软件包的过程中需要输入 Nagios 服务器的主机名或 IP 地址，并在安装过程中设置一个密码（见图 15-12），该密码用于监视 Nagios 服务器与 Windows 主机的连接。

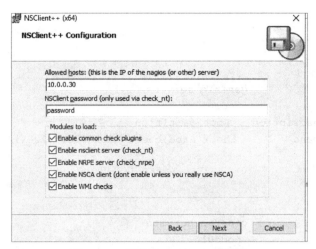

图 15-12　安装 NSClient ++软件包

安装后完成，NSClient ++将自动启动。用户可以在 Windows 的服务工具中查看服务是否启动。

2. 配置 Nagios 服务器

首先安装插件：

```
# dnf --enablerepo=epel -y install nagios-plugins-nt
```

然后修改主配置文件：

```
# vi /etc/nagios/objects/commands.cfg
# 第 225 行：添加在 NSClient++安装程序过程中设置的密码
define command {

    command_name    check_nt
    command_line    $USER1$/check_nt -H $HOSTADDRESS$ -p 12489 -v $ARG1$ $ARG2$ -s password
}
```

修改插件配置文件：

```
# vi /etc/nagios/servers/windows.cfg
# 建立新配置


# 定义目标主机

define host {
    use                 windows-server
    host_name           rx-7
    alias               rx-7
    address             10.0.0.91
}


define hostgroup {
    hostgroup_name      windows-servers
```

```
    alias                   Windows Servers
}

# ping 操作
define service {
    use                     generic-service
    host_name               rx-7
    service_description     PING
    check_command           check_ping!100.0,20%!500.0,60%
}

# 设置 NSClient++ 版本
define service {
    use                     generic-service
    host_name               rx-7
    service_description     NSClient++ Version
    check_command           check_nt!CLIENTVERSION
}

# 上线时间设置
define service {
    use                     generic-service
    host_name               rx-7
    service_description     Uptime
    check_command           check_nt!UPTIME
}

# 负载设置
define service {
    use                     generic-service
    host_name               rx-7
    service_description     CPU Load
    check_command           check_nt!CPULOAD!-l 5,80,90
}

# 内存使用设置
define service {
    use                     generic-service
    host_name               rx-7
    service_description     Memory Usage
    check_command           check_nt!MEMUSE!-w 80 -c 90
}

# 磁盘使用设置
define service {
    use                     generic-service
    host_name               rx-7
    service_description     C:\ Drive Space
```

```
    check_command          check_nt!USEDDISKSPACE!-l c -w 80 -c 90
}

# 资源管理器设置
define service {
    use                    generic-service
    host_name              rx-7
    service_description    Explorer
    check_command          check_nt!PROCSTATE!-d SHOWALL -l Explorer.exe
}

# IIS 服务器设置
define service {
    use                    generic-service
    host_name              rx-7
    service_description    W3SVC
    check_command          check_nt!SERVICESTATE!-d SHOWALL -l W3SVC
}
```

重启服务：

```
# systemctl restart nagios
```

访问 http://(hostname 或 IP 地址)/nagios/，查看主机是否出现，如图 15-13 所示。

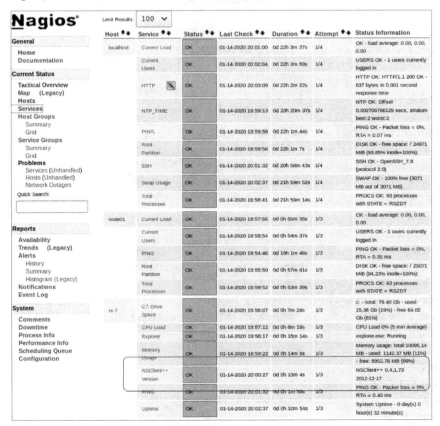

图 15-13　添加 Windows 主机

15.4 使用 tuned 工具调整性能

15.4.1 tuned 简介

Tuned 是 **Red Hat Linux** 操作系统自带的性能调优工具，通过针对特定应用场景提供配置来改善系统性能，自 Red Hat Enterprise Linux/CentOS 的 6.3 版本开始出现，包括两部分 tuned 和 tuned-adm，其中 tuned 是服务端程序，用来监控和收集系统各个组件的数据，并依据数据提供的信息动态调整系统设置，达到动态优化系统的目的；tuned-adm 是客户端程序。

tuned 主要特点如下：
- tuned 是一个服务进程，可根据系统使用情况，自动动态调整 Linux 的设定，以提升性能。
- 自动动态调整设定取决于系统活动及使用的调整配置文件。
- 在默认情况下，tuned 不会动态调整系统设置，而是通过修改 tuned 服务程序的运行方式，来根据系统使用情况动态更改设置。
- 一般使用 tuned-adm 命令工具管理服务程序的运行。

15.4.2 安装启动

软件包安装命令：
```
# dnf install tuned
```
安装完成后，有以下几个主要文件目录：
- /etc/tuned：配置目录文件，其中/etc/tuned-main.conf 是主配置文件。
- /usr/lib/tuned：所有配置文件的存储目录，包括如下配置文件。
  - balanced：一般用户调整后的配置文件，比较平衡。
  - desktop：主要针对桌面应用进行优化的配置文件。
  - hpc-compute：针对 HPC 计算工作负载进行了优化的配置文件。
  - throughput-performance：侧重于吞吐量。
  - latency-performance：侧重于低延迟的模式。
  - network-throughput：侧重于网络吞吐量的模式。
  - network-latency：侧重于更低的网络延迟的模式。
  - virtual-host：侧重于优化虚拟主机的模式。
  - virtual-guest：侧重于优化虚拟客户端的模式。
  - powersave：针对低功耗进行优化，强制 CPU 尽可能使用最低的频率。

启动服务：
```
# systemctl start tuned.service
```
关闭服务：

```
# systemctl disable --now tuned
```
查看当前优化方案:
```
# tuned-adm active
Preset profile: virtual-guest
```
切换到新模式:
```
# tuned-adm profile hpc-compute
```
让 tuned 自动判断哪种模式最适合当前系统的命令如下:
```
# tuned-adm recommend
```

反侵权盗版声明

　　电子工业出版社依法对本作品享有专有出版权。任何未经权利人书面许可，复制、销售或通过信息网络传播本作品的行为；歪曲、篡改、剽窃本作品的行为，均违反《中华人民共和国著作权法》，其行为人应承担相应的民事责任和行政责任，构成犯罪的，将被依法追究刑事责任。

　　为了维护市场秩序，保护权利人的合法权益，我社将依法查处和打击侵权盗版的单位和个人。欢迎社会各界人士积极举报侵权盗版行为，本社将奖励举报有功人员，并保证举报人的信息不被泄露。

举报电话：（010）88254396；（010）88258888
传　　真：（010）88254397
E-mail：dbqq@phei.com.cn
通信地址：北京市万寿路173信箱
　　　　　电子工业出版社总编办公室
邮　　编：100036